普通高等教育"十三五"规划教材

设施农业实践与实验

李建明　主编

胡晓辉　程瑞锋　副主编

化学工业出版社

·北京·

《设施农业实践与实验》围绕设施农业科学与工程本科专业实习实践教学内容进行撰写。全书共8章内容，主要介绍了温室基础建设，设施环境调控的设施设备，工厂化育苗的实践技能训练，果树、蔬菜和花卉生理生态与生产技能及园艺作物无土栽培生产与钢结构及管理技术实例，设施农业园区的规划与效益等内容。每节实践或实验内容包括了实践技能概述、实验或技能训练的目的意义、材料工具、实验或实践内容、重点环节、作业、思考题。通过实验与实践，使学生能够得到系统的温室大棚等设施的建造、自动化控制技术的系统训练，以及对无土栽培各个环节技术和园区规划设计与效益分析技能训练。

本教材实用、简便、图文并茂，满足设施农业科学与工程、园艺学、农学等专业的专科、本科及专业研究生，设施农业相关技术人员的生产实践与技术研究的需要，并可作为相关专业师生教材。

图书在版编目（CIP）数据

设施农业实践与实验/李建明主编 . —北京：化学工业出版社，2016.3（2024.1重印）
普通高等教育"十三五"规划教材
ISBN 978-7-122-26314-8

Ⅰ.①设…　Ⅱ.①李…　Ⅲ.①设施农业　Ⅳ.①S62

中国版本图书馆 CIP 数据核字（2016）第 031824 号

责任编辑：尤彩霞　　　　　　　　　　装帧设计：关　飞
责任校对：宋　玮

出版发行：化学工业出版社（北京市东城区青年湖南街 13 号　邮政编码 100011）
印　　装：北京七彩京通数码快印有限公司
787mm×1092mm　1/16　印张 18¼　字数 504 千字　　2024 年 1 月北京第 1 版第 4 次印刷

购书咨询：010-64518888　　　　　　　售后服务：010-64518899
网　　址：http://www.cip.com.cn
凡购买本书，如有缺损质量问题，本社销售中心负责调换。

定　　价：45.00 元

《设施农业实践与实验》编写人员名单

主　　编　李建明

副 主 编　胡晓辉　程瑞锋

编写人员

李建明	西北农林科技大学
郭世荣	南京农业大学
黄丹枫	上海交通大学
姜　武	上海交通大学
程瑞锋	中国农业科学院农业环境与可持续发展研究所
张　义	中国农业科学院农业环境与可持续发展研究所
胡晓辉	西北农林科技大学
张　勇	西北农林科技大学
何　斌	西北农林科技大学
丁　明	西北农林科技大学
甄　爱	西北农林科技大学
尹明安	西北农林科技大学
冯嘉玥	西北农林科技大学
张潮红	西北农林科技大学
文颖强	西北农林科技大学
张　浩	西北农林科技大学
朱明旗	西北农林科技大学
王忠宏	西藏农牧学院
徐伟荣	宁夏大学
张　毅	山西农业大学
李清明	山东农业大学
高洪波	河北农业大学
蒲亚峰	西北农林科技大学
孙养学	西北农林科技大学
王征兵	西北农林科技大学
齐　辉	聊城大学
罗衍良	河南省濮阳市林业局

前　言

设施农业是现代农业发展的必然趋势和发展方向，是传统农业产业升级的基础，是实现农业现代化的必由之路。设施农业加强了资源的集约高效利用，大幅度增进了系统生产力，提高了经济效益，增加了农民收入。我国是设施农业大国，但不是设施农业强国。农业生产对设施农业人才需求量直线上升，特别是具有较强实践操作能力的人才极其缺乏。

设施农业科学与工程专业是具有多学科性、综合性、交叉性的新型专业，涉及生物、环境、工程、控制、信息等多个领域。实践性、应用性、产业性极强，是一个知识复合型专业。社会不仅对设施农业专业人才的需求量剧增，而且对人才具备复合型能力的要求越来越高，这给设施农业专业教学特别是实践教学方面带来了巨大的挑战和压力。综上所述，构建我国设施农业科学与工程专业实践教学新体系十分必要。

为了进一步提高实践教学质量，培养学生的实践技能和创新能力，进行实践教学教材建设，促进实践教学模式的改革与完善，增强学生的实践动手能力，这既是用人单位对人才质量的要求，也是国家教育部改善本科教学质量的重点。针对这些制约学生实践技能素养和创新能力培养的不利因素，开展实践教学创新模式的研究与实践是设施农业专业建设发展的重要环节。在原有实验课的基础上，增加实训实习、操作技能训练、课程设计的实用性，提高学生的实际设计和管理的案例练习，鼓励学生在读期间深入企业第一线进行工作体验，锻炼自己、发现不足，有针对性地开展查漏补缺性地学习、巩固和提高，从而找到一种符合我国实际、并具有实效的学生实践技能素养和创新能力的培养方法，对培养具有优良实践能力和创新意识的高级设施农业技术人才具有重大意义。为此，西北农林科技大学设施农业科学与工程系组织了中国农业科学院农业环境与可持续发展研究所、南京农业大学、河北农业大学、山西农业大学、山东农业大学、西藏农牧学院等高校编写了《设施农业实践与技能》教材。参加编写人员按章节次序是：第一章由张勇、何斌编写；第二章由程瑞锋、张义编写；第三章由丁明、黄丹枫、姜武、甄爱编写；第四章由李建明、王忠红、张浩、朱明旗、尹明安、高洪波、李清明、齐辉、罗衍良编写；第五章由张潮红、文颖强编写；第六章由冯嘉玥编写；第七章由胡晓辉、郭世荣、张毅编写；第八章由蒲亚峰、孙养学、王征兵编写。本教材主要包括温室大棚设施建造工程，设施环境调工程，无土栽培设施建造与操作管理，设施蔬菜、果树及花卉栽培管理，设施作物生产管理关键技术与实验实习方法，现代农业园区调研与分析等内容。教材编写力求实用、简便、图文并茂，满足设施农业科学与工程、园艺学、农学等专业的专科、本科、专业研究生及设施农业相关技术人员的生产实践与技术研究的需要。

由于水平有限，全面编写设施农业实践教材尚属首次尝试，疏漏之处在所难免，恳请读者批评指正，以便今后修改完善。

主编　李建明
2016 年 3 月

目　录

第一章　设施农业工程实践

第一节　工程测量实训

一、概述

工程测量实践是在理论课学习完成后掌握实际操作技术的重要环节，对培养学生在独立工作、提高动手能力方面起着显著作用。每个实践内容均有明确的目的、设备、具体内容、步骤、注意事项等，并针对实验内容提出一定量的实践要求，由学生做过相应实验后来完成。这样可进一步帮助学生理解和巩固实验内容。

坚持理论与实践的紧密结合，认真进行测量仪器的操作应用和测量实践训练，掌握工程测量的基本原理和基本技术方法。

二、目的意义

1. 进一步巩固和加深测量基本理论和技术方法的理解和掌握，并使之系统化、整体化。

2. 通过实践，提高使用测绘仪器的操作能力、测量计算能力和绘图能力，掌握测量基本技术工作的原则和步骤。

在各个实践性环节培养应用测量基本理论综合分析问题和解决问题的能力，训练严谨的科学态度和工作作风。

三、任务和内容

(一) 水准仪的使用与普通水准测量

水准测量是高程测量的主要方法之一，水准仪是水准测量所使用的仪器。水准路线一般布置成为闭合、附合、支线的形式。通过对微倾水准仪的认识和使用，熟悉水准测量的常规仪器、附件、工具，正确掌握水准仪的操作；通过对一条闭合水准路线按普通水准测量的方法进行施测，掌握普通水准测量的方法。

1. 目的和要求

(1) 了解微倾式水准仪及自动安平水准仪的基本构造和性能，掌握使用方法。

(2) 练习水准仪的安置、瞄准、精平、读数、记录和计算高差的方法。

(3) 练习水准路线的选点、布置。

(4) 掌握普通水准测量路线的观测、记录、计算检核以及集体配合、协调作业的施测过程。

(5) 掌握水准测量路线成果检核及数据处理方法。

(6) 学会独立完成一条闭合水准测量路线的实际作业过程。

2. 仪器和工具

(1) 微倾式水准仪 1 台、脚架 1 个、水准尺 2 根、尺垫 2 个、记录板 1 块、记录纸若干。

（2）自备：2H铅笔、草稿纸、计算器。

3. 方法步骤

（1）水准仪的使用

① 选择场地架设仪器：从仪器箱中取水准仪时，注意仪器装箱位置，以便使用后装箱。

② 认识仪器：对照实物正确说出仪器的组成部分，各螺旋的名称及作用。

③ 粗整平：先用双手按相对（或相反）方向旋转一对脚螺旋，观察圆水准器气泡移动方向与左手拇指运动方向之间的运行规律，再用左手旋转第三个脚螺旋，经过反复调整使圆水准器气泡居中。

④ 瞄准：先将望远镜对准明亮背景，旋转目镜调焦螺旋，使十字丝清晰；再用望远镜瞄准器照准竖立于测点的水准尺，旋转对光螺旋进行对光；最后旋转微动螺旋，使十字丝的竖丝位于水准尺中线位置上或尺边线上，完成对光，并消除视差。

⑤ 精平：旋转微倾螺旋，从符合式气泡观测窗观察气泡的移动，使两端气泡吻合。

⑥ 读数：用十字丝中丝读取米、分米、厘米，估读出毫米位数字，并用铅笔记录。

⑦ 计算：读取立于两个或更多测点上的水准尺读数，计算不同点间的高差。

⑧ 练习用视距丝读取视距的方法：十字丝的上下两根短丝为视距丝。视距丝在标尺上所截取的长度为视距间隔1，视距间隔1乘上100为仪器至标尺的视距。

（2）普通水准测量

① 根据给定的已知高程点，在测区选点。选择4～5个待测高程点，在地面上进行标记，形成一条闭合水准路线。

② 在距已知高程点（起点）与第一个转点大致等距离处架设水准仪，在起点与第一个待测点上竖立尺。

③ 仪器整平后便可进行观测，同时记录观测数据。用双仪器高法（或双尺面法）进行测站检核。

④ 第一站施测完毕，检核无误后，水准仪搬至第二站，第一个待测点上的水准尺尺底位置不变，尺面转向仪器；另一把水准尺竖立在第二个待测点上，进行观测，依此类推。

⑤ 当两点间距离较长或两点间的高差较大时，在两点间可选定一或两个转点作为分段点，进行分段测量。在转点上立尺时，尺子应立在尺垫上的凸起物顶上。

⑥ 水准路线施测完毕后，应求出水准路线高差闭合差，以对水准测量路线成果进行检核。

⑦ 在高差闭合差满足要求（$f_{h容}=\pm12\sqrt{n}$，单位：mm）时，对闭合差进行调整，求出数据处理后各待测点高程。

4. 注意事项

（1）三脚架应支在平坦、坚固的地面上，架设高度应适中，架头应大致水平，架腿制动螺旋应紧固，整个三脚架应稳定。

（2）安放仪器时应将仪器连接螺旋旋紧，防止仪器脱落。

（3）各螺旋的旋转应稳、轻、慢，禁止用蛮力，螺旋旋转部分最好使用其中间部位。

（4）瞄准目标时必须注意消除误差，应习惯先用瞄准器寻找和瞄准。

（5）立尺时，应站在水准尺后，双手扶尺，以使尺身保持竖直。

（6）读数时不要忘记精平。

（7）做到边观测、边记录、边计算、边检核，误差超限应立即重测。记录应使用铅笔。

（8）避免把水准尺靠在墙上或电线杆上，以免摔坏；禁止用水准尺抬物，禁止蹲、坐在水准尺及仪器箱上。

（9）前、后视距应大致相等。

（10）双仪器高差法进行测站检核时，两次所测得的高差之差应小于等于 6mm；双面尺法检核时，两次所测得的高差尾数之差应小于等于 5mm（两次所测得的高差，因尺常数不同，理论值应相差 0.1m）。

（11）尺垫仅在转点上使用，在转点前后两站测量未完成时，不得移动尺垫位置。

（12）闭合水准路线高差闭合差 $f_h = \sum h$，容许值 $f_{h容} = \pm 12\sqrt{n}$，单位 mm。

5. 上交资料

实验结束上交普通水准测量记录及测量实验报告。

（二）经纬仪的使用与角度观测

经纬仪是测定角度的仪器。水平角测量是角度测量工作之一，测回法是测定由两个方向所构成的单个水平角的主要方法，也是在测量工作中使用最为广泛的一种方法。竖直角是计算高差及水平距离的元素之一，在三角高程测量与视距测量中均需测量竖直角。竖直角测量时，要求竖盘指标位于正确的位置上。通过本实践了解经纬仪的组成、构造及特点等。掌握测回法测量水平角的步骤和过程，熟悉用经纬仪按测回法测量水平角的方法。掌握用经纬仪进行竖直角测量的过程，熟悉竖直角的测量方法。

1. 目的和要求

（1）了解光学经纬仪或电子经纬仪（具体类型及型号根据实验室条件选定，如 DJ6 光学经纬仪等）的基本构造，以及主要部件的名称与作用。

（2）掌握经纬仪的安置方法，学会使用经纬仪。

（3）掌握测回法进行水平角的观测、记录和计算方法。

（4）了解用经纬仪按测回法观测水平角的各项技术指标。

（5）掌握竖直角观测、记录、计算的方法。

（6）了解竖盘指标差检验和校正的方法。

2. 仪器和工具

（1）光学经纬仪（或电子经纬仪）1台、记录板1块、测伞1把、测钎2根。

（2）自备：铅笔、计算器。

3. 方法步骤

（1）经纬仪使用

① 安置仪器：在给定的测站点上架设仪器（从箱中取经纬仪时，应注意仪器的装箱位置，以便用后装箱）。在测站点上撑开三脚架，高度应适中，架头应大致水平；然后把经纬仪安放到三脚架的架头上。安放仪器时，一手扶住仪器，一手旋转位于架头底部的连接螺旋，使连接螺旋穿入经纬仪基座压板螺孔，并旋紧螺旋。

② 认识仪器：对照实物正确说出仪器的组成部分、各螺旋的名称及作用。

③ 对中：对中有垂球对中和光学对中器对中两种方法。

④ 整平：转动照准部，使水准管平行于任意一对脚螺旋，同时相对（或相反）旋转这两只脚螺旋，使水准管气泡居中；然后将照准部绕竖轴转动 90°，再转动第三只脚螺旋，使气泡居中。如此反复进行，直到照准部转到任何方向，气泡在水准管内的偏移都不超过刻划线的一格为止。

⑤ 瞄准：取下望远镜的镜盖，将望远镜对准天空（或远处明亮背景），转动望远镜的目镜调焦螺旋，使十字丝最清晰；然后用望远镜上的照门和准星瞄准远处一线状目标，旋紧望

远镜和照准部的制动螺旋，转动对光螺旋（物镜调焦螺旋），使目标影像清晰；再转动望远镜和照准部的微动螺旋，使目标被十字丝的纵向单丝平分，或被纵向双丝夹在中央。

⑥ 读数：瞄准目标后，调节反光镜的位置，使读数显微镜读数窗亮度适当，旋转显微镜的目镜调焦螺旋，使度盘及分微尺的刻划线清晰，读取落在分微尺上的度盘刻划线所示的度数，然后读出分微尺上 0 刻划线到这条度盘刻划线之间的分数，最后估读至 1′ 的 0.1 位（如图 1-1 所示，水平度盘读数为 117°01.9′，竖盘读数为 90°36.2′）。

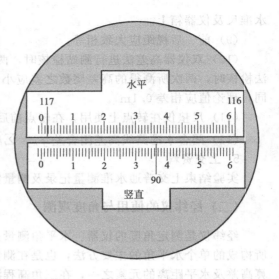

图 1-1 DJ6 光学经纬仪读数窗

⑦ 设置度盘读数：可利用经纬仪的水平度盘读数变换手轮，改变水平度盘读数。做法是打开基座上的水平度盘读数变换手轮的护盖，拨动水平度盘读数变换手轮，观察水平度盘读数的变化，使水平度盘读数为一定值，关上护盖。

有些仪器配置的是复测扳手，要改变水平度盘读数，首先要旋转照准部，观察水平度盘读数的变化，使水平度盘读数为一定值，按下复测扳手将照准部和水平度盘卡住；再将照准部（带着水平度盘）转到需瞄准的方向上，打开复测扳手，使其复位。

⑧ 记录：将观测的水平方向读数记录在表格中，用不同的方向值计算水平角。

（2）测回法观测水平角

① 在指定的场地内，选择边长大致相等的 3 个点打桩，在桩顶钉上小钉作为点的标志，分别以 A、B、O 命名。

② 在 A、B 两点插上测钎。

③ 将 O 点作为测站点，安置经纬仪进行对中、整平。

④ 使望远镜位于盘左位置（即观测员用望远镜瞄准目标时，竖盘在望远镜的左边，也称正镜位置），瞄准左边第一个目标 A，即瞄准 A 点，用经纬仪的度盘变换手轮将水平度盘读数拨到 0° 或略大于 0° 的位置上，读数并做好记录。

⑤ 按顺时针方向，转动望远镜瞄准右边第二个目标 B，读取水平度盘读数，记录，并在观测记录表格中计算盘左上半测回水平角值（$b_左 - a_左$）。

⑥ 将望远镜盘左位置换为盘右位置（即观测员用望远镜瞄准目标时，竖盘在望远镜的右边，也称倒镜位置），先瞄准右边第二个目标 B，读取水平度盘读数，记录。

⑦ 按逆时针方向，转动望远镜瞄准左边第一个目标 A，读取水平度盘读数，记录，并在观测记录表格中计算出盘右下半测回角值（$b_右 - a_右$）。

⑧ 比较计算的两个上、下半测回角值，若限差 ≤40″，则满足要求，取平均求出一测回平均水平角值。

⑨ 如果需要对一个水平角测量 n 个测回，则在每测回盘左位置瞄准第一个目标 A 时，都需要配置度盘。每个测回度盘读数需变化 $\dfrac{180°}{n}$（n 为测回数）（如：要对一个水平角测量 3 个测回，则每个测回度盘读数需变化 $\dfrac{180°}{3} = 60°$，则 3 个测回盘左位置瞄准左边第一个目标

A 时，配置度盘的读数分别为：0°、60°、120°或略大于这些读数）。

采用复测结构的经纬仪在配置度盘时，可先转动照准部，在读数显微镜中观测读数变化，当需配置的水平度盘读数确定后，扳下复测扳手，在瞄准起始目标后，扳上复测扳手即可。

⑩ 除需要配置度盘读数外，各测回观测方法与第一测回水平角的观测过程相同。比较各测回所测角值，若限差≤25″，则满足要求，取平均求出各测回平均角值。

（3）竖直角观测

① 领取仪器后，在各组给定的测站点上安置经纬仪，对中、整平，对照实物说出竖盘部分各部件的名称与作用。

② 上下转动望远镜，观察竖盘读数的变化规律，确定出竖直角的推算公式，在记录表格备注栏内注明。

③ 选定远处较高的建（构）筑物，如：水塔、楼房上的避雷针、天线等作为目标。

④ 用望远镜盘左位置瞄准目标，用十字丝中丝切于目标顶端。

⑤ 转动竖盘指标水准管微倾螺旋，使竖盘指标水准管气泡居中（有竖盘指标自动归零补偿装置的光学经纬仪无此步骤）。

⑥ 读取竖盘读数 L，在记录表格中做好记录，并计算盘左上半测回竖直角值 $\alpha_左$。

⑦ 再用望远镜盘右位置瞄准同一目标，同法进行观测，读取竖盘读数 R，记录并计算盘右下半测回竖直角值 $\alpha_右$。

⑧ 计算竖盘指标差 $x=\dfrac{1}{2}(\alpha_右-\alpha_左)=\dfrac{1}{2}(R+L-360°)$，在满足限差（$|x|\leqslant25″$）要求的情况下，计算上、下半测回竖直角的平均值 $\alpha=\dfrac{1}{2}(\alpha_左+\alpha_右)$，即一测回竖角值。

⑨ 同法进行第二测回的观测。检查各测回指标差互差（限差±25″）及竖直角值的互差（限差±25″）是否满足要求，如在限差要求之内，则可计算同一目标各测回竖直角的平均值。

4. 注意事项

① 测量水平角瞄准目标时，应尽可能瞄准其底部，以减少目标倾斜所引起的误差。

② 观测过程中，注意避免碰动经纬仪的复测扳手或度盘变换手轮，以免发生读数错误。

③ 日光下测量时应避免将物镜直接瞄准太阳。

④ 电子经纬仪在装、卸电池时，必须先关掉仪器的电源开关（关机）。

⑤ 观测过程中，若发现气泡偏移超过一格时，应重新整平仪器并重新观测该测回。

⑥ 计算半测回角值时，当第一目标读数 a 大于第二目标读数 b 时，则应在第一目标读数 a 上加上 360°。

⑦ 上、下半测回角值互差不应超过±40″，超限须重新观测该测回。

⑧ 各测回互差不应超过±25″，超限须重新观测。

5. 上交资料

实验结束后上交测量实验报告。

（三）全站仪的认识与使用

1. 实践目的

① 了解全站仪的构造和原理。

② 掌握全站仪进行数字化测图的一般方法。

③ 学会用全站仪放样点位的一般方法。

2. 仪器设备

全站仪（以南方全站仪为例）一台，棱镜附对中竿一个，3m 小钢尺一把，皮尺一把，电脑一台。

3. 实习任务

每组根据提供的控制点成果提交一幅 1：500 地形图。

4. 数据采集方法与步骤

数据采集前，保证仪器能存储测量的坐标数据。

（1）对中、整平，安置仪器于测站点上（仪器安置方法同经纬仪）。

（2）开机，进入数据采集菜单。按 menu 进入主菜单，再选择数据采集进入。

（3）输入测站点坐标，量取仪器高并输入，按记录键保存。

（4）输入后视点坐标或者后视方位角，输入棱镜高，瞄准后视点并进行测量，按设置键保存。

（5）开始进行数据采集。

（6）数据采集结束后，要正常退出到主菜单（按 Esc 键）。

5. 数据传输

在进行数据传输之前，首先要检查通讯电缆连接是否正确，电脑与全站仪的通讯参数设置是否一致。

（1）参数设置

波特率：1200

字符/校验：8 位无校验

通讯协议：单向

（2）传输

通过各种传输软件。

6. 绘制地形图

（1）展点（AutoCAD+CASS）。绘图处理——展野外测量点点号。

（2）利用屏幕菜单中提供的图式绘制各种地物。

（3）展高程点（AutoCAD+CASS）。绘图处理——展高程点。

（4）对测得的地形图进行修剪。

（5）加图框并打印出图。

数据采集时全站仪具体操作详见表 1-1、表 1-2。

表 1-1　全站仪显示屏上显示符号及其含义

显示	内　容	显示	内　容
V%	垂直角（坡度显示）	*	EDM（电子测距）下在进行
HR	水平角（右角）	m	以 m 为单位
HL	水平角（左角）	f	以英尺（ft）/英尺与英寸（in）为单位
HD	水平距离		
VD	高差		
SD	倾斜		
N	北向坐标		
E	东向坐标		
Z	高程		

表 1-2 操作键名称及功能说明

键	名称	功 能
★	星键	星键模式用于如下项目的设置或显示： (1)显示屏对比度；(2)十字丝照明；(3)背景光；(4)倾斜改正；(5)定线点提示器 (仅适用于有定线点指示器类型)；(6)设置音响模式
	坐标测量键	坐标测量模式
	距离测量键	距离测量模式
ANG	角度测量键	角度测量模式
POWER	电源键	电源开关
MENU	菜单键	在菜单模式和正常模式之间切换，在菜单模式下可设置应用测量与照明调节、仪器系统误差改正
ESC	退出键	• 返回测量模式或上一层模式 • 从正常测量模式直接进入数据采集模式或放样模式 • 也可用作为正常测量模式下的记录键
ENT	确认输入键	在输入值末尾近此键
F1-F4	软键(功能键)	对应于显示的软键功能信息

（四）施工放样测量

在温室建造施工中，往往要将已知的高差、已知的水平角、已知的水平距离、已知点的位置按设计施工图纸的要求，在地面上测设出来，以便指导施工。

1. 目的和要求

通过本实验使学生对测设工作有一个综合性的了解，加深测量工作在工程中应用的认识，提高测量的综合能力。

2. 仪器和工具

（1）水准仪、全站仪各 1 台、小钢卷尺 1 把、测钎 4 根、木桩和小钉若干个、斧子 1 把、记录板 1 块、测伞 1 把、地形图 1 张。

（2）自备：2H 铅笔、三角板、计算器。

3. 方法步骤

（1）准备工作

① 实验指导教师交代实验程序，提供控制点位置、坐标数据及测设数据。

② 有必要时，应对仪器进行参数预置。

（2）用水准仪进行高差放样

① 在离给定的已知高程点 A 与待测点 P（可在墙面上，也可在给定位置钉大木桩上）距离适中位置架设水准仪，在 A 点上竖立水准尺。

② 仪器整平后，瞄准 A 点读取的后视读数 a；根据 A 点高程 H_A 和测设高程计算靠在所测设处的 P 点桩上的水准尺上的前视读数应该为 b：

$$b = H_A + a - H_P$$

③ 将水准尺紧贴 P 点木桩侧面，水准仪瞄准 P 点读数，靠桩侧面上下移动调整 P 点，当观测得到的 P 点的前视读数等于计算所得 b 时，沿着尺底在木桩上画线，即为测设（放样）的高程 H_P 的位置。

④ 将水准尺底面置于设计高程位置，再次作前后视观测，进行检核。

⑤ 同法可在其余各点桩上测设同样高程的位置。

（3）用全站仪测设水平角及距离

① 水平角度测设

A. 在给定的方向线的起点安置（对中、整平）全站仪，安装电池后按"开关"键开机，屏幕显示测量模式的第一页。

B. 仪器瞄准给定的方向线的终点，按"置零"键，使显示的水平方向值为 $0°00'00''$。

C. 旋转照准部，直到屏幕显示的水平方向值约为测设的角度值，用制动螺旋固定照准部，转动微动螺旋，使屏幕显示的水平方向值为测设的角度值，在视线方向可作标志表示。

② 水平距离测设

A. 按照水平角度测设第 1 步、第 2 步进行，量取仪器高，记录。

B. 按"测量"键，仪器直接显示平距，比较待放样距离与实测距离是否一致，如果有差值，改正之即可得到正确距离。

4. 坐标测设

（1）在测设点安置仪器后，开机，量取仪器高，记录。

（2）按"程序"键，进入测量模式选择的页面，选择"放样"功能，按"回车"键确认，进入"放样"状态页面。

（3）先设站，输入测站点名称和坐标、仪器高后，按"回车"键确认。

（4）定向，进入坐标放样状态，输入定向点名称和坐标，按"回车"键确认。

（5）进入放样状态，翻页后输入待放样点名称和坐标，翻页可以看到仪器显示待放样点需要偏转角度，旋转仪器照准部，当需要偏转角度为零时，仪器照准方向即为待放样方向，利用反光镜测距，屏幕显示反光镜到待放样点之间的距离，移动反光镜改正之，即可得放样点位正确位置。

按同样方法测设其它点。

5. 注意事项

（1）测设数据经校核无误后才能使用，测设完毕后还应进行检测。

（2）在测设点的平面位置时，计算值与检测值比较，检测边长 D 的相对误差应小于等于 1/2000。检测角∠APQ，∠AQP 的误差应小于等于 60"。在测设点的高程时，检测值与设计值之差应小于等于 8mm，超限应重新测量。

（3）全站仪的仪器常数，一般在出厂时经严格测定并进行了设置，故一般不要自行进行此项设置，其余设置应在教师指导下进行。

（4）在关闭电源时，全站仪最好处于主菜单显示屏或角度测量模式，这样可以确保存储器输入、输出的过程完整，避免数据丢失。

（5）全站仪内存中的数据文件可以通过 I/O 接口传送到计算机，也可以从计算机将坐标数据文件和编码库数据直接装入仪器内存，有关内容可参阅仪器操作手册。

6. 上交资料

实验结束上交测量实验报告。

第二节　土建施工技术实训

一、概述

施工技术是工程建设中的重要环节，是将建设思想付诸实施并建设成为工程实体的过程。也是学生从理论学习到实际工程的一次基本训练机会。通过本次实训，使学生对温室主要建设工程有一个认识和了解；增强学生的吃苦耐劳精神；提高学生的实际动手能力，为今后从事相关工作打下基础。

二、目的意义

1. 通过实习了解温室或其它建筑的构造、结构体系及特点；丰富和扩大学生的专业知识领域。

2. 通过生产实训，使学生对典型建筑或温室工程的施工技术与施工组织管理等内容进一步加深理解，巩固课堂所学内容。

3. 通过现场实践了解企业的组织机构及企业经营管理方式。

4. 参加实际生产工作，灵活运用已学的理论知识解决实际问题，培养学生独立分析问题和解决问题的能力。

三、任务和内容

温室工程施工主要包含土建工程施工和安装工程施工两个方面，本节指土建工程施工，其主要内容有土方工程、基础工程、砌体工程及零星的混凝土工程等。通过现场学习、观察或动手操作的方式，深入了解工程的施工技术与施工管理方式。

1. 施工技术实习内容

（1）结合现场实际情况，学会看懂实习工程对象的建筑、结构施工图；了解工程的性质、规模、生产工艺过程、建筑构造与结构体系、地基与基础特点等，提出个人对设计图纸的见解；

（2）了解主要工种工程的施工方法、操作要点、主要机具设备及用途、质量要求等。

2. 现场管理实习内容

（1）了解施工单位的组织管理系统、各部门的职能和相互关系，了解施工项目经理部的组成，了解各级技术人员的职责与业务范围；

（2）了解新技术、新工艺、新材料及现代施工管理方法等的应用，了解施工与管理新规范；

（3）参与现场组织的图纸会审、技术交流、学术讨论会工作例会、技术革新、现场的质量检查与安全管理等；

（4）了解在施工项目管理中各方（业主、承包商、监理单位）的职责；

（5）了解施工项目管理的内容和方法；

（6）了解建设项目成本、质量、进度三大目标的管理体系及控制方法；

（7）了解建设项目现场安全管理、文明施工、施工总平面图管理。

工种一：土方工程施工技术

了解土的工程分类；掌握土的工程性质；掌握场地平整土方工程量的计算；了解土方回填压实质量的影响因素。

一、土的工程分类及主要性质

1. 土的工程分类

土成分复杂，种类繁多，分类方法也很多。在土力学中为研究土的力学及变形性能，根据土的颗粒级配或塑性指数把土分为岩石、碎石土（漂石、块石、卵石、碎石、圆砾、角砾）、砂土（砾砂、粗砂、中砂、细砂和粉砂）、粉土、黏性土（黏土、粉质黏土）和人工填土等。在土方施工中，土方开挖的难易程度直接影响土方工程施工方法的选择、劳动量的消耗和工程的施工费用，故在土方施工中，根据土方开挖的难易程度进行分类，称为土的工程分类。土的工程分类将土分为松软土、普通土、坚土、砂砾坚土、软石、次坚石、坚石、特坚石共八类，如表 1-3 所示。

表 1-3　土的工程分类

土的分类	土的名称	开挖方法及工具	可松性系数	
			K_s	K_s'
一类土（松软土）	砂；粉土；冲积砂土层；种植土；泥炭（淤泥）	用锹、锄头挖掘	1.08～1.17	1.01～1.03
二类土（普通土）	粉质黏土；潮湿的黄土；夹有碎石、卵石的砂、种植土、填筑土及粉土	用锹、锄头挖掘，少许用镐翻松	1.14～1.28	1.02～1.05
三类土（坚土）	软黏土及中等密实黏土；重粉质黏土；粗砾石；干黄土及含碎石、卵石的黄土、粉质黏土；压实的填筑土	主要用镐、少许用锹、锄头挖掘，部分用撬棍	1.24～1.30	1.04～1.07
四类土（砂砾坚土）	重黏土及含碎石、卵石的黏土；粗卵石；密实的黄土；天然级配砂石；软泥灰岩及蛋白石	先用镐、撬棍，然后用锹挖掘，部分用楔子及大锤	1.26～1.32	1.06～1.09
五类土（软石）	硬石碳纪黏土；中等密实的页岩；泥灰岩白垩土；胶结不紧的砾岩；软的石灰石	用镐或撬棍、大锤挖掘，部分使用爆破方法	1.30～1.45	1.10～1.20
六类土（次坚石）	泥岩；砂岩；砾岩；坚实的页岩；泥灰岩；密实的石灰岩；风化花岗岩；片麻岩	用爆破方法开挖，部分用风镐	1.30～1.45	1.10～1.20
七类土（坚石）	大理岩；辉绿岩；玢岩；粗、中粒花岗岩；坚实的白云石、砂岩、砾岩、片麻岩、石灰岩、有风化痕迹的安山岩、玄武岩	用爆破方法开挖	1.30～1.45	1.10～1.20
八类土（特坚石）	安山岩；玄武岩；花岗片麻岩；坚实的细粒花岗岩、闪长岩、石英岩、辉长岩、辉绿岩、玢岩	用爆破方法开挖	1.45～1.50	1.20～1.30

2. 土的工程性质

土有各种工程性质，对土方工程施工方法选择和工程量大小有直接影响的主要工程性质有：土的可松性、土的渗透性、土的密度、土的含水量等。同时土力学中土的物理、力学指标对土方工程施工也有重大的影响，如土的摩擦角、内聚力等，在本书中不再赘述。

（1）土的可松性

自然状态的土，经过开挖后，其体积因松散而增加，以后虽经回填压实仍不能恢复到原来的体积，这种性质称为土的可松性。

土的可松性程度用可松性系数来表示。自然状态土经开挖后的松散体积与原自然状态下的体积之比，称为土的最初可松性系数，用 K_s 表示，见表 1-3；土经回填压实以后的体积与原自然状态下土的体积之比，称为土的最后可松性系数，用 K_s' 表示，见表 1-3。

$$K_s = \frac{V_2}{V_1}, \quad K_s' = \frac{V_3}{V_1} \tag{1-1}$$

式中　K_s——土的最初可松性系数；

　　　　K_s'——土的最后可松性系数；

　　　　V_1——土在自然状态下的体积，单位：m^3；

　　　　V_2——土体开挖后的松散体积，单位：m^3；

V_3——土经回填压实后的体积，单位：m^3。

由于土方工程量是以自然状态下土的体积计算，所以用 K_s 计算开挖后松散的土方体积，即土方运输的工程量；用 K'_s 计算土方的调配及回填用土量。

（2）土的渗透性

土体孔隙中的自由水在重力作用下会透过土体而运动，这种土体被水透过的性质称为土的渗透性，用渗透性系数 K 表示。地下水在渗流过程中受到土颗粒的阻力，其大小与土的渗透性、水头差及渗流路径的长短有关。当基坑开挖至地下水位以下，地下水会渗流入基坑，恶化施工条件，需采取排水或降水措施以保证土方施工条件。

渗透系数 K 反映土的透水性大小，对土方施工中施工降水与排水的影响较大。一般通过室内渗透实验或现场抽水或压水实验确定。对重大工程，宜采用现场抽水实验确定。土的渗透性系数 K 变化较大，表1-4中所列的渗透性系数数值仅供参考。

表 1-4 土的渗透性系数参考值

名　称	渗透系数 K/(m/d)	名　称	渗透系数 K/(m/d)
黏　土	<0.005	中砂	5.0～25.0
粉质黏土	0.005～0.1	均质中砂	35～50
粉土	0.1～0.5	粗砂	20～50
黄土	0.25～0.5	园砾	50～100
粉砂	0.5～5.0	卵石	100～500
细砂	1.0～10.0	无填充物卵石	500～1000

（3）土的密度和干密度

土在天然状态下单位体积的质量称为土的密度，用 ρ 表示。可按式（1-2）计算：

$$\rho = \frac{m}{V} \tag{1-2}$$

式中　ρ——土的密度，单位：kg/m^3；

m——土的总质量，单位：kg；

V——土的总体积，单位：m^3。

土的干密度 ρ_d 指单位体积固体颗粒的质量，可按式（1-3）计算：

$$\rho_d = \frac{m_s}{V} \tag{1-3}$$

式中　ρ_d——土的干密度，单位：kg/m^3；

m_s——土中固体颗粒的质量，单位：kg；

V——土的总体积，单位：m^3。

土的干密度在一定程度上反映了土颗粒排列的紧密程度，可作为填土压实质量的控制指标。

（4）土的含水量

土的含水量指土中水的质量与固体颗粒质量之比，用 w 表示。可按式（1-4）计算：

$$w = \frac{m_w}{m_s} \times 100\% \tag{1-4}$$

式中　w——土的含水量；

m_w——土中水的质量，单位：kg；

m_s——土中固体颗粒的质量，单位：kg，即为烘干后土的质量。

土的含水量反映了土的干湿程度，随外界雨、雪、地下水的影响而变化。当土的含水量增加时，土体越潮湿，机械施工的难度加大；含水量超过20％时运土的车轮就会打滑或陷轮；回填土时若含水量过大就会产生橡皮土而无法压实；同时土的含水量对土方边坡稳定也有直接的影响。

二、场地平整

场地平整是将天然地面改造成设计要求的平面所进行的土方施工过程。场地平整施工，一般应安排在基坑（槽）、管沟开挖之前进行，以使大型土方机械有较大的工作面，能充分发挥其效能，并可减少与其它工作的相互干扰。

在场地平整施工之前，应首先确定场地的设计标高，计算挖、填土方工程量，然后根据土方工程量进行土方规划，制定施工方案，组织施工。

小型场地平整设计标高的确定：

场地设计标高是土方工程量计算的依据。场地设计标高应满足规划、生产工艺及运输要求；有一定的表面泄水坡度（≥2‰），满足排水要求，并考虑最高洪水位的影响；并力求场地内挖填平衡且土方工程量最小。

场地设计标高一般应在设计文件中规定，若设计文件无规定时，可以用"场地内挖填土方平衡法"或"最佳设计平面法"来计算。"最佳设计平面法"应用最小二乘法的原理，使场地内方格网各角点的施工高度的平方和最小，求出最佳设计平面，既能满足土方工程量最小，又能保证挖、填土方量相等，但此法计算较繁杂。"挖、填土方平衡法"概念直观，计算简便，精度能满足施工要求，在实际工作中常采用该法，但此法不能保证土方量最小。

采用"挖、填土方平衡法"确定场地设计标高步骤：

（1）初步计算场地设计标高

计算原则：场地内的挖方量与填方量相等而达到土方平衡，施工前、后场地内土方量不变。

计算场地内土方量，需将场地地形图根据要求的精度划分为边长为10～40m的正方形方格网，如图1-2所示，然后标出各方格网角点的标高。各方格网角点标高可根据地形图上相邻两等高线的标高，用插入法求得。当无地形图或场地比较大时，可在地面用木桩打好方格网，然后用仪器直接测出标高。

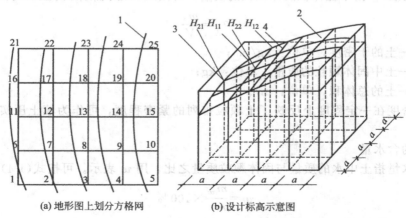

(a) 地形图上划分方格网　　　(b) 设计标高示意图

图1-2　场地设计标高计算简图

1—等高线；2—自然地面；3—初步设计标高平面；4—零线

根据场地内土方量平整前、后相等，场地设计标高公式如下：

$$H_0 \cdot Na^2 = \sum_1^N \left(a^2 \frac{H_{11} + H_{12} + H_{21} + H_{22}}{4} \right) \tag{1-5}$$

即

$$H_0 = \frac{\sum_1^N (H_{11} + H_{12} + H_{21} + H_{22})}{4N} \tag{1-6}$$

式中　　　　　　　　H_0——场地初步设计标高；

　　　　　　　　　　　a——方格网边长，单位，m；

　　　　　　　　　　　N——方格数；

H_{11}，H_{12}，H_{21}，H_{22}——分别表示任一方格网四个角点的标高，单位：m。

　　在图 1-2 中，角点 2 既是方格 1276 的角点，又是方格 2387 的角点，是该两个相邻方格的公用角点，其标高在式(1-6) 计算过程中相加两次；角点 7 是相邻四个方格的公用角点，其标高在式(1-6) 计算过程中相加 4 次；角点 1 仅是方格 1276 一个方格的角点，其标高在式(1-6) 仅相加一次；在不规则的场地中，某些方格角点是 3 个相邻方格的角点，其标高在式(1-6) 计算过程中相加 3 次。因此式(1-6) 可改写成：

$$H_0 = \frac{\sum H_1 + 2\sum H_2 + 3\sum H_3 + 4\sum H_4}{4N} \tag{1-7}$$

式中　　　　H_1——一个方格网仅有的角点标高；

H_2，H_3，H_4——分别为两个方格、三个方格、四个方格共有的角点标高；

　　　　　　　N——方格数。

　　根据式 (1-7) 确定的场地初步设计标高，场地为一水平面，不能满足排水泄水坡度要求。因此，以 H_0 为场地中心标高，泄水坡度为 i_x、i_y，如图 1-3 所示，场地各点设计标高为：

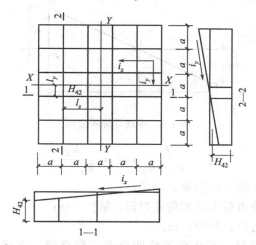

图 1-3　泄水场地标高计算

$$H_n = H_0 \pm l_x i_x \pm l_y i_y \tag{1-8}$$

式中　　H_n——场地内任一角点的设计标高，单位：m；

l_x，l_y——计算点沿 x，y 方向距场地中心点的距离，单位：m；

i_x，i_y——场地在 x，y 方向的泄水坡度；

　　"±"——由场地中心点指向计算点时，若其方向与 i_x，i_y 反向取"＋"号，同向取
　　　　　　"－"号。

（2）场地设计标高的调整

实际工程中，对计算所得的设计标高，在土方工程量计算完成后，还应考虑下列因素进行调整：

① 土的可松性：土体开挖回填之后体积增加，需相应提高场地设计标高，以达到土方量的实际平衡。土的可松性的影响取决于土的最后可松性系数。

② 场地边坡填挖土方量不等而影响场地设计标高。

③ 根据经济比较结果，采取场外取土或弃土的施工方案而影响场地设计标高。

如调整场地设计标高，则须重新计算土方工程量。

（3）场地平整土方工程量的计算

土方工程的外形往往复杂，常常将其假设或划分成一定的几何形状，并采用具有一定精度又和实际情况接近的近似方法进行计算。场地平整土方工程量计算步骤如下。

① 计算各方格网角点的施工高度　场地设计标高确定以后，方格网角点的设计标高减去该角点自然标高即可得各方格网角点的施工高度，其计算公式为：

$$h_i = H_i - H_i' \qquad (1-9)$$

式中　h_i——方格网 i 角点施工高度，单位：m，以"＋"为填"－"为挖；

H_i——i 角点的设计标高，单位：m；

H_i'——i 角点的自然地面标高，单位：m。

② 确定施工零线　施工高度为零点的连线即为"零线"，它是挖方区与填方区的分界线。若两相邻角点施工高度变号（两角点施工高度 h_i 有"＋"有"－"，两角点一填一挖），在两角点连线的边线上一定有一点施工高度为零，该点称为"零点"，将各相邻的零点连接起来即为零线。零点位置如图 1-4 所示，可用插入法按式(1-4)计算。

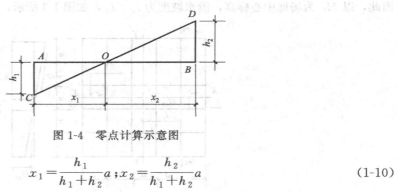

图 1-4　零点计算示意图

$$x_1 = \frac{h_1}{h_1 + h_2} a \; ; \; x_2 = \frac{h_2}{h_1 + h_2} a \qquad (1-10)$$

式中　x_1，x_2——角点至零点的距离，单位：m；

h_1，h_2——相邻角点施工高度的绝对值，单位：m；

a——方格边长，单位：m。

③ 计算方格土方工程量　零线将方格网分成三种类型：方格网四个角点全填或全挖、两填两挖和一填三挖（一挖三填）。该计算方法称为四棱柱法。

A. 全填全挖方格土方工程量计算（图 1-5）

$$V = \frac{a^2}{4}(h_1 + h_2 + h_3 + h_4) \qquad (1-11)$$

式中　V——填方或挖方体积，单位：m³；

h_1，h_2，h_3，h_4——方格角点填（挖）绝对值，单位：m；

a——方格边长，单位：m。

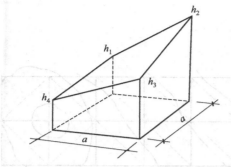

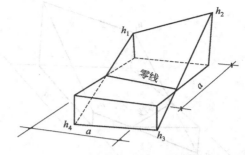

图 1-5　全填或全挖方格土方工程量计算示意图　　　　图 1-6　两填两挖方格土方工程量计算示意图

B. 两填两挖方格土方工程量计算

在图 1-6 中，其填方部分的土方工程量计算公式为：

$$V_{1,2}=\frac{a^2}{4}\left(\frac{h_1^2}{h_1+h_4}+\frac{h_2^2}{h_2+h_3}\right) \tag{1-12}$$

式中　$V_{1,2}$——填方部分体积，单位：m^3；

其余符号同前。

在图 1-6 中，其挖方部分的土方工程量计算公式为：

$$V_{3,4}=\frac{a^2}{4}\left(\frac{h_3^2}{h_2+h_3}+\frac{h_4^2}{h_1+h_4}\right) \tag{1-13}$$

式中　$V_{3,4}$——挖方部分体积，单位：m^3；

其余符号同前。

C. 三填（挖）一挖（填）方格土方工程量计算

在图 1-7 中，一个角点挖方部分的工程量计算公式为：

$$V_4=\frac{a^2}{6}\frac{h_4^3}{(h_1+h_4)(h_3+h_4)} \tag{1-14}$$

式中　V_4——一个角点挖方部分体积，单位：m^3；

其余符号同前。

在图 1-7 中，三个角点填方部分的工程量计算公式为：

$$V_{1,2,3}=\frac{a^2}{6}(2h_1+h_2+2h_3-h_4)+V_4 \tag{1-15}$$

式中　$V_{1,2,3}$——三个角点填方部分体积（m^3）；

其余符号同前。

为了提高土方工程量计算的精度，利用顺着等高线方向的对角线将方格网划分成两个三角形，如图 1-8 所示。结合方格网各角点的施工高度，就将原来一个方格所对应的四棱柱体划分成两个三棱柱体，分别计算各三棱柱体的体积并按挖方、填方分别汇总即可计算场地的挖、填土方工程量。同理零线也将三角形划分三填（三挖）、一填（挖）两挖（填），用不同的近似公式计算。

（3）基坑（槽）和路堤的土方量计算

如图 1-9 所示，基坑（槽）和路堤的土方量可按拟柱体计算，即：

$$V=\frac{H}{6}(F_1+4F_0+F_2) \tag{1-16}$$

式中　V——土方工程量（m^3）；

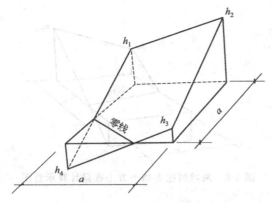
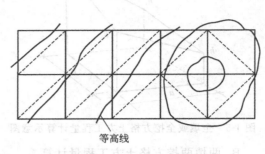

图 1-7 三填一挖方格土方工程量计算示意图   图 1-8 三角形划分示意图

H，F_1、F_2 如图所示。对基坑而言，H 为基坑的深度，F_1、F_2 分别为基坑上、下底面积（m^2）；对基槽或路堤，H 为基槽或路堤的长度（m），F_1、F_2 为两端的面积（m^2）；F_0 为 F_1 与 F_2 之间的中截面面积。

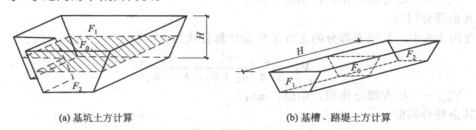

(a) 基坑土方计算   (b) 基槽、路堤土方计算

图 1-9 基坑（槽）、路堤土方量计算示意图

基槽与路堤通常根据其形状（曲线、折线、变截面）划分成若干计算段，分段计算土方量，然后再累加求得总的土方工程量。

工种二：砌筑工程

掌握砖砌体施工的工艺流程；熟悉砌体工程的质量要求。

一、砖砌体的施工工艺

砖砌体的施工过程通常有抄平、放线、摆砖样、立皮数杆、盘角挂线、砌筑墙身、勾缝清理等工序。

1. 抄平

砌砖墙前，现在基础面或露面上按标准水准点定出各层标高，并用水泥砂浆或 C10 细石混凝土找平。

2. 放线

依据施工现场龙门板上的轴线定位钉拉通线，并沿通线挂线锤，将墙轴线引测到基础面上，再以轴线为标准弹出墙边线，并定出门窗洞口的平面位置。

3. 摆砖样

摆砖样是指在弹好线的墙基面上，按墙身长度和组砌方式先用砖块试摆，核对所弹的门洞位置线及窗口、附墙垛的墨线是否符合所选用砖型的模数，对灰缝进行调整，以使每层砖的砖块排列和灰缝宽度均匀，并尽可能减少砍砖。摆砖样在砌清水墙时尤其重要。

4. 立皮数杆

立皮数杆可以控制每皮砖砌筑的竖向尺寸，并使铺灰、砌砖的厚度均匀，保证砖皮水平。皮数杆上划有每皮砖和灰缝的厚度，以及门窗洞、过梁、楼板等的标高。它立于墙的转角处，如墙的长度很大，可每隔10～20m再立一根。

5. 盘角挂线

砌墙前应先盘角，即对照皮数杆的砖层和标高，先砌墙角。每次盘角砌筑的砖墙高度不超过五皮，并应及时进行吊靠，如发现偏差及时修整。根据盘角将准线挂在墙侧，作为墙身砌筑的依据。每砌一皮，准线向上移动一次。砌筑一砖厚及以下者，可采用单面挂线；砌筑一砖半厚及以上者，必须双面挂线。每皮砖都要拉线看平，使水平缝均匀一致，平直通顺。

6. 砌筑墙身

铺灰砌砖的操作方法很多，常用的方法有"三一"砌筑法和铺浆法。"三一"砌筑法，即一铲灰、一块砖、一挤揉，并随手将挤出的砂浆刮去的砌筑方法。该方法易使灰缝饱满、黏结力好、墙面整洁，故宜用此法砌砖，尤其是对抗震设防的工程。当采用铺浆法砌筑时，铺浆长度不得超过750mm；当气温超过30℃时，铺浆长度不得超过500mm。

7. 勾缝

勾缝具有保护墙面并增加墙面美观的作用，是砌清水墙的最后一道工序。清水墙砌筑应随砌随勾缝，一般深度以6～8mm为宜，缝深浅应一致，清扫干净。勾缝宜用1：1.5的水泥砂浆，应用细砂，也可用原浆勾缝。

二、质量要求

砌筑质量应符合《砌体工程施工质量验收规范》（GB 50203—2011）的要求，做到横平竖直、砂浆饱满、组砌得当、接槎可靠。

1. 横平竖直

砖砌筑时要求水平灰缝应平直，竖向灰缝应垂直对齐，不得游丁走缝。这既可保证砌体表面美观，也能保证砌体均匀受力。

2. 砂浆饱满

砂浆层的厚度和饱满度对砖砌体的抗压强度影响很大，灰缝应砂浆饱满、厚薄均匀，保证砖块均匀受力和使块体紧密结合。水平灰缝厚度宜为10mm，但不应小于8mm，也不应大于12mm，且水平灰缝的砂浆饱满度不得小于80%（可用百格网检查）。

3. 组砌得当

为提高墙体的整体性、稳定性和强度，砖块砌筑时应遵守上下错缝、内外搭砌的要求，避免垂直通缝的出现。为满足错缝要求，墙体组砌可采用一顺一丁、三顺一丁、梅花丁的砌筑形式。

4. 接槎可靠

"接槎"是指相邻砌体不能同时砌筑而设置的临时间断，为便于先砌砌体与后砌砌体之间的接合而设置。接槎一般有斜槎和直槎两种方式。为使接槎牢固，后面墙体施工前，必须将留设的接槎处表面清理干净，浇水湿润，并填实砂浆，保持灰缝平直。

规范规定：砖砌体的转角处和交接处应同时砌筑，严禁无可靠措施的内外墙分砌施工。对不能同时砌筑而又必须留置的临时间断处应砌成斜槎，斜槎水平投影长度不应小于高度的2/3，如图1-10所示。非抗震设防及抗震设防烈度为6度、7度地区的临时间断处，当不能留斜槎时，除转角处外，可留直槎，但直槎必须做成凸槎。留直槎处应加设拉结钢筋，拉结钢筋的数量为每120mm墙厚放置一根$\phi6$拉结钢筋，间距沿墙高不应超过500mm；埋入长度从留槎处算起每边均不应小于 500mm，对抗震设防烈度 6 度、7 度的地区，不应小于 1000mm；末端应有 90°弯钩，如图 1-11 所示。

图 1-10 斜槎

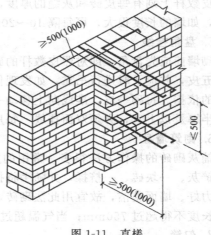

图 1-11 直槎

第三节 温室钢结构实践训练

一、概述

钢结构是主要由钢制材料组成的结构，是主要的建筑结构类型之一。结构主要由型钢和钢板等制成的钢梁、钢柱、钢桁架等构件组成，各构件或部件之间通常采用焊缝、螺栓或铆钉连接。因其自重较轻，且施工简便，广泛应用于大型厂房、场馆、超高层等领域。

由于温室钢结构具有承载力高、抗震性能好、自重轻和建设周期短等优点，因而在重型或大型厂房、大跨度的公共建筑中，已愈来愈多地使用钢屋盖结构。

钢材的特点是强度高、自重轻、整体刚性好、变形能力强，故用于建造大跨度和超高、超重型的建筑物特别适宜；材料匀质性和各向同性好，属理想弹性体，最符合一般工程力学的基本假定；材料塑性、韧性好，可有较大变形，能很好地承受动力荷载；建筑工期短；其工业化程度高，可进行机械化程度高的专业化生产。钢结构应研究高强度钢材，大大提高其屈服点强度；此外要轧制新品种的型钢，例如 H 型钢（又称宽翼缘型钢）和 T 形钢以及压型钢板等以适应大跨度结构和超高层建筑的需要。

另外，还有无热桥轻钢结构体系，建筑本身是不节能的，本技术用巧妙的特种连接件解决了建筑的冷热桥问题；小桁架结构将电缆和上下水管道从墙里穿越，施工装修都方便。

二、实践目的

目前，一些高校温室设计实践教学中存在的主要问题：一是理论教学和工程实践的脱离；二是学生工程实践能力的培养不够。

首先，温室设计是一个交叉和综合性很强的课程，要求学生具备很扎实的专业基础知识。而实践中，由于该专业在我国刚刚兴起，研究性大学多以理论教学为主，因此，在教学上着重基础理论的讲解，而对于与温室设计直接相关实践教学环节则相对教学资源不足，工程实践课程缺乏成熟的教学模式。目前为止，大多的高校都是在逐步完善和摸索中发展。

其次，温室工程设计是一门交叉的学科。因此，设施农业科学与工程专业的学生要掌握的专业知识包括温室建筑结构和栽培管理两大部分，单纯建筑结构方面就包括建筑设计基础、温室钢结构、工程制图学、建筑设备、建筑电气、工程概预算等。这些对本科生来说，在短短的大学四年的学习期间内学完本身就很困难。在实践教学中往往导致忽视了非常重要的工程实践教学。而温室设计课程的特点是，如果不经过严格的工程实践教育就很难培养合格的专业人才。

在设施农业科学与工程专业的教学中，亟待探索一种既能加强对学生理论知识的讲授，又能同时提高学生实践工程能力的教学方法。对于该专业的工程主干课程温室建筑与结构来说，探索一种理论结合实践的实践教学方法显得尤为重要。

三、实践任务

为温室钢结构的设计和建造打好基础。分别有钢结构、模型温室、温室工艺等内容。

四、实习内容

（一）温室钢结构屋架设计实训

钢屋盖的承重结构体系通常有平面钢桁架体系、空间桁架、网架和悬索等。

1. 屋盖结构体系

① 无檩设计方案　在钢屋架上直接放置预应力钢筋混凝土大型屋面板，其上铺设保温层和防水层。这种方案的优点是整体性好，横向刚度大。所以对结构的横向刚度要求高的厂房宜采用无檩设计方案。

② 有檩设计方案　在钢屋架上设置檩条，檩条上面再铺设轻型屋面材料。对于横向刚度要求不高，尤其是不需做保温层的中小型厂房宜采用。

③ 屋盖支撑　钢屋架在其自身平面内为几何不变体系并具有较大的刚度，但这种体系在垂直于屋架平面的侧向（即屋架平面外）的刚度和稳定性很差，不能承受水平荷载。为了保证房屋的安全、适用和满足施工要求，在屋盖系统中必须设置必要的支承体系，把平面屋架相互连接起来，使之成为一个稳定而刚强的整体。

2. 屋架的形式和主要尺寸

① 跨度　柱网纵向轴线的间距就是屋架的标志跨度，以 3m 为模数。屋架的计算跨度是屋架两端支反力之间的距离。

② 高度　根据屋架的容许挠度可确定最小高度，最大高度则取决于运输界限，例如铁路运输界限为 3.85m；屋架的经济高度是根据上下弦杆和腹杆的总重量为最小的条件确定；有时，建筑设计也对屋架的最大高度加以某种限制。

一般情况下，设计屋架时，首先根据屋架形式和设计经验先确定屋架的端部高度 h_0，再根据屋面坡度计算跨中高度。对于三角形屋架，$h_0=0$；陡坡梯形屋架取 $h_0=0.5\sim1.0m$；缓坡梯形屋架取 $h_0=1.8\sim2.1m$。因此，跨中屋架高度为

$$h=h_0+il_0/2$$

式中　i——屋架上弦杆的坡度。

人字形屋架跨中高度一般为 2.0～2.5m，跨度大于 36m 时可取较大高度，但一般不宜超过 3m；端部高度一般为跨度的 1/8～1/12。人字形屋架：$h=(1/10\sim1/8)l_0$。跨度较大的桁架，在荷载作用下将产生很大的挠度。所以可以采用起拱的方法：预先给屋架一个向上的反弯拱度。起拱高度一般为跨度的 1/500。设计步骤：

屋架荷载计算与荷载效应组合：

屋盖上的荷载：屋盖上的荷载有永久荷载和可变荷载两大类。永久荷载包括屋面材料和檩条、支撑、屋架、天窗架等结构的自重；可变荷载包括雪荷载、风荷载等，一般可按荷载规范查取。

屋架和支撑的自重（g_k）可按下面经验公式进行估算：

$$g_k = 0.12 + 0.011l$$

式中，l 为屋架的标志跨度。

节点荷载汇集：屋架所受的荷载一般通过檩条或大型屋面板的边肋以集中力的方式作用于屋架的节点上。即：

$$P_k = q_k as$$

式中，q_k 为按屋面水平投影面分布的荷载标准值；a 为上弦节间的水平投影长度；s 为屋架的间距。

荷载效应组合：设计时要考虑施工及使用阶段可能遇到的各种荷载及其组合的可能情况，对屋架进行内力分析时应按最不利组合取值。一般应考虑以下三种组合。

组合一：全跨恒载＋全跨活载；

组合二：全跨恒载＋半跨活载；

组合三：全跨屋架、支撑和天窗自重＋半跨屋面板重＋半跨屋面活载。

在进行荷载效应组合时，屋面活荷载和雪荷载不同时考虑，取两者中的较大值进行组合。

屋架杆件内力计算：

基本假定：节点为铰接；所有杆件的轴线都在同一平面内，且相交于节点的中心；荷载都作用在节点上，且都在屋架平面内。

杆件的长度计算：参考《钢结构设计规范》GB 50017—3003 第 5.3.1 条的规定。

3. 屋架杆件设计

① 杆件的合理截面。

② 垫板　为了使两个角钢组成的杆件起整体作用，应在两个角钢相并肢之间焊上垫板（或填板）。垫板厚度与节点板厚度相同，垫板宽度一般取 40～60mm 左右。T 形截面时垫板长度比角钢肢宽大 10～15mm。垫板间距 L 在受压构件中不大于 $40i$，在受拉杆件中不大于 $80i$。在 T 形截面中 i 为一个角钢对平行于垫板自身重心轴的回转半径。

③ 节点板厚度　钢桁架各杆件在节点处都与节点板相连，传递内力并相互平衡。节点板应力复杂并难以分析，通常不作计算。设计时可参考单壁式桁架节点板厚度选用表（表1-5）。

表 1-5　单壁式桁架节点板厚度选用

桁架腹杆内力或三角形屋架弦杆端节间内力(N)/kN	≤170	171～290	291～510	511～680	681～910	911～1290	1291～1770	1771～3090
中间节点板厚度(t)/mm	6	8	10	12	14	16	18	20

注：节点板为 Q235 钢，当为其它钢号时，表中数字应乘以 $235/f_y$。

④ 杆件设计　当杆件以承受轴力为主时，按轴心压杆或拉杆计算；当杆件同时承受较大弯矩时，按压弯或拉弯构件计算。计算强度时，应注意对削弱处进行净截面强度验算。计算杆件整体稳定时，应注意两个方向的稳定性都进行验算。

4. 屋架节点设计

节点的作用是把汇交于节点中心的杆件连接在一起，一般都通过节点板来实现。各杆的内力通过各自与节点板相连的角焊缝把杆力传到节点板以取得平衡。所以节点设计的任务是：根据节点的构造要求，确定各杆件的切断位置；根据焊缝的长度，确定节点板的形状和大小。

（1）下弦一般节点的设计方法

下弦一般节点是指下弦杆直通连续和没有节点集中荷载的节点。计算下弦节点中各腹杆与节点板所需的连接焊缝长度：

肢背焊缝：
$$L_{w1} \geq \frac{\alpha_1 N}{2 \times 0.7 h_{f1} f_f^w}$$

肢尖焊缝：
$$L_{w2} \geq \frac{\alpha_2 N}{2 \times 0.7 h_{f2} f_f^w}$$

式中，L_{w1} 为肢背所需的焊缝长度；L_{w2} 为肢尖所需的焊缝长度；α_1 为肢背分配系数；α_2 为肢尖分配系数；N 为作用于连接处的轴心力；h_{f1} 为肢背的焊脚尺寸；h_{f2} 为肢尖的焊脚尺寸；f_f^w 为焊缝设计值。

（2）上弦一般节点的设计方法

计算上弦节点中各腹杆与节点板所需的连接焊缝长度与下弦节点中各腹杆与节点板所需的连接焊缝长度方法相同。

（3）屋脊拼接节点的设计方法

拼接角钢与受压弦杆之间的连接可按弦杆最大内力进行计算，每边共有 4 条焊缝平均承受此力。则一条焊缝的计算长度为：

$$L_w \geq \frac{N}{4 \times 0.7 h_f f_f^w}$$

式中，h_f 为焊脚尺寸；f_f^w 为焊缝设计值。

拼接角钢的总长度为：$L_s = 2L + $ 弦杆杆端空隙

对于弦杆与节点板之间的连接焊缝，假定节点荷载 P 由上弦角钢肢背处的焊缝承受，按下式计算：

$$\frac{P}{2 \times 0.7 h_f L_{w1}} \leq 0.8 \beta_f f_f^w$$

式中，β_f 为系数（查表）。

而上弦角钢肢尖与节点板的连接焊缝按上弦杆最大内力的 15% 计算，并考虑由此产生的弯矩 $M = 0.15 Ne$。

（4）下弦拼接节点的设计方法

拼接角钢与下弦杆之间每边有 4 条角焊缝连接，可近似认为 4 条焊缝均匀受力。拼接角钢与下弦杆的连接焊缝按下弦杆截面积等强度计算。即有：

$$L_w = \frac{Af}{4 \times 0.7 h_f f_f^w}$$

拼接角钢的总长度为：$\qquad L_s = 2L + (10 \sim 20) \text{mm}$

下弦杆与节点板的连接焊缝按下弦较大内力的 15% 和两侧下弦的内力之差两者中的较大者进行。

（5）支座节点的设计方法

屋架与柱的连接有简支和刚接两种形式，支承于钢筋混凝土柱或砖柱上的屋架一般为简支，而支承于钢柱上的屋架通常为刚接。简支屋架的支座节点，由节点板、加劲肋、支座底板和锚栓等部分组成。

支座底板的面积 A：$A \geq \dfrac{R}{f_c} + $ 锚栓孔缺口面积，R 为屋架的支座反力

底板的厚度应按下式计算：$t \geq \sqrt{\dfrac{6M}{f}}$，$M = \beta q a_1^2$

式中，M 为两邻边支承板单位板宽的最大弯矩，β 为系数（查表），a_1 为两相邻支承边对角线长度，q 为均布荷载。

5. 屋架施工图的绘制

钢屋架施工图是制造厂和工地结构安装的重要依据。绘制屋架施工图时应注意以下几个方面的内容：

① 通常在图纸左上角用合适的比例画出"屋架几何轴线图（屋架简图）"。图中一半标出几何长度，一半标出杆件的计算内力值。起拱值在屋架简图上标出来。

② 绘制屋架的施工图，通常采用两种比例尺绘制，杆件轴线一般用 1∶20～1∶30 的比例尺，杆件截面和节点尺寸采用 1∶10～1∶15 的比例尺。

③ 绘制屋架上、下弦杆的平面图、屋架端部和跨中的侧面图及必要的剖面图。

④ 注明各杆件和板件的定位尺寸和孔洞位置等。定位尺寸主要时节点中心至腹杆顶端的距离和屋架轴线到角钢肢背的距离。这两个尺寸即能确定杆件的位置和实际长度。

⑤ 编制材料表：包括各种零件的截面、长度、数量和重量。

⑥ 文字说明：说明的内容包括钢材的牌号、焊条型号、加工精度要求、焊缝质量要求、图中未注明的焊缝和螺栓孔的尺寸以及防锈处理的要求等。

（二）温室钢结构构件强度试验实训

1. 型钢梁受弯实践

（1）试件、实践设备和仪器

① 试件　钢桁架为试件，跨度 3.0m、2.4m，C 型钢梁是温室钢结构受弯构件的常见形式，其截面高而窄，侧向刚度（绕 y 轴）很弱，构件的破坏往往表现为丧失整体稳定性（侧扭屈曲）或局部失稳，而不像钢筋混凝土梁那样发生材料强度破坏。钢梁的整体稳定性破坏是温室钢结构设计应考虑的主要问题。钢梁整体稳定性试验目的，是增强同学们对钢梁整体失稳的感性认识，加强对钢梁整体失稳的概念和机理的理解，为进一步学好温室钢结构理论知识打下扎实的基础。梁丧失整体稳定性试验，是对梁直接进行加载直至发生侧扭屈曲或局部失稳破坏。试验时，要仔细观察梁的变形规律和特点。注意板件的稳定、构件的弯曲应力、竖向和侧向挠度情况，思考受弯试件发生侧扭屈曲的原因（图 1-12）。

图 1-12　桁架加载及测点布置图

② 实践设备和仪器　手动千斤顶、加载反力架、支座和支墩、压力传感器、静态电阻应变仪及多点接线箱、百分表、磁性表座、表架等。

DH3818 静态电阻应变仪用于测量钢梁上下翼缘板应力，百分表用于测量钢梁的竖向挠度和侧向位移。

③ 试验前的理论工作　在试验前，必须先完成下面的理论分析和计算工作，否则，试验无法进行。

采用图1-12的试件，跨中加荷，取235MPa（理论强度），计算此试件的极限承载标准值 P。

（2）实践方法及步骤

① 检查试件和实践装置，布置仪表，位移计分别布置于下弦节点以及支座中心线上。电阻应变片预先贴好，检查电阻值、接线测量。

② 加载采用单点集中荷载。加标准荷载的40%，作预载实践，测取读数，检查装置、试件、仪表工作是否正常，然后卸载，及时排除发现的问题。

③ 将仪表重新调整，记取初读数，作好正式加载的准备。

④ 正式加载采用逐级加载，级间间歇时间10min左右，试件变形逐级增大后，缓慢加载，直到破坏。

2. 实践结果分析

（1）试件属于什么破坏性质？为什么？

（2）用温室钢结构设计原理中的方法计算设计承载能力理论值。将理论值与实测应变值比较，计算其误差，分析引起误差的可能原因。

3. 钢柱轴压试验

（1）实践目的

通过钢柱轴心受压实践，认识温室钢结构设计中的一个重要内容——稳定问题，深入理解轴心受压构件的稳定承载力计算方法、$\varphi-\lambda$（φ为稳定系数；λ为杆件长细比）柱子曲线等。了解钢轴心受压构件的极限承载力，得出其稳定系数，并与设计规范的稳定系数对比。

（2）试件、实践设备和仪器

① 试件采用轻钢材料制作的C型钢或双肢的C型钢制作。试件尺寸实地量取。

② 实践设备和仪器　500吨位压力试验机、静态电阻应变仪、百分表及磁性表座、电阻应变片。

（3）试验装置

图1-13　柱试验示意图

试验在压力试验机上进行，试件两端采用铰支座，如图1-13所示。位移计、应变片测点布置如下：在试件跨中截面布置位移计2个，跨中位移计测量试件跨中水平位移，两端位移计测量试件的轴向压缩位移、支座转动。在圆钢管试件跨中截面共布置4个应变片。

（4）试验过程

① 试验的准备工作十分重要，本次试验要做如下准备工作：测量试件截面尺寸及长度；贴应变片并检查。

② 物理对中　逐级加载至试件计算承载力的10%～20%，并读取跨中截面各应变片数值，若相差幅度<15%，则卸载后可正式进行加载试验，否则卸载，并重新调整试件位置后继续进行物理对中。

③ 加载级别　正式加载时，每级加载大小可根据计算承载力的大小确定，具体数值根据稳定理论计算后确定（试验前请做好试验数据的准备工作）。加载级别见表1-6。

表 1-6　加载级别

加载次数	第一级加载	第二级加载	第三级加载
	0.6N	0.3N	0.1N

注：N 为钢柱试件预估极限承载力（单位：kN）。

④ 数据量取　每级荷载到位后稳定 3~5min，并读取各测点应变数值及位移计数值。当荷载稳定不能上升，指针反转时，认为构件达到了极限荷载。

⑤ 破坏模态的观察　当试件接近破坏时，注意仔细观察试件破坏模态及位置，并拍照。

（5）实践结果整理分析

实践完成后整理分析如下实践结果，其中包括：

① 绘制试件跨中位置的荷载-水平位移曲线；

② 绘制试件跨中截面荷载-平均应变曲线；

③ 总结各试件极限承载力数值；

④ 分析各试件的破坏模态；

⑤ 得出各试件的整体稳定系数，与温室钢结构设计规范比较。

（三）钢材性能试验

根据试验规范，加工制作标准材性试验用试件，测量其横截面面积、确定标距。在试验机上安装试件，调试应变仪，正常工作后加载。试验过程中记录应变和相应的拉力值，最后绘制应力和应变曲线。确定抗拉强度、屈服强度、弹性模量、延伸率等。

材性试件已经加工好，请同学们在试验室参考材性试验规范进行截面的测量复核，并记录截面尺寸和标距值，为材性试验做好准备。

（四）建筑温室钢结构工程实践实训

1. 温室钢结构工程施工实训的目的

温室钢结构工程施工实训是建筑温室钢结构工程技术专业实现培养目标要求的重要实践性教学环节，是学生对所学的温室钢结构施工测量、温室钢结构材料检测与管理、温室钢结构基础、温室钢结构工程施工、管桁架结构工程施工、网架结构工程施工等有关课程学习内容进行深化、拓宽、综合训练的重要阶段。温室钢结构工程施工实训也是专业培养方案中极为重要的教学环节，是学生在校学习期间理论联系实际、增长实践知识的主要手段和方法之一。在实习中，学生以见习项目经理或施工见习技术员的身份参加建筑工地（包括温室钢结构工程）现场的施工安装和管理工作，使其将在学校所学到的理论知识与建筑工程（包括温室钢结构工程）的生产实践相结合，学习综合运用所学到的知识解决生产实践中遇到的问题，并验证、巩固和深化所学的理论知识，培养分析问题和解决问题的能力。通过亲身参加施工组织管理工作和参加一定的专业劳动，对系统了解专业概况，加深对专业理论知识的全面理解起着重要的作用，同时也会对后续的课程教学、温室钢结构工程施工实训和设计，乃至为学生接受未来工程师终身继续教育奠定必要的基础。

（1）知识增长要求

学生通过温室钢结构工程施工实训，增长工程实践、温室钢结构的设计、施工安装生产技能和有关新结构、新工艺、新技术和新材料的知识，并综合运用所学的各学科的理论、知识与技能，分析和解决工程实际问题。通过学习、研究和实践，使理论深化，知识拓宽，专业技能延伸。

（2）能力培养要求

学生应学会依据温室钢结构设计单位或施工现场的条件和设计或施工任务，进行资料调研、收集、加工与整理；能正确运用设计、施工工具书；熟悉有关工程设计图纸、施工方法和技术规范，积累有关工程工种施工技术、施工组织的经验；提高绘制有关施工图表和编写有关技术文件及资料管理的能力，锻炼学生应用所学知识分析与解决实际问题的能力。

（3）综合素质要求

通过温室钢结构工程施工实训，应使学生树立正确的思想，培养学生严肃认真的科学态度、严谨求实的工作作风和无私奉献的敬业精神，能遵守纪律，吃苦耐劳，锻炼自己与他人合作的能力。

2. 实训项目及具体内容

（1）实训项目

① 观看自主录制完整施工视频，学习温室结构建造的全部过程；

② 标准模块试验温室＋实践现场施工；

③ 温室钢结构加工制作岗位的各工种、项目；

④ 温室钢结构施工安装现场岗位的各工种、项目。

（2）具体内容

① 领取相关资料，经实习动员后下工地到相应班组、科室接受工地安全等方面教育，开始实习工作。

② 认真记录实习日记，善于提出问题，主动查阅相关参考书、科技杂志和规范标准等技术资料，积极分析、解决问题。

③ 在工地工程技术人员和学校指导教师的指导和检查下，按照个人实习计划，完成实习任务。

④ 完成实习任务、整理实习日记、撰写实习报告或专题报告，做好实习收尾工作。

这一阶段工作是整个实习工作的主题，应在实习指导教师与施工安装现场或设计单位工程技术人员指导下完成。实习学生应主动地克服实习中遇到的各种困难，积极地向现场指导人员学习和请教，搜集、整理各种信息和资料。根据实习指导书和实习工地具体特点，参考一些实习资料，尤其是有关温室钢结构设计、施工规范和手册，以及现场的新结构、新工艺、新技术和新材料的技术资料。注意抓住重点，记好实习日记，遵守实习纪律，接受实习中的检查，保证能按照实习大纲要求，有目的、有计划地完成实习任务。

在温室钢结构工程施工实训大纲要求的实习形式下，学生可将实习内容适当整理，向教师汇报实习进展情况（分散实习必须有审批后的分散实习申请表、审批表、实习鉴定等资料。

3. 作业

① 温室钢结构工程施工实训日记、温室钢结构工程施工实训总结、温室钢结构工程施工实训报告等。

② 撰写温室钢结构工程施工实训成果的要求：

温室钢结构工程施工实训日记内容一般包括学生每天实习内容、学习心得、实习记录等几个部分。

温室钢结构工程施工实训总结内容一般包括实习工地现场或温室钢结构设计学习内容、心得体会、实习安排的建议等几个部分（附于实习报告后）。

温室钢结构工程施工实训报告内容一般包括目录、实习项目名称、实习内容、实习总结等几个部分。

4. 钢结构工程实训期间的基本要求

① 学生在教师的指导下，应积极，主动地完成温室温室钢结构工程施工实训大纲、任务书所规定的全部任务。

② 应严格按照进度进行温室温室钢结构工程施工实训，不得无故拖延。

③ 要遵守劳动纪律，严格遵守实习纪律，原则上不得请假，因特殊原因必须请假者，一律由指导教师批准。

④ 按规定时间完成个人需要撰写的温室钢结构工程施工实训成果内容。抄袭他人成果内容、不按要求或未完成全部内容、无故旷实习二次及以上、缺勤时间达三分之一及以上者，温室钢结构工程施工实训成绩定为不及格。

且每周以电子邮件、电话、短信方式与指导教师至少联系两次以上，否则以成绩不及格处理），并提出存在的困难和问题，在学校和教师的帮助下，改进后期实习工作，以期取得良好的成绩。

（五）模型试验温室安装工艺实践训练

1. 实践教学的内容

实践教学内容作为设施农业科学与工程专业课程设置的组成部分，是对理论课程很好的补充和完善，是学生由单纯的动脑到自主动手自主创新思维的重要实现过程。在具体教学方法上主要包括模型温室装配实践教学和综合创意设计教学两部分。

模型温室装配教学具体操作方式为，通过装配与实际温室结构和设备相同的模型温室，进而认识设施农业科学与工程中温室建筑结构的设计原理与设计方法，掌握温室配套设备的性能和结构特点，掌握温室建筑的构造基本规律，扩大知识面，开阔眼界。同时，也需要组织学生参观温室结构材料和配套设备工厂和加工中心。

综合创意设计教学：通过吸收学生参与设计实际的温室项目和组织综合温室设计实践实训。通过带领学生进行践行设计，使学生能够真正自主创造性思维和动手设计，进而掌握温室设计的设计方法和设计技巧。在综合创业设计的过程中掌握现代温室建筑和结构的设计流程和内在规律。尤其通过温室综合创意设计实践实训，增加学生的实践创造能力和真正扩大学生的设计视野。

2. 实习目的

现代温室是一个具备光照、温度、气体调控等综合自控能力的建筑体系。因此，涉及土建、温室钢结构、建筑装饰和设备安装等多方面专业技术领域。在实践中，要达到熟练设计温室建筑和结构同时进行设备安装设计，就需要设计师深入地、完备地掌握温室结构和设备的各个细节。因此，在教学中就势必要通过完备的模型来辅助教学，进而可以使学生能直观地掌握温室建筑结构以及设备安装的细节。

3. 主要环节

模型温室采用了温室中应用广泛的 Venlo 型温室，该座温室南北长 8m，东西宽 9.6m，檐高 2m，脊高 2.8m，屋面角度 27°。结构组成上为一个标准跨度和两个开间。整体的模型温室主体钢结构采用冷轧双面热镀锌管材；顶部采用 4mm 浮法玻璃覆盖，四周墙体采用双层玻璃覆盖。温室设双层内保温系统、外遮阳系统、湿帘风机降温系统、天窗通风系统、供暖系统、滴灌系统、补光照明系统、统一智能控制系统等。整体配套设备和实际现代温室相同，集成了智能温室的主要配套设备和控制系统（图1-14）。

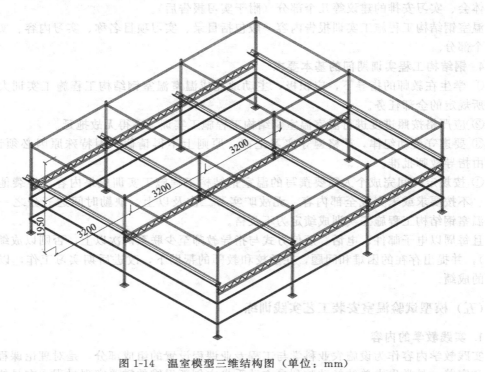

图 1-14　温室模型三维结构图（单位：mm）

模型温室屋架结构：模型温室脊高2.8m，屋面角度27°，单个跨度3200mm。模型温室跨度方向为一跨，单个跨度由三个标准单元组成，每个单元如图1-15所示。

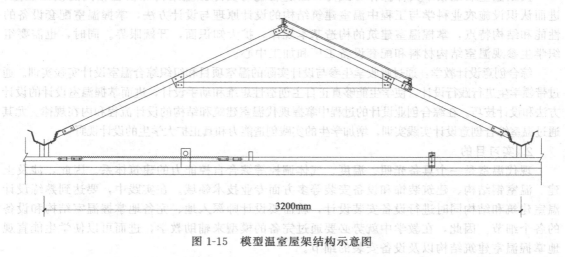

图 1-15　模型温室屋架结构示意图

温室主体温室钢结构采用双面热镀锌型材，要求先焊（接）后热镀锌，现场不得焊接；配件均采用热镀锌防腐螺栓和自攻钉联接。

结构部件主要包括：

①主立柱采用矩形热镀锌矩形管；②墙面檩条采用热镀锌方管；③室顶桁架由温室专用

铝合金型材；④天沟采用 2.5mm 厚的热镀锌钢板冷弯成型；⑤连接件采用热镀锌钢板冲压成型，外形美观；⑥均采用热镀锌高强螺栓和自攻螺丝连接，全结构无焊点。

从模型温室的建筑结构以及屋架系统来看，模型温室与现实的现代温室除了温室钢结构的小型化以外，其它结构及配套设备均采用了相同的完备的配置，因此，掌握了模型温室的装配方法和建筑结构的构造原理，也就掌握了现代温室的建筑结构技术。

（六）金属板带轧制工艺实践实训

1. 实践目的

① 掌握板带轧机工作原理及设备操作过程。

② 学会轧制变形量的计算方法及安排道次变形量。

2. 轧制原理

轧制法是应用最广泛的一种压力加工方法，轧制过程是靠旋转的轧辊及轧件之间形成的摩擦力将轧件拖进轧辊缝之间并使之产生压缩，发生塑性变形的过程，按金属塑性变形体积不变原理，通过轧制，轧件厚度变薄同时长度伸长，宽度变宽。见图 1-16。

轧件承受轧辊作用发生变形的部分称为轧制变形区，其它主要参数有：轧辊直径 D、半径 R、辊身长度 B，假定轧件在轧之前后的厚度、宽度和长度分别为 h_1、b_1、l_1 和 h_2、b_2、l_2，上下轧辊皆为主动辊，其转速均为 n（转/分），因此轧辊表面的线速度 $v_r = \pi Dn/60 \times 1000$，咬入角 α，接触弧长 L，正常轧制时 L 与 α 的关系如下：

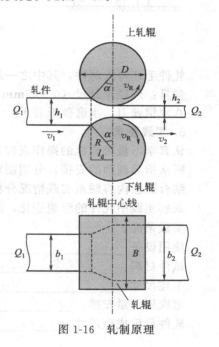

图 1-16　轧制原理

$$a = \arccos[1 - (h_1 - h_2)/D]$$
$$L = 2\pi/180 \times R$$

实践中常以接触弧长对应的弧长近似作为接触弧弧长，于是有 $L = [R(h_1 - h_2)]$。

因为轧制前后轧件的重量没有变化于是有：$h_1 \times b_1 \times l_1 \times r_1 = h_2 \times b_2 \times l_2 \times r_2$，由于 $r_1 = r_2$ 又有：$h_1 \times b_1 \times l_1 = h_2 \times b_2 \times l_2$

轧制前后轧件厚度的减少成为绝对压下量，用 Δh 表示，$\Delta h = h_1 - h_2$ 绝对压下量与原厚度之比成为相对压下量，用 ε 表示，$\varepsilon = \Delta h/h_1 \times 100\%$，轧制时轧件的长度明显增加，轧后长度与轧前长度的比值称为延伸系数用 λ 表示，$\lambda = l_1/l_2$。由于轧带时轧件宽度变化不大，一般略而不计（$\Delta b = b_2 - b_1$）。ε、Δh 和 λ 是考核变形大小的常用指标。

3. 实践内容

使用两辊板带轧机轧制 Al、Cu 合金试件，试件铸态毛坯尺寸：100mm × 10mm × 5mm。经多道次轧制使熔铸态毛坯形成轧制态工件，轧制厚度由 5mm 轧至 1.2mm，将其中一半轧件送到马弗炉时效处理（180℃，4h），为下一实践做准备。

4. 实践步骤

① 根据轧机传动系统图和轧制原理图结合轧机了解板带轧机的组成，熟悉其结构和轧制机理，润滑各运动部件，启动电源空车运转。

② 按总变形量分配道次压下量，并调整压下装置。

③ 喂料轧制，按道次测量并记录相关数据。

④ 轧制加工完成关闭电源，快速退回压下装置。

⑤ 清理轧机和工作地点。

⑥ 拟写实践报告。

5. 实践装置

实践用轧机为 YD100 型和苏制两辊轧机，轧机的组成如图 1-17。

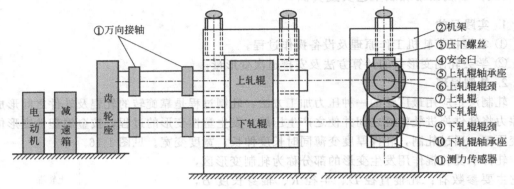

图 1-17　轧机基本结构

轧件毛坯每人两件，其中之一经均匀化处理，毛坯尺寸：100mm×10mm×5mm。

量具：外径千分尺（0～25mm）一把，游标卡尺（150mm）一把。

八寸铝锉刀、水磨砂纸若干。

6. 实践要求

认真学习板带轧机的操作规程和安全注意事项。

听从指导教师的安排，分别制定压下规程，按操作程序分组实践。

结合课程内容联系实践情况分析一到两个问题。

观察实践中轧件的形貌变化，测量采集有关数据，按如下要求编写实践报告。

实践条件：

使用设备：＿＿＿＿＿＿＿＿＿＿＿＿

试件材料：＿＿＿＿＿＿＿＿＿＿＿＿

毛坯尺寸：＿＿＿＿＿＿＿＿＿＿＿＿

道次压下量安排：＿＿＿＿＿＿＿＿

轧件最后成型尺寸：＿＿＿＿＿＿＿

表 1-7　实验结果

道次	轧件厚度	本道次变形量		总变形量		道次平均总变形量
n	$h_1 h_2$	Δh	ε	Δh	ε	ε
1						
2						
3						

7. 实践数据及处理（表 1-7）

按道次压下量每道工序轧制后对轧件进行测量、采集数据、列表计算。

8. 思考题

① 试述齿轮座（分动箱）的作用。

② 分析压下量与咬入角之间关系。

第四节　温室钢结构焊接实训

一、概述

焊接：也称作熔接、镕接，是一种以加热、高温或者高压的方式接合金属或其它热塑性材料如塑料的制造工艺及技术。焊接通过下列三种途径达成接合的目的：

① 加热欲接合之工件使之局部熔化形成熔池，熔池冷却凝固后便接合，必要时可加入熔填物辅助；

② 单独加热熔点较低的焊料，无需熔化工件本身，借焊料的毛细作用连接工件（如软钎焊、硬焊）；

③ 在相当于或低于工件熔点的温度下辅以高压、叠合挤塑或振动等使两工件间相互渗透接合（如锻焊、固态焊接）。

依具体的焊接工艺，焊接可细分为气焊、电阻焊、电弧焊、感应焊接及激光焊接等其它特殊焊接。

焊接的能量来源有很多种，包括气体焰、电弧、激光、电子束、摩擦和超声波等。除了在工厂中使用外，焊接还可以在多种环境下进行，如野外、水下和太空。无论在何处，焊接都可能给操作者带来危险，所以在进行焊接时必须采取适当的防护措施。焊接给人体可能造成的伤害包括烧伤、触电、视力损害、吸入有毒气体、紫外线照射过度等。

二、实践目的

随着科学与技术的迅速发展，各种新材料的连接工艺对焊接设备、焊接材料及焊接结构提出了新的标准和要求，促进了新型焊接电源及新型焊接材料的更新和发展。学生通过实践课基础理论学习和实践操作后，应能较全面地了解各种焊接方法的基本理论，较熟练地掌握一两种焊接方法，能了解目前国内焊接技术、焊接材料及焊接结构的发展概况，能够运用已经掌握的焊接基础理论知识分析和解决实践中出现的问题，并增强学生的实际操作能力。

三、实践要点

① 每四五人为一个实践小组；

② 各种实践分组同时进行并按时间交换；

③ 实践过程中学生要积极向教师提问，教师也随时向学生提出问题。

四、总体要求

① 学生应基本掌握各种焊接方法和设备的工作原理；

② 了解各种焊接工艺规范的调整；

③ 通过现场实践教学了解焊接电源的原理、目前焊接设备的发展状况以及焊接材料的生产过程；

④ 设备接好电源后，经教师检查同意后方可通电；

⑤ 严禁在带电情况下检查设备故障；

⑥ 用好劳保用品，防止弧光和飞溅的伤害。

五、实践报告要求

① 按实践内容提出的各个实践的要求综合论述；
② 需要画曲线的要用坐标纸；
③ 记录数据或对比内容用表格形式；
④ 学生应在积极思考问题并提出自己的疑问。

六、实践内容

(一) 手工电弧焊实践实训

1. 实践目的

了解手工电弧焊的基本原理，熟练掌握手工电弧焊的基本操作及焊接规范参数调整的方法。

2. 实践内容

掌握平焊位置下的操作，实践观察焊接规范对焊接成型的影响。

3. 实践要点

① 在 5 秒钟内完成引弧，并建立稳定电弧；
② 能够将一根完整的焊条不断弧烧完；
③ 焊缝熔宽、堆高均匀，无气孔、夹渣；
④ 测试分析焊接电流对焊缝成型的影响；
⑤ 其他同学观看电弧形态。

4. 实践器材

① 电焊机：1 台；② 焊板：若干；③ 焊条（酸性）：若干；④ 锤：1 把；⑤ 砂纸、钢丝刷：1 把；⑥ 钢板尺：1 只。

5. 实践步骤

① 按图 1-18 将电焊机接好；

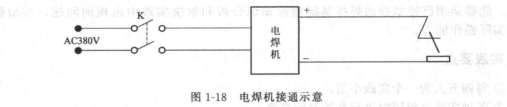

图 1-18　电焊机接通示意

② 选定焊条类型及直径；
③ 预调焊接电流值；
④ 采用短路或划擦方法引燃电弧。

6. 实践数据及处理

① 选择几组成型最好的焊接数据记录表 1-8 中。
② 记录所选焊件的堆高、熔宽、气孔、夹渣等。

7. 实践报告要求

① 按以上记录说明最佳规范的参数。
② 分析手工电弧焊设备及工作原理。
③ 说明焊接电流的调整方法。

表 1-8 焊接数据记录表

序号	焊条	工艺因素			成型分析			焊缝尺寸		备注
		电弧电压/V	电弧电流/A	运条速度/(cm/s)	气孔	夹渣	咬边	堆高	熔宽	
1										
2										
3										
4										

④ 说明手工电弧焊常见缺陷的种类。

8. 思考题

① 手工电弧焊设备是否允许若干焊接部位同时工作？

② 为获得焊接所需要的外特性采用电阻限流的方式是否可行？

③ 普通电焊条用无药皮的等直径铁丝是否可以建立稳定电弧？

（二）气保护焊实践实训

1. 实践目的

了解气体保护焊的基本原理，熟练掌握气保护焊的基本操作及焊接规范参数的调整方法。气保护焊接电源与普通手工电弧焊电源的区别。观察短路过渡和喷射过渡两种焊接模式的特点。

2. 实践内容

正确安装焊丝及焊接规范的正确预置，保护气体流量调节，短路过渡时可用全位置焊接及不同焊接电流对成型的影响。

3. 实践要求

能够使电弧稳定燃烧；

观察熔滴的过渡形态；

焊缝宽度、堆高均匀无气孔、夹渣。

4. 实践装置

电焊机：1台；

焊接试板：若干；

焊丝：1盘；

砂纸铁刷：1把；

保护气体：1瓶；

钢板尺：1把。

5. 实践步骤

① 按图 1-19 将电焊机接好；

图 1-19 电焊机接通示意

② 预装已选定的焊丝；

③ 预调焊接电压、焊接电流和焊接小车行走速度;

④ 打开保护气减压阀;

⑤ 开启电源,送丝起弧;

⑥ 焊接小车行走,施焊;

⑦ 焊接结束,按顺序依次关闭电源,小车和保护气体。

6. 实践数据及处理

① 选择几组成型好的焊件并将焊接数据记录表1-9中;

② 记录所选焊件的堆高、熔宽、气孔、夹渣等;

③ 记录熔滴的过度形式。

表 1-9　焊接数据记录表

序号	焊丝	保护气体	工艺参数			成形分析			焊缝尺寸		备注
			电弧电压/V	电弧电流/A	焊接速度/(cm/s)	气孔	夹渣	咬边	堆高	熔宽	
1											
2											
3											
4											

7. 实践报告要求

① 按以上记录说明最佳规范的参数;

② 说明细丝熔化极焊接对电源外特性的要求;

③ 说明气保护焊接中常见焊接缺陷的种类。

8. 思考题

① CO_2 焊接电流的外特性是否可以是陡降的?

② CO_2 焊有几种熔滴过渡形式?

③ CO_2 焊工件和焊丝分别接电流的正极还是负极?

④ 自命题

(三) 埋弧焊实践实训

1. 实践目的

要求了解埋弧焊的基本原理、操作过程、焊接参数的设定。观察焊接规范参数(电弧电压、电弧电流、焊接速度)对焊缝熔深及熔宽的影响。

2. 实践内容

熟练安装焊丝并正确调整埋弧焊焊接规范,操作焊接小车进行埋弧焊,观察电弧电压及电弧电流对焊缝成型的影响。

3. 实践要点

① 认真观察操作盘上的各按键、旋钮的作用及规范的预设;

② 记录埋弧焊电弧电压及电弧电流,并观察焊缝成型、脱渣情况;

③ 检查焊缝是否有气孔、夹渣等。

4. 实践装置

埋弧焊机:1台;

试件:若干;

埋弧焊丝:1盘;

焊剂：若干；

砂纸、铁刷：1 把。

5. 实践步骤

① 正确连接各导线，预先设定正确的焊接参数；

② 将焊剂埋住焊丝；

③ 操作送丝机进行送丝，焊丝与工件短路，引燃电弧；

④ 操作焊接小车进行平板堆焊，焊完清渣；

⑤ 观察焊接电压与焊接电流对熔宽、熔深的影响。

6. 实践数据及处理

① 选择几组成型较好的焊件并将焊接数据记录表 1-10 中；

② 检查是否有气孔、夹渣、咬边等；

③ 记录所选焊件的堆高、熔宽。

表 1-10　焊接数据记录表

序号	焊丝	焊剂	焊丝伸出长度	工艺参数			成形分析			焊缝尺寸		备注
				电弧电压/V	电弧电流/A	焊接速度/(cm/s)	气孔	夹渣	咬边	堆高	熔宽	
1												
2												
3												
4												

7. 实践报告要求

① 按以上记录说明最佳规范的参数；

② 埋弧焊对电源的要求。

8. 思考题

① 埋弧焊的导电嘴与工件距离有要求吗？

② 所使用的机型电弧稳定燃烧时的最小电流是多少？

③ 埋弧焊对电源的外特性有什么要求？

④ 自命题。

（四）电阻焊实践实训

1. 实践目的

要求学生了解电阻焊的基本原理、周波控制方法及操作过程，焊接参数的设定。

2. 实践内容

正确选择反馈方式及预压、通电、冷却、等参数的预调整及试运行，周波控制基本原理。观察电焊时间、电流等因素对焊接成型的影响。

3. 实践要点

① 所有参数预置完成后，应将开关放在实践位置试运行；

② 保持电极形状及良好的导电性；

③ 分析通电时间、通电电流对成型的影响。

4. 实践装置

电阻焊机：1 台；

试件：若干；

砂纸、铁刷：1把。

5. 实践步骤

① 确保上下电极平整并通水冷却；

② 正确设定焊接规范参数；

③ 观察焊点成型；

④ 在时间许可的情况下学生可以自己操作。

6. 实践数据及处理

① 分析焊接电流及通电时间对成型的影响；

② 选出几个成型较好的试件，记录数据在表 1-11 中。

表 1-11　数据记录表

序号	焊接基材	工艺参数					焊缝成形	焊点尺寸	备注
		压力/MPa	电流/A	通电周波	缓升周波	缓降周波			
1									
2									
3									
4									

7. 实践报告要求

① 按以上记录说明最佳规范的参数；

② 以上规范选择是采用什么反馈形式。

8. 思考题

① 你所使用设备的反馈形式是电压还是电流？

② 缓升在阻焊时主要起什么作用？

③ 阻焊除了焊接黑色金属外，还可以进行什么材料焊接？

④ 阻焊设备除可进行焊接外，还可以用于哪些加工工艺？

第五节　温室工程概预算实训

一、概述

设计概算是在初步设计或扩大初步设计阶段，由设计单位根据初步设计或扩大初步设计图纸、概算定额、指标，工程量计算规则，材料、设备的预算单价，建设主管部门颁发的有关费用定额或取费标准等资料预先计算工程从筹建至竣工验收交付使用全过程建设费用经济文件。简言之，即计算建设项目总费用。

工程概预算是指在工程建设过程中，根据不同设计阶段的设计文件的具体内容和有关定额、指标及取费标准，预先计算和确定建设项目的全部工程费用的技术经济文件。

二、目的意义

1. 设计概算

2. 主要作用

① 国家确定和控制基本建设总投资的依据；

② 确定工程投资的最高限额；

③ 工程承包、招标的依据；

④ 核定贷款额度的依据；

⑤ 考核分析设计方案经济合理性的依据；

3. 审核概算

4. 方法

① 对比分析法；

② 查询核实法；

③ 分类整理法；

④ 联合会审法；

5. 修正概算

在技术设计阶段，由于设计内容与初步设计的差异，设计单位应对投资进行具体核算，对初步设计概算进行修正而形成的经济文件。其作用与设计概算相同。

6. 施工图预算

施工图预算是指拟建工程在开工之前，根据已批准并经会审后的施工图纸、施工组织设计、现行工程预算定额、工程量计算规则、材料和设备的预算单价、各项取费标准，预先计算工程建设费用的经济文件。

7. 主要作用

① 是考核工程成本、确定工程造价的主要依据；

② 是编制标底、投标文件、签订承发包合同的依据；

③ 是工程价款结算的依据；

④ 是施工企业编制施工计划的依据。

8. 施工预算

施工预算是施工单位内部为控制施工成本而编制的一种预算。它是在施工图预算的控制下，由施工企业根据施工图纸、施工定额并结合施工组织设计，通过工料分析，计算和确定拟建工程所需的工、料、机械台班消耗及其相应费用的技术经济文件。施工预算实质上是施工企业的成本计划文件。

9. 主要作用

① 是企业内部下达施工任务单、限额领料、实行经济核算的依据。

② 是企业加强施工计划管理、编制作业计划的依据。

③ 是实行计件工资、按劳分配的依据。

三、题目

编制某大型温室结构工程投标报价清单。

具体参数如下：

1. 温室平面图：如图 1-20 所示；

2. 温室柱网结构平面图：如图 1-21 所示。

3. 温室标准结构剖面图：如图 1-22 所示。

4. 温室基础详图：如图 1-23 所示。

四、实训内容

1. 计算工程：计算上面四个代表项目的工程量。

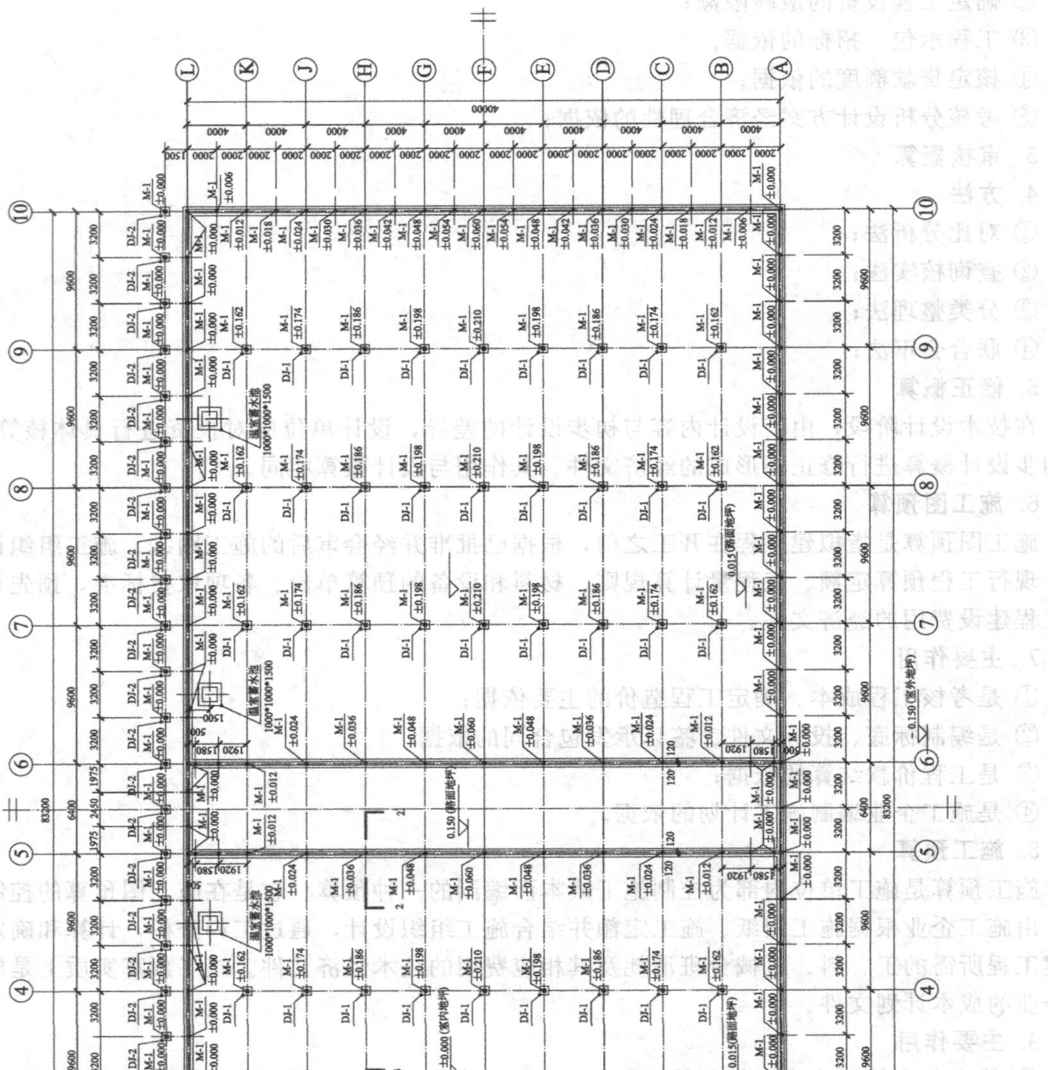

图 1-20 温室平面图 (单位: mm)

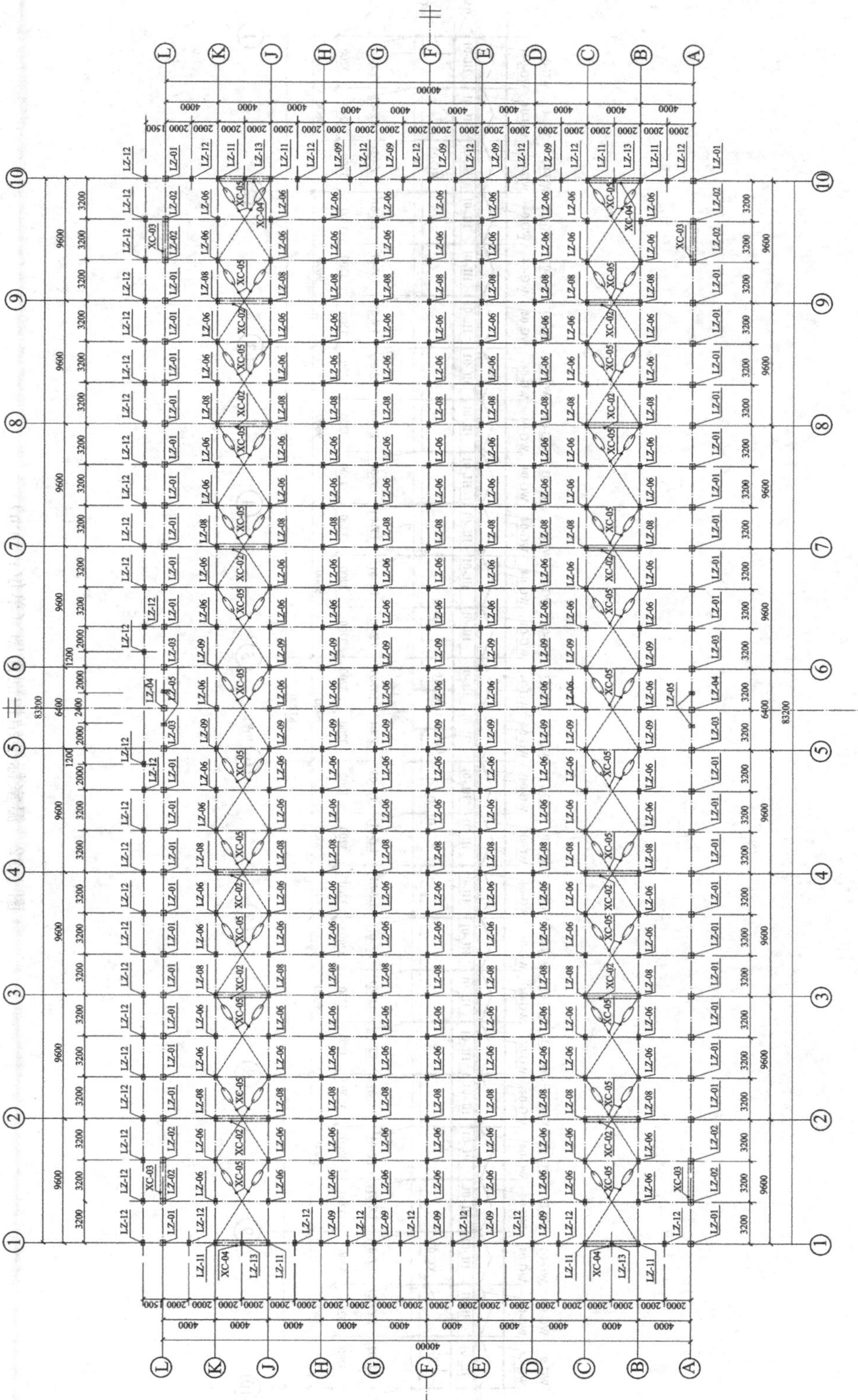

图 1-21　温室柱网结构平面图（单位：mm）

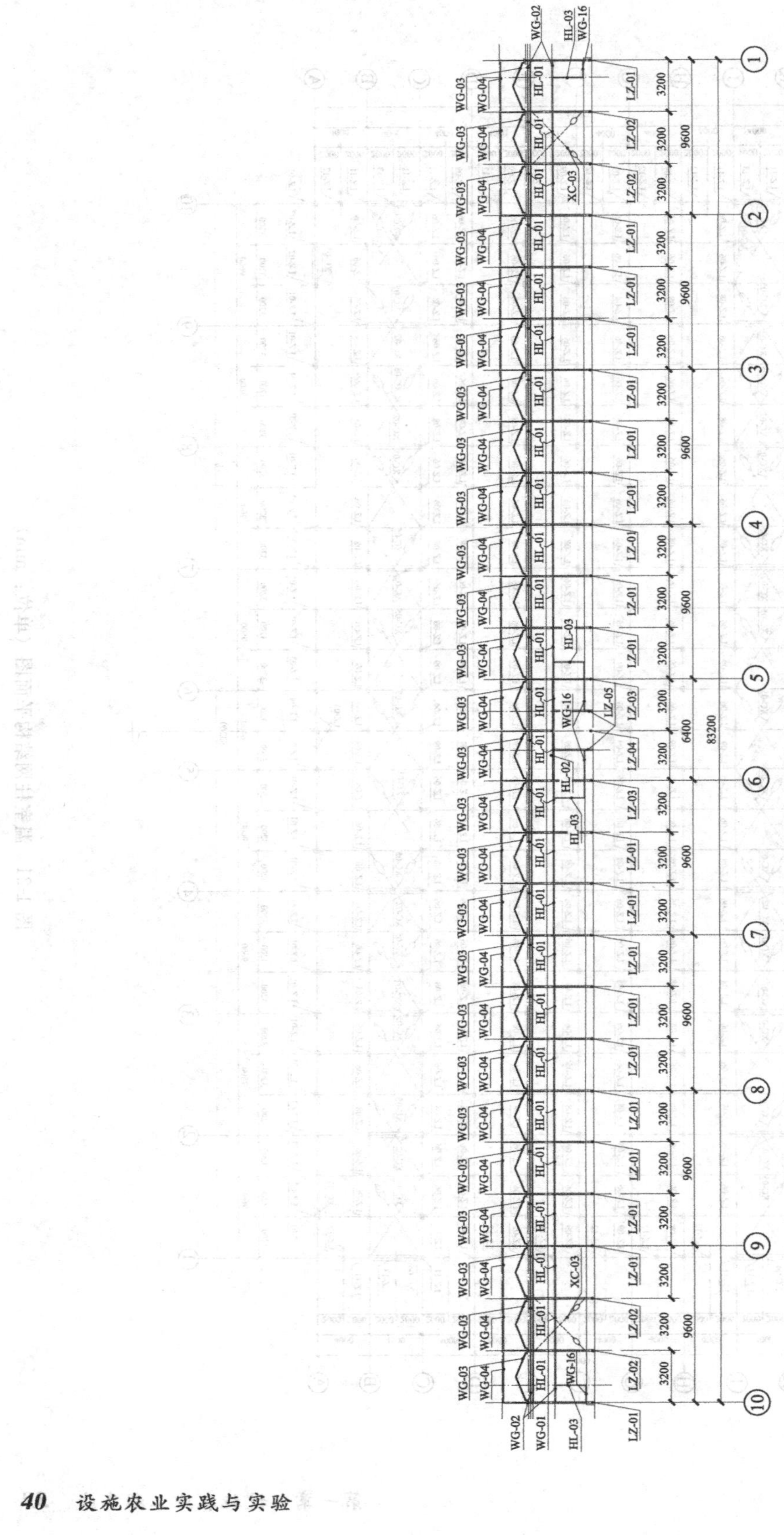

图 1-22 温室标准结构剖面图（单位：mm）

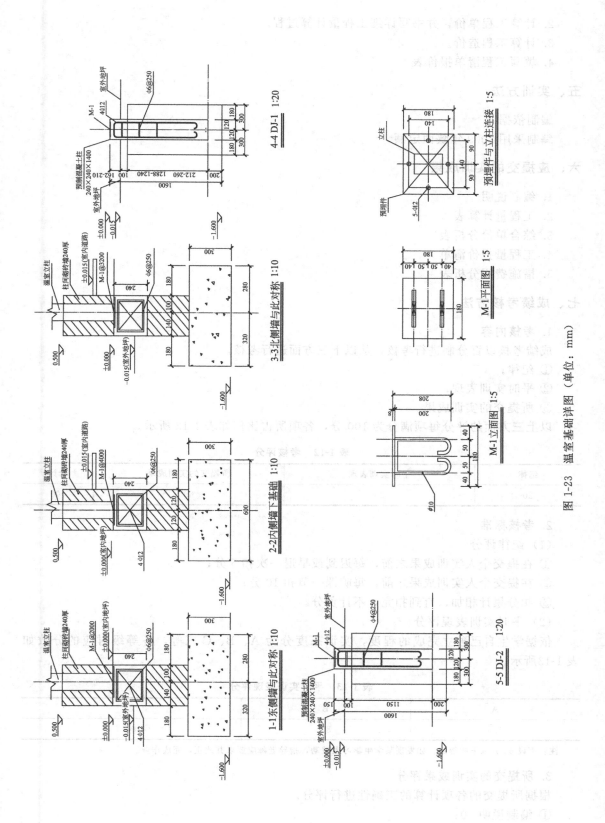

图 1-23 温室基础详图（单位：mm）

2. 计算工程单价，并书写详细工程量计算过程。

3. 计算工程造价。

4. 填写工程清单报价表。

五、实训方法

编制依据

编制采用 2009 年陕西定额。

六、应提交的实训成果

1. 编制说明

2. 工程量计算表

3. 综合单价分析表

4. 工程量报价清单

5. 措施费用分析表

七、成绩考核方法

1. 考核内容

成绩考核以百分制进行考核，从以下三方面进行考核。

① 纪律；

② 平时实训表现；

③ 所提交的实训成果。

以上三方面的评分每项满分为 100 分，各项所占比例如表 1-12 所示。

表 1-12　考核评分

纪律	平时实训表现	所提交的实训成果	合计
20	20	60	100

2. 考核标准

（1）纪律评分

① 在提交个人实训成果之前，每迟到或早退一次扣 5 分；

② 在提交个人实训成果之前，每旷课一节扣 10 分；

③ 扣分累计相加，直到扣完，不计负分。

（2）平时实训表现评分

依据学生自己独立完成的程度，实训态度分为 A、B、C 三等，各等级对应的分数如表 1-13 所示。

表 1-13　平时实训表现评分

A	B	C
100	80	60

注：不设 60 分以下的等级。如发现某学生学习太被动，指导老师应要求其改正，完成作业。

3. 所提交的实训成果评分

根据所提交的各项计算的正确性进行评分。

① 编制说明 10；

② 工程量计算 20；

③ 单价分析表 50；

④ 工程量报价清单 10；

⑤ 措施费用分析表 10。

八、工程量计算参考表（表1-14）

表 1-14　工程量计算参考表

序号	分项工程名称	计量单位	工程数量	计算式
基础工程				
1	素土夯实	m^2	387.53	$S=(83.2-0.64)\times(40+0.64)-(83.2-0.56)\times(40-0.56)+(40-2\times0.28)\times8\times0.6+(83.2+0.6)$
2	300厚素石混凝土垫层	m^3	44.39	$V=[(83.2+2\times0.32)\times(40+0.32\times2)-(83.2+2\times0.28)\times(40+0.28\times2)]\times0.3$
3	砖基础，M5水泥砂浆砌筑，深1.06m	m^3	15.04	$V=[(83.2+0.14\times2)\times(40+2\times0.14)-(83.2-2\times0.1)\times(40+0.1\times2)]\times0.24\times1.06$
4	预制混凝土桩	m^3	47.1	$V=0.6\times0.6\times1.575\times81+0.24\times0.24\times0.25\times81$
圈梁及预埋件工程				
1	C30混凝土浇筑	m^3	18.78	$V=[40\times4+(83.2-0.24)\times2]\times0.24\times0.24$
2	配筋	kg	1298.6	
	$\Phi12$	kg	1151.98	$m=[(40-0.2\times2)\times4+(83.2-0.24)\times2]\times4\times0.888$
	$\Phi10$	kg	138.91	$m=0.28\times4\times201\times0.617$
	$\Phi4$	kg	7.71	$m=0.24\times3\times27\times4\times0.099$
3	预埋8厚钢板	kg	413.15	$m=0.18\times0.18\times0.008\times201\times7.93\times1000$
4	现浇构件模板（模板钢制、支撑木质）	m^2	148.35	$s=18.78\div12.66\times100$
温室骨架工程				
1	立柱，采用Q235方钢	kg	6360.2	
	$100\times100\times3$	kg	2037.32	$m=27\times2\times4\times4\times0.1\times0.003\times7.86\times1000$
	$100\times60\times3$	kg	4322.88	$m=(137+15.3+9.6)\times4\times0.32\times0.003\times7.86\times1000$
2	屋钢架，采用Q235碳素钢	kg	2145.21	
	$50\times50\times2$	kg	842.6	$m=(108+80)\times0.05\times0.002\times4\times7.86\times1000$
	$60\times60\times2.5$	kg	1302.61	$m=11\times27\times3.72\times0.06\times40.0025\times7.86\times1000$
	$\angle50\times50\times2$	kg	229.14	$m=145.76\times0.05\times0.002\times4\times7.86$
3	梁，采用Q235方钢	kg	1441.74	
	$100\times100\times3$	kg	120.73	$m=0.1\times4\times0.003\times6.4\times27.86\times1000$
	$50\times50\times2$	kg	1321.01	$m=(3.1\times27\times4+(4+8\times4)\times1.9+1.1\times16)\times0.05\times0.002\times4\times7.86\times1000$
4	桁架，采用Q235钢材	kg		
	$50\times50\times2$	kg	4708.46	$m=(9\times8\times9.6+9\times6.4)\times0.05\times0.002\times7.86\times1000$
	腹杆，$\Phi25$钢筋	kg	4436.82	$m=(0.03+0.03+0.5)\times28\times0.0005\times9\times8\times7.86$
5	斜撑 $\Phi25$，2mm钢管	kg	919.58	$m=1.98\times0.0001\times590.88\times7.86\times1000$

电气工程

序号	分项工程名称	计量单位	工程数量	计算式
1	动力照明配电箱（非标）	台	1	
2	密闭单管荧光灯（220V，36W）	盏	9	
3	二、三级连体插座（220V，10A）	个	8	
4	单级暗开关（220V，10A）	套	8	
5	单联双暗开关（220V，10A）	套	2	
6	防水防尘灯（380V，1.1kW）	个	24	
7	顶开窗电机（380V，0.37kW）	台	4	
8	侧开窗电机（380V，0.37kW）	台	4	
9	走廊窗电机（380V，0.37kW）	台	4	
10	外遮阳电机（380V，0.37kW）	台	2	
11	内遮阳电机（380，0.55kW）	台	2	
12	湿帘水泵（380V，1.1kW）	台	4	

第二章　温室环境调控实践

第一节　设施类型的调查

一、目的和要求

通过对不同园艺栽培设施的实地调查、测量、分析，结合观看影像资料，掌握本地区主要园艺栽培设施的结构特点、性能及应用，学会园艺设施构件的识别及其合理性的评估。

二、用具及设备

① 室外调查：皮尺、钢卷尺、测角仪（坡度仪）等测量用具及铅笔、直尺等记录用具。

② 影像资料及设备：不同园艺栽培设施类型和结构的幻灯片、录像带、光盘等形象资料以及幻灯机、放像机、VCD等影像设备。

三、方法和步骤

1. 调查和测量

分组按以下内容进行实地调查、访问和测量，将测量结果和调查资料整理成报告。要点如下。

（1）调查本地温室、大棚及夏季保护设施的类型和特点，观测各种类型园艺栽培设施的场地选择、设施方位和整体规划情况。分析不同形式园艺栽培设施结构的异同、性能的优劣和节能措施。

（2）测量并记录不同类型园艺栽培设施的结构规格、配套型号、性能特点和应用。

① 日光温室的方位，长、宽、高尺寸，透明屋面及后屋面的角度、长度，墙体厚度和高度，门的位置和规格，建筑材料和覆盖材料的种类和规格，配套设施、设备和配置方式等。

② 塑料大棚（装配式钢管大棚和竹木大棚）的方位，长、宽、高规格，用材种类与规格等。

③ 大型现代温室或连栋大棚的结构、型号、生产厂家、骨架材料和覆盖材料以及方位、长、宽、肩高、顶高、跨度、间距与配套设施设备。

④ 遮阳网、防虫网、防雨棚的结构类型以及覆盖材料和覆盖方式等。

（3）调查记录不同类型园艺栽培设施在本地区的主要栽培季节、栽培作物种类品种、周年利用情况。

2. 观看录像、幻灯、多媒体等影像资料

了解我国及国外简易设施、地膜覆盖、塑料大中棚、日光温室、连栋大棚、大型温室、

夏季保护设施等园艺栽培设施种类、结构特点和功能特性。

四、作业

写出实验报告。从本地区园艺栽培设施类型、结构、性能及其应用的角度，写出调查报告，画出主要设施、类型的结构示意图，注明各部位名称和尺寸并指出优缺点和改进意见。

五、思考题

说明本地区主要园艺栽培设施结构的特点和形成原因。

第二节　温室加温系统构成的调研与评价分析

一、基本概念

温室加温是现代农业生产中的一个重要组成部分，在投资与生产成本中占有相当大的比重，合理的加温技术对温室冬季生产至关重要。温室加温系统的构成一般有三部分：热量产生系统、供热系统和散热系统。

热量产生系统有燃煤热水锅炉、燃煤热风机、燃油热风机、燃气热风机、电加热器、地源热泵、太阳能加热等。一般温室采用燃煤热风机加热，其型号的选择需根据温室热负荷确定，在满足温室设计热负荷的条件下预留 20%～30% 的备用空间，以备极端恶劣气候条件下使用。

供热系统包括水泵和管道系统。水泵的选择参考其流量和扬程，以 5000m² 连栋温室采用暖风机散热方式为例，用 32～38t/h 的流量，扬程在 20～25m 即可。若采用管道散热，就要加大 30% 以上的流量，扬程配 30m 以上，进、回水温差在 10～12℃ 之间。扬程的计算按 10m 管道匹配 1m 扬程，主要为了克服水在管道里快速流动产生的阻力，并保持一定流动压力。管道的配备必须达到预定的流量。水泵和管道配置合理，才能避免散热时温室内温度分布不均匀的状况发生。

散热系统包括：翅片管道、光管管道、空调暖风机等。管道散热需用大流量、大扬程水泵，主管加粗，散热管道采用每个苗床下布置一根 1.5 寸（1 寸=3.33cm）翅片管，根据水量分区域供水。空调暖风机散热，宜将暖风机安装在苗床下，对作物根部进行加热，空调暖风机送风距离不宜超过 16m，加热面积不超过 180m²。若温室内没有苗床，或空调暖风机安装在苗床上部时，送风距离不宜超过 20m。

二、目的意义

主要了解温室内地温、气温对作物生长发育的影响，掌握温室加温的方法，并结合优缺点，思考温室加温技术的改进措施。

三、任务

1. 绘制出调查温室加温系统构成图；
2. 编写加温系统调研报告；
3. 对比分析该系统设计的合理性与科学性。

四、工具

热电偶数据线、数据记录仪、皮尺、钢卷尺、记录工具。

五、主要环节

1. 计算温室热负荷

根据能量守恒定律，温室获得的热量包括吸收的太阳辐射量、设备（电机、照明灯）发热量、供热量、作物与土壤呼吸放热量。温室损失热量包括围护结构材料的传热量、地中传热量、通风排出的潜热与显热和温室内作物蒸腾作用耗热量。冬季采暖期间温室采暖系统的最大热负荷是决定其系统配置、系统设计的重要参数，这时应针对冬季最冷时期夜间的情况进行计算，不需计算太阳辐射热量及蒸发蒸腾热量。

2. 绘制温室加温系统构成图

温室加温系统的构成：热量产生系统、供热系统和散热系统。

3. 测量分析加热系统合理性

在温室南北向、东西向和高度方向布置热电偶探头，通过热电偶测试温室在横向、纵向和高度方向温室内的温度分布均匀性及日变化特点，分析加热设备布置的合理性。

六、考核标准

设计科学合理，建筑符合设计要求，操作规范、熟练。

七、作业

撰写温室加温系统并构成调研报告。

八、思考题

温室供热系统由哪几部分组成？

第三节   温室降温系统调研与评价分析

一、基本概念

温室植物生长发育适宜的气温通常在30℃以下，而在我国大部分地区，夏季气候炎热，室外温度超过30℃，由于太阳辐射热量的进入，温室内部温度往往还要高于室外气温，因此，温室内的降温是其环境调控技术的重要方面。温室夏季采用降温技术措施，可以保证夏季的设施植物生产得以正常进行，以提高资源利用效率，实现植物产品的周年连续均衡生产。目前，温室内常用的降温方法有：通风降温、遮阳降温、湿帘-风机降温、雾化降温等。

通风降温分为自然通风降温和强制通风降温两种。自然通风是借助温室内外的温度差产生的"热压"或外界自然风力产生的"风压"促使空气流动。自然通风不但节省成本且不消耗动力，是一种比较经济的通风方式。机械通风又称强制通风，是依靠风机产生的风压强制空气流动，其作用能力强，通风效果稳定。机械通风系统一般有进气通风、排气通风和进排气通风三种基本形式。

遮阳降温分为内遮阳和外遮阳降温两种。遮阳即将多余阳光挡在栽培区外，保护作物免遭强光灼伤，为作物创造适宜的生长条件。遮阳方法主要包括覆盖遮阳网、棚膜喷涂遮光材料。遮阳网的主要作用是遮强光、降棚温，市场上通常有黑色和银灰色两种。黑色遮阳网遮光率高、降温快，宜在炎夏需要精细管理的田块短期性覆盖使用；银灰色遮阳网遮光率低，适于喜光蔬菜和长期性覆盖。

湿帘-风机降温是蒸发降温技术的一种,用水淋湿特殊纸质等吸水材料,水与流经材料表面的空气接触而蒸发,从空气中吸热。湿帘-风机降温系统是温室中使用最广泛的蒸发降温设备,该系统包括轴流风机、湿帘、水泵循环供水系统以及控制装置。波纹纸质湿帘采用树脂处理的波纹状湿强纸层层交错粘结成蜂窝状,并切割成 80～200mm 厚度的厚板状,其技术性能参数主要有降温效率和通风阻力。

雾化降温是蒸发降温技术的一种,采用液力或者气力雾化的方法向要降温的空间直接喷雾使之蒸发冷却空气。水喷成雾状后,其总表面积大大增加,雾滴越小,单位体积的表面积越大,越有利于增加与空气的接触表面积,加速蒸发。雾化降温有室内细雾降温、集中雾化降温、屋面喷水降温、雾帘降温。

二、目的意义

主要了解温室的降温技术与方法,及各种技术的适用性,掌握温室降温设计中主要参数的确定方法,并结合当地气候特征,筛选适宜的设施设备解决温室夏季降温问题,提出必要的降温设施设备维修维护方案。

三、任务

绘制带有自然通风结构的温室草图;评价温室自然通风组织设计的合理性与科学性;对比评价其它降温措施设计的合理性、经济性;编写温室降温系统调研报告。

四、工具

风速仪、温湿度记录仪、绘图工具、测量工具。

五、主要环节

1. 温室结构尺寸测试与围护材料调研

针对调研温室情况,通过实地测量,绘制温室结构草图。通过问询与现场考察,总结温室围护结构材料组成并了解材料基本热物理特性。

2. 根据温室降温技术使用情况,调查下述资料并绘制草图

温室开窗位置、数量、面积、角度等;机械通风系统中风机流量、功率、风机静压、噪声;湿帘-风机降温系统中湿帘的降温效率、通风阻力、湿帘面积,水泵功率、流量,水池水量,风机流量、功率、风机静压、噪声;雾化降温系统喷雾设备布置方案、雾化设备运行参数。

3. 降温措施评价

(1)通风降温

① 针对当地气候特征,选取室外气象参数,计算为消除余热所需要的通风量;

② 根据温室进风口与排风口的形式、窗洞口形状以及窗扇的位置、开启角度、洞口范围内的设施构件阻挡等情况,确定热压自然通风量;

③ 根据当地室外风速风向条件及温室形状、通风窗口面积等,确定风压自然通风量;

④ 评价自然通风量是否满足温室降温需求及温室自然通风组织是否合理,如热压和风压的作用方向是否一致、自然通风流速是否合适、流径是否通畅等;

⑤ 机械通风评价:机械通风(进气通风、排气通风、进排气通风)系统布置是否合理,即气流分布是否均匀,换气效率如何。风机选型是否合理,包括风量、通风阻力、功率与效率、噪音大小等性能指标是否合理。

（2）湿帘-风机降温

① 针对当地气候特征，选取室外气象参数，结合湿帘降温效率，确定通风系统的进风和排风的温度，计算必要通风量。

② 评价温室风机风量是否满足必要通风量；结合过帘风速测试值，评价湿帘厚度、高度、宽度、面积是否合理；根据湿帘蒸发水量，评价湿帘供水量是否合理及水池容积是否合适。

（3）雾化降温

① 重点调查室内细雾降温系统中喷出的雾滴是否能在到达地面的过程中完全蒸发，喷雾运行模式是否合适；

② 评价雾化降温效率。

六、考核标准

调查过程可考证，数据翔实，完整反映温室降温系统组成的情况；调查报告科学合理。

七、作业

撰写温室降温系统调研报告。

八、思考题

1. 温室湿帘-风机降温系统的设计包括哪几个方面？
2. 温室通风组织的注意事项有哪些？

注：本实验可参考书后参考文献 [1]。

第四节　温室补光与遮阴系统调研与评价分析

一、基本概念

温室补光是指在温室生产系统中利用人工光源改善光环境，以此满足作物光合作用对光照的需求，或调控园艺作物生长发育，从而改进作物产量与品质的一种生产措施。光合作用是地球上植物赖以生存和发展的基础。最大限度地捕捉光能，充分发挥植物光合作用的潜力，将直接关系到农业生产的效益。近年来，由于市场需求的推动，普遍采用温室大棚生产反季节花卉、瓜果、蔬菜等，由于冬春两季日照时间短，作物生长缓慢，产量低，因此急需进行补光。人工补光可以实现光照强度控制和光周期控制。不论是光照强度控制还是光周期控制，控制系统设计中都离不开光照强度测定仪和定时器这两个基本的传感控制部件。通过实时检测动态光照强度变化，配合时钟控制，可完成对光强和光周期的各种控制要求。

1. 光照强度控制

一般光照强度的控制在光源选择和灯具布置中已经确定了其最大值，光照强度控制只是在夜晚或自然光照低于设定下限时打开全部光源即可。只有在凌晨或傍晚时分增加强度时才会涉及调节人工补光的光强。这种情况下，可采用时钟和光照强度测定仪共同控制人工光源。如果室外光照条件很差（如遇到春季的连阴天或某些地域雾天或阴雨天），室外光照不能满足作物生长要求时，白天也需要进行人工补光。这时，人工补光应尽量利用室外的光照，以节约人工光照的能源消耗。对于自然光照条件下的人工光照，光照强度的控制首先要通过光照传感器获得温室内光照强度的变化，由于室内光照可能会受到短时云层遮盖或设施骨架阴影等因素的影响，温室光照控制不能以传感器测得的瞬时值作为控制的依据，一般应以一段时间内的平均值、最高值或延时测定值等作为控制依据。当测定到光照强度控制位低于设定值下限后开始人工补光，而当补光强度大于设定值上限后应调节光照强度，以最大限度节约能源。调节人工光照强度的方法主要有两种：一是采用组合灯具，将其中部分灯具开启，部分灯具关闭，这种方法要注意补光的均匀度；二是采用改变供电电压的方法，一般像白炽灯、荧光灯、金属卤化物灯等，其光输出随供电电压的升高而升高，但在具体使用中要考虑电压的调节应在光源的额定电压调节范围内，因为长时间过高的电压会直接影响光源的使用寿命。如果不是在自然光照条件下进行人工光照补光（如夜间温室人工补光、生物培养箱光照、组培室光照等），则对人工补光的控制可省去对光照的测量，而仅用时间控制即可完成，按照设计功率定时完成对光源的开启或关闭。这种情况下，用定时器即可完成对人工光源的控制。综上可以看出，对光照强度的控制主要有两种方式：一是无外界自然光照条件下的光照控制；二是有部分自然光照下的光照控制。前者控制设定强度或按照最大设计能力打开部分或全部光源即可，是一种开关控制；而后者则需要通过测量、比较、判断和分析后才能确定控制开启灯具的数量及其分布，对于比较精细的控制，往往要引入计算机控制系统。

2. 光周期控制

当进行光周期补光控制时，因不同季节、不同作物其控制策略有较大差别，但主要是根据时钟控制。常用的光周期控制方法有以下几种。

（1）延长日照

于傍晚天色变暗的时候开始补光，使短日照植物花芽分化处于临界日照长度以上，控制花芽分化，或给予长日照植物开花所需的适宜日照长度促进其开花。这种控制方法也称作初夜照明。

（2）中断暗期

针对短日照植物在日照长度变短时和长日照植物在日照长度变长时有利于促进开花的特性，不是将日照长度延长，而是应用光照将暗期分为两段进行补光，即进行深夜照明。暗期中断通常以 2～4h 为标准。

（3）间歇照明

在大规模温室生产采用人工补光栽培时，受电源容量的限制，同时暗期中断有困难，可采用反复数次轮流暗期中断的方法进行补光。一般间歇时间为光照 15min，熄灯 45min。

（4）黎明前光照

短日照植物在自然日照长度显著缩短至适宜的日照长度以下时，会出现节间变短、花瓣数减少、顶叶变小等不良变化。花芽的分化与发育仍需要光照来维持适当的日照长度。为此，采用从黎明前到清晨进行光照，给予短日照植物超过临界日照长度的光照。这种方法也称作清晨光照，其效果类同于傍晚延长日照的方法。

（5）短日中断光照

在菊花的冬季生产中，由于光照中止后，日照长度显著变短。上部叶片小型化，重瓣花品种的舌状花数量减少、管状花增多，出现露心，而使切花品质降低。为了防止上述现象的发生，于光照停止 10～14d 后，在小花形成期再次进行 5～7d 人工光照。这种方法也称为再次光照。

由于人工补光系统在一次性投资和运行费用方面都较高，因此，在选择和设计光照系统时需要权衡考虑各种因素，并在以下几个方面达到优化设计：①作物对光的响应；②其它环境因子条件；③作物对光照强度、光照时间和光谱成分的要求；④可产生最佳效果的光源；⑤可提供最均匀光照的系统设计；⑥系统的投资及运行费用。

温室遮阳是指在温室生产系统中利用遮阳网等措施降低光强，从而减少过量光照引起的植物光合机构损伤或高温伤害。温室遮阳系统是在温室内部或外部安装遮阳网。夏季用于阻隔多余的太阳辐射，并使阳光漫射进入温室，均匀照射作物，保护作物免遭强光灼伤，同时降低室内温度；冬季和夜间，温室内遮阳系统可以有效地阻止红外线外逸，减少热量流失，缩小加温空间，减少热能消耗，从而降低温室的运行成本。

选择不同的遮阳网和调节遮阳网的开合位置，可形成不同的遮阳降温效果。温室遮阳系统能有效保持适宜的室内空气湿度及防流滴功能，减少灌溉用水，以满足不同作物对阳光的要求和作物在形态结构、生理机能上形成各自的特殊要求，从而提高作物的品质和效益。

遮阳网分透气型和保温型。透气型遮阳网是在保温型遮阳网上去掉了聚酯薄膜条，直接由铝箔条和纱线交错编织而成，从而形成开孔结构，空气能自由地穿过幕布而不影响通风。主要用于自然通风及炎热气候环境下的温室降温。其良好的透气性即使在系统闭合状态下，也能保持良好的效果，最大限度地降低室内温度。保温型遮阳网是由铝箔条和聚酯薄膜条通过纱线交错编织而成。铝箔条具有很好的太阳反射和热反射能力，聚酯薄膜条能透过太阳辐射但吸收热辐射，从而使幕布同时具有极好的降温和保温双重作用。其节能效果好，降低了加温费用。该保温幕即使在密闭的温室内也不形成水凝结，防雾滴效果好，主要用于温室的遮阳降温和夜间保温。

二、目的意义

主要了解温室补光及遮阳系统对园艺作物生长的重要性，结合温室补光及遮阳系统的基本特征，思考温室补光及遮阳系统在生产实践中所要注意的问题。

三、任务

① 根据某一园艺作物对光照条件的需求，制定补光或遮阳方案，评价分析现有的补光遮阳系统的优缺点。

② 编写温室补光遮阳系统调研报告。

四、工具

补光灯、遮阳网、植物光合作用测定仪、光强测定仪、计时时钟、记录工具等。

五、主要环节

1. 温室作物对光照条件的需求

利用植物光合作用测定仪测定对象作物叶片 CO_2 同化速率光响应曲线，根据该曲线确定对象作物的光补偿点和光饱和点。作物补光光强应在光补偿点和饱和点之间，通常光强在 CO_2 同化速率光响应曲线的直线部分光能利用率最高。

2. 温室补光及遮阳系统主要构造

主要由光照传感器、灯具、遮阳网等组成。

参考：图 2-1 为温室番茄补光系统；图 2-2 为温室盆栽作物遮阳系统。

六、考核标准

设计科学合理，符合设计要求，操作规范、熟练。

图 2-1 补光实景图

图 2-2 遮阳实景图

七、作业

完成实验报告,详细记录建造过程以及建造过程中所出现的问题。

八、思考题

温室补光与遮阳系统的要点有哪些?

第五节 设施灌溉系统构成调研与评价分析

一、基本概念

设施灌溉系统主要是将灌溉用水从水源提取,经适当加压、净化、过滤等处理后,由输水管道送入设施内的灌溉设备,最后由作物栽培区的灌水器对作物实施灌溉。一套完整的设施灌溉系统包括水源工程、首部枢纽、供水管网、作物栽培区灌溉设备、自动控制设备等几部分,如图 2-3 所示。实际生产中由于供水条件和灌溉要求不同,设施灌溉系统可能仅由部分设备组成。

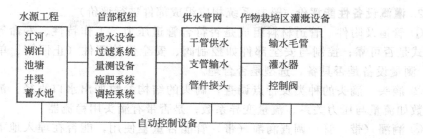

图 2-3　温室灌溉系统组成

设施中使用的灌溉系统依据其所用的灌水器形式进行分类，主要有管道灌溉系统、滴灌系统、微喷灌系统、渗灌系统。

管道灌溉系统是直接在设施供水管道上安装一定数量的控制阀门和灌水软管，并手动打开阀门，用灌水软管进行灌溉的系统。管道灌溉系统具有适应性强、安装使用简单、管理方便、投资低等突出优点。

滴灌系统是指所用灌水器以点滴状或连续细小水流等形式出流浇灌作物的灌溉系统。滴灌系统的灌水器常用的有滴头、滴灌带。滴灌系统一般布置在温室地表面，也有采用将滴头或滴灌管埋入地下 30cm 深的地下滴灌系统。滴灌系统具有省工、省水、节能、优质、增产、适应范围广、易于实现自动控制等优点，还可以配合施肥设备精确地对作物进行随水追肥或施药等作业，但滴灌对水质要求较高。

微喷灌系统是指所用灌水器以喷洒水流状浇灌作物的灌溉系统。常用微喷灌系统的灌水器有各种微喷头、微喷带、喷枪等。微喷灌系统具有省工、省水、节能、能随水追肥或喷药、易于实现自动控制等优点。

渗灌是利用埋在地下的渗水管，将压力水通过渗水管的管壁上肉眼看不见的微孔，像出汗一样渗流出来湿润其周围土壤的灌溉方法。渗灌管与温室滴灌系统的滴灌（带）管相近，只是渗水器由滴灌（带）管换成了渗灌管，而且滴灌（带）管一般布置在地面，而渗灌管则是埋入地下。

二、目的意义

了解设施灌溉系统的组成，评价灌溉设备选型的合理性。

三、任务

调查设施灌溉系统中水源工程、首部枢纽、供水管网、作物栽培区灌溉设备、自动控制设备的构成情况，并绘制设施灌溉系统构件图，标明各组件名称；根据设施栽培情况，综合评价灌溉系统各组件选型的合理性及系统能效；编写设施灌溉系统调研报告。

四、工具

绘图工具、测量工具。

五、主要环节

1. 设施灌溉系统组成调查

分别从水源工程、首部枢纽、供水管网、作物栽培区灌溉设备、自动控制设备这几个方面调查设施灌溉系统的组成情况，完成草图绘制。

2. **灌溉设备性能评价** （选择系统相应组成部件进行评价）

① 管道及附件　管道材料组成是否符合管道压力、工作特性、寿命等需求；连接件连接方式是否可靠；控制与安全部件如控制阀、安全保护部件（止回阀、单向阀、进排气阀等）、测量设备是否具备，选型是否合理。

② 滴头　滴头的种类及特点调查；滴头的结构参数如出水口直径、流道长度，水力性能参数如流量与压力关系、流量变异系数；是否带有滴头用稳流器。

③ 滴灌（带）管　调查滴灌（带）管能否重复使用，能否在埋入地下的滴灌系统中使用，是否具有补充性功能；调查滴灌（带）管的结构参数（如出水口直径、流道长度），水力性能参数（如流量与压力关系、流量变异系数）。

④ 微喷头　根据微喷头结构形式，将所调查微喷头进行分类（折射式、旋转式、离心式、缝隙式），分析微喷头特点；调查微喷头的结构参数（如出水口直径），水力学性能参数[如工作压力、流量、射程、雾化效果、喷灌强度、水量分布、制造偏差（流量变异系数）等]。

⑤ 微喷带　调查微喷带的种类及特点；微喷带的结构参数如微喷带喷孔直径、通水直径、管壁厚度等；水力学性能参数（如流量与压力关系、流量变异系数、喷洒宽度、喷灌强度等）。

⑥ 渗灌管　调查渗灌管壁厚、内径、工作水压、流量等参数。

⑦ 过滤器　调查过滤器分类（网式过滤器、叠片式过滤器、介质过滤器、离心过滤器）及特点；过滤器的过滤精度和水力学性能（过滤器的通过流量、工作压力及压力损失）。

⑧ 自动控制设备　调查自动控制设备的控制部件、执行部件、监测部件、通信部件的组成；自动控制设备的规格及性能。

⑨ 水泵　调查水泵的规格及性能，水泵出水口径、流速、流量。

3. **综合评价设施灌溉系统的性能，并撰写设施灌溉系统调研报告。**

六、考核标准

调查过程可考证，数据翔实，完整反映设施灌溉系统组成的情况；调查报告科学合理。

七、作业

撰写设施灌溉系统调研报告。

八、思考题

1. 设施灌溉系统组成包括哪几部分？
2. 如何根据设施的栽培模式选择合适的灌溉系统？

注：本实验可参考书后参考文献 [2]。

第六节　温室环境自动化控制系统构成调研分析

一、基本概念

温室环境自动控制系统由检测器、控制器、执行机构和被控对象组成。检测器包括空气温度传感器、土壤温度传感器、空气湿度传感器、土壤湿度传感器、光合有效辐射传感器、CO_2 传感器、土壤 EC、pH 传感器等。执行机构包括加温装置、湿帘风机降温装置、通风机构、遮阳网、保温帘、补光灯、加湿装置等设备。控制器是温室的控制核心，通过数据采集模块收集温室内的各环境参数并将监测结果实时显示在微控制器及计算机屏幕上，同时对各参数进行实时控制和调节，满足作物生长需要。加湿系统的主要功能是确保室内作物生长所需的水分。当温室内温度偏高时，通风机构、湿帘风机和遮阳网可降低室内温度；遮阳系统用来保证室内光照强度；供暖系统主要是保证作物生长在最适合的温度环境下；补光灯可保证温室内的光照。

二、目的意义

主要了解温室控制系统基本原理，熟悉温室传感器种类、执行机构种类和植物生长发育与环境之间的交互影响。

三、任务

1. 绘制出温室控制系统基本原理图。
2. 编写控制系统调研报告。

四、工具

照相机、记录工具。

五、主要环节

1. 熟悉温室传感器种类（图2-4）

(a) 太阳辐射传感器

(b) 大气温湿度传感器

(c) 风速风向传感器

(d) 土壤湿度传感器

(e) 智能湿度传感器

(f) 叶面湿度传感器

图2-4　温室传感器种类

2. 绘制出温室控制系统基本原理图（图2-5）

六、考核标准

设计科学合理；建筑符合设计要求，操作规范、熟练。

七、作业

撰写温室环境自动化控制系统构成的调研报告。

八、思考题

常用温室环境传感器有哪些？

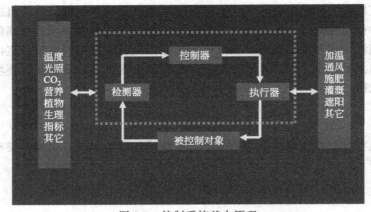

图 2-5　控制系统基本原理

第七节　温室环境测量与分析

一、基本概念

温室生产系统中所涉及的环境要素包括：①空气环境：温度、湿度、光照、CO_2、气流等；②根际环境：EC、pH、DO 以及土壤（根际）温度等。设施环境调节与控制就是通过工程技术措施调节这些环境要素，以实现作物的高效生产。

在实验测试中一般用热电偶线来测量温室温度，热电偶探头距地面 1.25～2.0m 处的大气温度。测量时，为了防止太阳辐射对观测值的影响，测温仪器必须放在百叶箱或防辐射罩内，并且还要满足测量元件有良好的通风条件。湿度的测量一般采用干、湿球温度表，当气温在−10.0℃以下时，停止观测湿球温度，改用毛发湿度表或湿度计测定湿度。但在冬季偶有几次气温低于−10.0℃的地区，仍可用干、湿球温度表进行观测。气温在−36.0℃以下，接近水银凝固点（−38.9℃）时，改用酒精温度表观测气温。太阳辐射传感器测量的光谱范围为 305～2800nm，传感器须水平安装。CO_2 传感器的安装应该注意放置在空气流通的地方。

二、目的意义

了解温度、光照、湿度、CO_2 传感器的基本原理，熟悉布置测点时的注意事项，能独立完成温室环境参数的测试实验。

三、任务

① 布置空气温度、太阳辐射和 CO_2 传感器；
② 分析温室内环境参数变化特点。

四、工具

热电偶线、太阳辐射传感器、CO_2 传感器、数据采集仪、笔记本电脑、卷尺、记录工具。

五、主要环节

1. 参数设置

将温度传感器、太阳辐射传感器和 CO_2 传感器与数据采集仪连接，通过电脑设置记录仪的记录间隔、开始和截止记录时间。

2. 传感器布置

将热电偶线探头和二氧化碳浓度传感器布置在温室的几何中心位置。将太阳辐射传感器水平布置在没有作物和温室骨架遮挡的地方。空气温度传感器的放置要注意环境的通风，同时要有水滴防护和太阳辐射的防护；太阳辐射传感器布置注意传感器要水平放置，还要注意光斑的影响；二氧化碳浓度传感器布置注意通风、防水、防潮。

六、方法和步骤

设施内小气候包括温度（气温和地温）、空气湿度、光照、气流速度和 CO_2 浓度是在特定的设施内形成的。本实验主要测定大棚、温室内各个气候要素的分布特点及其日变化特征。由于同一设施内的不同位置、栽培作物状况和天气条件不同都会影响各小气候要素，所以应多点测定，而且日变化特征应选择典型的晴天和阴天进行观测。根据仪器设备等条件，可适当增减测定点的数量和每天测定次数、确定测定项目。

1. 观测点布置

水平测点按图 2-6 所示：左边为设施内，一般布置 9 个观测点，其中 5 点位于设施中央，其余各点以 5 点为中心在四周均匀分布；右边为设施外，它与 5 点相对应。垂直测点按设施高度、作物生长状况和测定项目来定。在无作物时，可设 20cm、50cm、50cm 三个高度；有作物时，可设作物冠层上 20cm 和作物层内 1～3 个高度。室外是 150cm 高度，土壤中设 10cm、15cm、20cm 等深度。

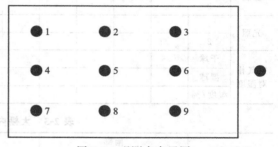

图 2-6 观测点布置图

2. 观测时间

一天中每隔两小时测一次温度（气温和地温）、空气温度、气流速度和二氧化碳浓度，一般在 20：00，22：00，0：00，2：00，4：00，6：00，8：00，12：00，14：00，16：00，18：00 共测 11 次，但设施揭盖前后最好各测一次。总辐射、光合有效辐射、光照度在揭帘以后、盖帘之前时段内每隔 1h 测一次，总辐射和光合有效辐射要在正午时再加测一次。

3. 观测值读取

每组测一个项目，按每个水平测点顺序往返两次，同一点自上而下、自下而上也往返两次，取两次观测平均值。

4. 注意事项

①测定前先画好记载表；②测量仪器放置要远离加温设备；③仪器安装好以后必须校正和预测一次，没问题后再进行正式测定；④测定时必须按气象观测要求进行，如温度、湿度表一定要有防辐射罩，光照仪必须保持水平，不能与太阳光垂直，要防止水滴直接落测量仪器上等；⑤测完后一定要校对数据，发现错误及时更正。

七、考核标准

设计科学合理，建筑符合设计要求，操作规范、熟练。

八、作业

完成实验报告，详细记录测试过程与分析结果（表 2-1～表 2-3）。

表 2-1　大棚东西水平温度、光照、湿度观测记载表

年　　　月　　　日　　　点　天气

观测部位		南部				中部				北部				室内		室外	
		东	中	西	平均	东	中	西	平均	东	中	西	平均	最高	最低	最高	最低
温度	1																
	2																
光照	1																
	2																
空气相对湿度	干球																
	湿球																
	湿度/%																

表 2-2　大棚南北垂直温度、光照、湿度观测记载表

年　　　月　　　日　　　点　天气

观测部位		南部				中部				北部				对照
		10cm	100cm	200cm	平均	10cm	100cm	200cm	平均	10cm	100cm	200cm	平均	
温度	1													
	2													
光照	1													
	2													
空气相对湿度	干球													
	湿球													
	湿度/%													

表 2-3　大棚内地温观测记载表

观测部位		南部				中部				北部				对照
		5cm	10cm	15cm	平均	5cm	10cm	15cm	平均	5cm	10cm	15cm	平均	
温度	1													
	2													
光照	1													
	2													
空气相对湿度	干球													
	湿球													
	湿度/%													

九、思考题

温室温度环境如何变化？有何特征？

第八节　温室灌溉及营养液系统安装训练

一、基本概念

微灌给施肥技术带来了极大变化，即水肥一体化技术利用微灌系统进行施肥，可迅速大面积完成，均匀、省力、省时、安全、避免浪费。特别是温室栽培的作物，水肥一体化系统是解决施肥困难的最佳途径。

营养液是植物生长发育的矿质营养基础与水分基础，它除了配方合理、营养元素间的比例均衡外，还需有适合的浓度与适宜的酸碱度，也就是电导率 EC 值与 pH 值要做到科学调配，如果是水培方式还需对营养液的溶氧及液温进行控制。

温室灌溉及营养液系统分为闭式系统和开式系统两种，二者的主要区别在于营养液是否循环利用，本节中以略复杂的闭式系统为例进行安装训练。闭式系统由营养液循环系统、检测系统和控制系统组成。营养液循环系统由栽培区、营养液池、供液管道系统和回流管道组成。栽培床盛装营养液，给作物提供营养和水分，并为作物根系生长创造良好的根际环境。营养液池是贮存和供应栽培床营养液的容器，母液罐、酸罐、碱罐和清水罐中的溶液在电磁阀门的控制下流入营养液池。供液系统将贮液池的营养液输送到栽培床以供作物需求。回流系统则将栽培床内的营养液回流至营养液池，从而形成一个循环系统。营养液供液管道系统由水泵、供液主管、支管、出水龙头与滴头或喷头组成。检测系统由各种传感器组成，包括温度传感器，钾、钙和硝态氮离子选择电极，pH 玻璃电极，电导电极和溶氧电极等。控制系统通过工控机控制所有的阀门以及加热棒，系统在控制软件的支持下通过各种传感器检测到各种信号，经驱动电路驱动执行机构，完成营养液的加温以及各种离子浓度的控制。

温室灌溉及营养液系统终端根据栽培模式的不同，主要有水培灌液槽系统、滴灌系统、微喷灌系统。

水培灌液槽系统包括水泥固定栽培槽、可移动式塑料槽和 A 型管道栽培等。目前应用较多的栽培槽为聚苯乙烯泡沫经模具压制而成的标准化产品，分槽盖（定植板）、槽底、槽堵三个单体模块拼装而成。栽培槽可以任意拼接长度。

滴灌系统是指所用灌水器以点滴状或连续细小水流等形式出流浇灌作物的灌溉系统。滴灌系统的灌水器常用的有滴头、滴灌带。滴灌系统一般布置在温室地表面，也有采用将滴头或滴灌管埋入地下 30cm 深的地下滴灌系统。滴灌系统具有省工、省水、节能、优质、增产、适应范围广、易于实现自动控制等优点。

微喷灌系统是指所用灌水器以喷洒水流状浇灌作物的灌溉系统。常用微喷灌系统的灌水器有各种微喷头、微喷带、喷枪等。微喷灌系统具有省工、省水、节能、易于实现自动控制等优点。

二、目的意义

了解温室灌溉及营养液系统的组成、组成装置的基本结构，以及不同系统的选型要点；掌握温室灌溉及营养液系统的构建方法；并结合温室作物栽培需求，思考水肥一体化技术的改进措施以及在栽培管理中所出现的主要问题。

三、任务

识别温室灌溉及营养液系统各组成部件，绘制系统安装图；在教师的指导下分组设计、安装规格符合要求的温室灌溉及营养液系统。

四、工具

储液罐、电磁阀、聚乙烯薄膜、栽培槽、水泵、管道及管件、胶、控制器、基本工具箱。

五、主要环节

1. 建栽培槽

根据栽培槽上的搭接口，将栽培槽连接，槽内铺 0.1～0.2mm 厚的黑色不透水 PVC

膜，做成长方形种植槽。营养液水培方式中，为了使营养液能从槽的一端流向另一端，槽底的地面需平整、压实且成一定坡降，一般的坡降为 1：75～1：100 为宜。坡降过大营养液流速过快，坡降过小，则流动缓慢，不利于营养液的更新。基质栽培方式中，向槽内填充基质即可。

2. 建营养液池

其容量以足够整个种植面积循环供液之需为度。对于大株型作物，贮液池一般设在地面以下，容积按每株 5L 计算。对于小株型作物，若是种植槽有架子架设的，则可把贮液池建在地面上，只要确保营养液能顺利回流到贮液池中即可，其容积一般每株按 1L 计算。

3. 供液系统

主要由营养液调节罐（母液罐、酸罐、碱罐和清水罐）、水泵、管道、流量调节阀门等组成。水泵选用耐腐蚀的自动泵或潜水泵。水泵的功率大小应与整个种植面积营养液循环流量相匹配。一般每 667m^2（1 亩＝667m^2）大棚或温室选用功率为 1000W、流量为 6～8m^3/h 的耐腐蚀性较好的水泵。管道，一种是供液管道，一种是回流管道，均采用塑料管道，以防止腐蚀。安装管道时，应尽量将其埋于地面以下，一方面方便作业，另一方面避免日光照射而加速老化。

4. 检测与控制系统

根据需要配置传感器，控制系统通过人工和计算机控制所有的阀门以及加热棒，系统在控制软件的支持下，通过各种传感器检测到各种信号，经驱动电路驱动执行机构，完成营养液的加温以及各种离子浓度的控制。

六、考核标准

温室灌溉及营养液系统设计科学合理；安装符合设计要求，操作规范、熟练；系统供液正常可用。

七、作业

完成实验报告，详细记录安装过程。

八、思考题

温室灌溉及营养液系统由哪几部分组成？

注：本实验可参考书后参考文献 [3]、[4]。

第九节　温室供配电系统的安装训练

一、基本概念

温室配电系统设计必须满足用户的安全、操作方便、维修方便的基本要求，应做到供电可靠并保证电源质量。制订温室工程的供配电方案，包括以下内容：①确定温室用电的计算负荷及需要的供电容量；②根据负荷性质及重要程度，确定负荷等级；③确定供电电压等级；④决定变压器的容量和台数；⑤配电箱（柜）、控制箱（柜）制作。

温室控制系统就是依据温室内外装设的温湿度传感器、光照传感器、CO$_2$、传感器、室外气象站等采集或观测的信息，通过控制设备（如控制箱、控制器、计算机等）控制驱动/执行机构（如风机系统、开窗系统、灌溉施肥系统等），对温室内的环境气候（如温度、湿度、光照、CO_2 等）和灌溉施肥进行调节控制以达到栽培作物的生长发育需要。

温室电气工程低压电器主要有低压断路器、交流接触器、热继电器、中间继电器、时间继电器和低压熔断器等。由于温室在夏季室内温度会达到 40℃ 以上，湿度会达到 90％ 以上，所以，低压电器尽量选用耐湿热的产品。

温室照明系统包括温室内普通照明和补光照明两种类型。对于没有晚上作业需求的温室，普通照明仅在温室通道与控制柜和配电柜处设照明即可，对于有晚上作业需求的温室普通照明则根据生产需求来设计；本着节约电能及节省投资的原则，温室走道照度一般取10~30lx，普通照明光源主要有白炽灯、稀土节能荧光灯、荧光灯等。对于花卉、育苗等温室需要补光，补光的光源有白炽灯、荧光灯、高压钠灯、LED 等，补光照明强度应根据具体情况确定。

配电线路是配电系统组成中很重要的部分，可分为温室外和温室内两部分。电线、电缆的截面应按铺设方式、环境温度及使用条件来确定，同时要满足载流量不应小于预期负荷的最大计算电流，线路电压损失不应超过允许值。所选择的电线和电缆最小截面应满足机械强度的要求，同时还应满足与其保护装置相配合的要求。温室外电缆敷设方式有电缆直埋敷设或电缆沟内敷设，当地下水位较低，又无腐蚀介质和融化金属液体流入可能，电缆的路径与地下管网交叉不多，宜采用电缆沟敷设。温室内导线的敷设方法主要有聚氯乙烯铜芯绝缘导线穿硬塑料管沿屋架明敷，带软护套聚氯乙烯铜芯绝缘导线穿金属线槽沿屋架明敷，护套聚氯乙烯铜芯绝缘导线沿屋架明敷，氯乙烯铜芯绝缘导线穿水煤气钢管埋地暗敷。

温室供配电系统需要进行防雷、接地与安全设计。温室工程电气首先应满足温室功能，其次是按国情考虑实际经济效益，尽可能节省无谓损耗的能量，如变压器的功率损耗，传输电能线路上的有功损耗。

二、目的意义

了解温室供配电系统的组成、各装置的基本结构，以及配电系统的设计要点。掌握温室供配电系统的安装方法，并提出合理的后期维护注意事项。

三、任务

识别温室供配电系统的各组成部件，绘制系统电路图；在教师的指导下分组设计、安装规格符合要求的温室供配电系统。

四、工具

配电箱体、断路器、接触器、熔断器、控制器、导线、开关、灯具、传感器、执行机构、电工工具。

五、主要环节

1. 温室电负荷及变压器选择

根据温室工程用电设备如风机、水泵、卷被电机、拉幕电机、灯具等设备的情况，采用需要系数法计算温室电负荷。变压器选择考虑因素：负荷大小，变压器正常运行负荷率和过负荷运行条件，变压器台数，负荷发展的裕度，变压器的运行条件，如安装条件、保护条件等，变压器规格、参数的标准化。

2. 温室配电箱设计及安装

① 温室配电系统图绘制　根据温室供配电需求绘制系统图，做好低压配电线路保护设计。

② 温室配电箱配件选择及组装　根据温室用电情况，选用的低压电器主要有低压断路

器、交流接触器、热继电器、中间继电器、时间继电器和低压熔断器等。由于温室在夏季室内温度会达到40℃以上，湿度会达到90%以上，所以低压电器尽量选用耐湿热的产品。

3. 温室工程配线

主要完成用电设备与配电箱、控制箱的连接工作。

① 根据相线截面的选择方法，通过计算确定电线、电缆的截面。如果电线、电缆敷设地点的环境温度与其允许载流量所采用的环境温度不同时，应乘以矫正系数。根据温室工程常用电线、电缆载流量表选用合适的电线、电缆。

② 电线、电缆敷设。根据温室条件，选择合适部位进行线槽预埋及电线、电缆敷设。

③ 用电设备与配电箱的连接。

4. 温室控制系统中的配电设计与安装

根据温室控制系统控制方式选用手动控制系统或自动控制系统。

① 控制系统中，信息采集部件的接线。

② 温室执行机构子系统，如拉幕系统、开窗系统、风机系统、加温系统、补光系统等的控制原理及其控制电路图设计。

③ 控制系统接线。

六、考核标准

温室供配电系统设计科学合理；安装符合设计要求，操作规范、熟练；温室各用电设备可正常可用。

七、作业

完成实验报告，详细记录安装过程。

八、思考题

1. 简述温室控制系统的分类，执行机构子系统的控制原理。
2. 温室供配电系统设计中应注意的安全事项有哪些？

注：本实验可参考书后参考文献 [2]。

第十节   温室控制器的识别与应用

一、实验要求

识别温室中常用的传感器、调节器、执行器，了解其基本工作性能及应用范围，掌握其基本使用方法。

二、实验原理

温室环境自动控制系统中常用的控制器包括传感器、执行器和调节器三大部分，它们按一定的方式相互联结组合成一体，完成某一项或综合的自动调节功能。

传感器是借助于敏感元件接收一种物理信息，按照一定的函数关系将该信息转化为各种不同电量输出的器械。在各种自动调节系统中，它直接与调节对象发生联系，将被调参数的变化直接或间接地转换成电信号，是自动调节系统的一个重要组成部分。温室生物环境中常用的传感器有光照和光辐射传感器、温度传感器、空气湿度和土壤湿度传感器、CO_2 传感器、肥液和营养液浓度传感器、pH 和 EC 传感器等。

调节器是自动调节系统的核心部件，它根据被调对象的工作状况适时地改变着调节规律，保证对象的工作参数在一定的范围内变化。调节器按控制能源的形式有直接作用式、电气式、电子式、气动式以及以微机为核心的调节部件。其中电子式调节器是国内大、中型温室选用较多的调控装置，而随着计算机的广泛应用，农业生物环境自动调控系统已越来越多地采用微机做成智能调节器。

执行器是动力部件，它接收调节器的特定信号，改变调节机构的状态或位移，使送入温室的物质和能量流发生变化，从而实现对温室环境因子的调节和控制。农业生物环境检控和调节中常用的执行器主要有电动执行机构和各种调节阀。

传感器、调节器和执行器的工作品质与性能直接影响着整个系统，因此应对它们有基本的认识和了解。

三、仪器

光照传感器，触电式温度传感器（双金属片式、水银接点式、波纹管式和压力式），热电阻、热敏电阻传感器，热电偶传感器，空气湿度传感器，土壤湿度传感器，CO_2 传感器，调节阀。

四、实验内容

1. 观察各传感器、调节阀的结构及组成。
2. 应用各类传感器作基本的识别及检测。
3. 分析比较各传感器、调节阀的基本性能。

第三章　工厂化育苗技术

第一节　工厂化育苗设备与生产物资调研

一、基本概念

　　工厂化育苗是以先进的育苗设施和设备装备种苗生产车间，将现代生物技术、环境调控技术、施肥灌溉技术、信息管理技术贯穿种苗生产过程，以现代化、企业化的模式组织种苗生产和经营的方式。

　　工厂化育苗能够节省育苗时间，提供整齐苗壮的秧苗，有利于农业现代化的推进。要实现工厂化育苗，必须有配套的设施和设备，使其与育苗的程序和技术要求相吻合，保证秧苗顺利生长。以下是必备的设备与生产物资。

1. 育苗穴盘

育苗穴盘（图 3-1）是工厂化种苗生产工艺中的一个重要器具，是现代园艺最根本的一

图 3-1　不同规格的育苗穴盘

项变革，为快捷和大批量生产提供了保证。

育苗穴盘的材料有聚苯泡沫、聚苯乙烯、聚氯乙烯和聚丙烯等，通常采用吹塑或注塑生产。穴孔形状主要有方形和圆形，方形穴孔所含基质一般要比圆形穴孔多 30% 左右，水分分布亦较均匀，种苗根系发育更加充分。育苗穴盘的尺寸为 540mm×280mm 或 545mm×280mm，因穴孔直径大小不同，孔穴数在 15～800 个之间。不同规格穴盘适用于不同园艺作物栽培（图 3-2、表 3-1）。

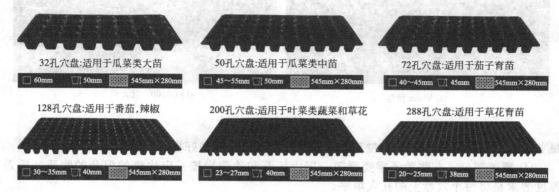

32孔穴盘:适用于瓜菜类大苗　□ 60mm　⊔ 50mm　▦ 545mm×280mm

50孔穴盘:适用于瓜菜类中苗　□ 45～55mm　⊔ 50mm　▦ 545mm×280mm

72孔穴盘:适用于茄子育苗　□ 40～45mm　⊔ 45mm　▦ 545mm×280mm

128孔穴盘:适用于番茄,辣椒　□ 30～35mm　⊔ 40mm　▦ 545mm×280mm

200孔穴盘:适用于叶菜类蔬菜和草花　□ 23～27mm　⊔ 40mm　▦ 545mm×280mm

288孔穴盘:适用于草花育苗　□ 20～25mm　⊔ 38mm　▦ 545mm×280mm

图 3-2　常用穴盘适用作物类型

表 3-1　不同蔬菜种类的穴盘选择和种苗大小

季节	蔬菜种类	穴盘选择	种苗大小
春季	茄子、番茄	72 孔	六至七片真叶
	辣椒	128 孔	七至八片真叶
	黄瓜	72 孔	三至四片真叶
	花椰菜、甘蓝	392 孔	二叶一心
	花椰菜、甘蓝	128 孔	五至六片真叶
	花椰菜、甘蓝	72 孔	六至七片真叶
夏季	芹菜	200 孔	五至六片真叶
	花椰菜、甘蓝	128 孔	四至五片真叶
	生菜	128 孔	四至五片真叶
	黄瓜	72 孔	二叶一心
	茄子、番茄	72 孔	四至五片真叶

育苗穴盘的颜色会影响植物根部的温度。白色的聚苯泡沫盘反光性较好，多用于夏季和秋季提早育苗，以利反射光线，减少小苗根部热量积聚。而冬季和春季选择黑色育苗盘，因其吸光性好，对小苗根系生长有利。

2. 精量播种流水线

精量播种流水线是工厂化育苗的重要设备之一（图 3-3），主要包括基质搅拌机、基质装填机、压穴装置、播种机构、覆土装置、喷淋装置等。利用精量播种流水线进行规模化生产，可一次完成基质搅拌、装盘、压穴、播种、覆盖和喷淋等六道工序，显著提高播种效率，保证育苗整齐度，降低人工成本。

播种机一般包含以下五个组成部分：

① 填土部分　将基质填充在穴盘内，同时保证一定的紧实度。

② 打孔部分　利用打孔滚筒在穴盘的每个孔穴中央打出均匀且相同深度的小孔，播种时种子会落在小孔内，打孔深度根据种子的大小、是否需要覆盖、胚根下扎能力等来调节。

③ 播种部分　控制播种滚筒将种子准确精量的播在穴盘的每个孔穴里，是播种好坏的

| (a) Visser,荷兰 | (b) LR600，意大利 |

图 3-3　精量播种流水线

最关键部分，播种精度包括重粒和空穴两部分，是衡量播种好坏的依据之一。

　　④ 覆盖部分　有些种子需要覆盖一层由蛭石和珍珠岩按一定比例的混合的物质，覆盖厚度要求是将每个穴盘上的孔穴填平。

　　⑤ 浇水部分　浇水多少要能满足发芽需求，淋湿深度一般是穴孔深度的三分之二左右，个别品种例如长春花和美女樱的浇水量需小一些。

3. 催芽室

　　催芽室是为种子提供理想萌发环境的场所（图 3-4）。播种完成后，穴盘即进入催芽室，在适宜的温度、湿度和光照等条件下完成萌发过程。使用催芽室可提高种子发芽率，提高发芽整齐度，还能够节省温室空间和劳动力。

　　催芽室一般配备控温系统、加湿系统、通风装置和补光装置，应具备较好的通风、保温效果。催芽室的体积可根据育苗量确定，需容纳多辆育苗车或配备多层育苗架。

图 3-4　变温催芽室

4. 行走式灌溉车（及施肥配比装置）

　　行走式灌溉车是育苗温室中的一项关键灌溉设施（图 3-5），可以大幅提高育苗过程中的水肥管理水平与效率。一般用于工厂化育苗的灌溉系统须满足灌溉均匀、压力与流量可调、同步完成肥料与药剂施用等要求。

　　行走式灌溉车在工作时，利用轨道上的磁性贴控制喷灌位置，当到达磁性贴的位置时可自动停止浇水，至下一磁性贴时再次启动。利用此功能，可实现对设备运行范围内的任一区

(a)行走式灌溉车　　　　　　　　　　(b)比例施肥器

图 3-5　行走式灌溉车

域进行自动灌溉。灌溉车双臂上每个喷头由三个不同流量和雾化程度的喷嘴组成，轻轻转动喷头可选择合适的喷嘴或关闭该喷头，进行单臂灌溉。一台喷灌车可通过轨道在温室各跨之间转移，用于温室内的不同区域。

5. 苗床

　　苗床是温室中配备的用于培育穴盘苗的育苗床架，主要有固定式和移动式（图 3-6）。其中移动苗床又包括手摇移动苗床和智能控制的移动苗床等。一般在一跨温室中的多个移动苗床只保留一条过道，以充分利用温室空间。

图 3-6　移动式苗床

6. 移苗车

　　移苗车（图 3-7）主要用于将播种完毕的穴盘运往催芽室，完成催芽后的穴盘运往育苗温室，或是转移成品穴盘苗。移苗车的高度与宽度根据穴盘尺寸、催芽室空间和育苗数量确定，一般采用多层结构，根据穴盘苗高度确定放置架高度。车体可设计成分体组合式，以利于不同园艺作物种苗的搬运和装卸。

7. 栽培基质

　　栽培基质就是指代替土壤提供作物机械支持和物质供应的固体介质，工厂化育苗对基质的总体要求是有良好的物理性及稳定的化学性，尽可能使幼苗在水分、氧气、温度和养分供应方面得到满足。较好的基质要求有较高的阳离子交换量和较强的缓冲性能。孔隙度适中是基质水、气协调的前提，孔隙度与大小孔隙比例是控制水分的基础。风干基质的总孔隙度以

图 3-7 移苗车

84%～95%为宜，茄果类育苗比叶菜类育苗略高。另外，基质的导热性、水分蒸发蒸腾总量与辐射能等均对种苗的质量有较大的影响。基质通常采用泥炭、珍珠岩、蛭石、椰糠、堆肥等原料（图 3-8），根据不同的植物生长特性，按照一定比例配制。

主要栽培基质原料包括：

① 蛭石　一种水合镁铝硅酸盐，能提供一定量的钾，少量的钙、镁等营养物质，pH 值大于 7。其晶体结构为单斜晶系，从外形上它看上去像云母。由于蛭石有离子交换的能力，它对基质的营养有极大的作用。

② 珍珠岩　由灰色火山岩经粉碎加热至 1000℃，膨胀形成的一种白色颗粒状物，pH 值大于 7，作为栽培基质原料，珍珠岩具有很好的透气性和吸水性。

③ 泥炭（草炭）　低温、湿地的植物遗体经数千年的堆积，在气温较低、雨水较少的条件下，植物残体缓慢分化而成。泥炭通气性能好、质轻、持水、保肥、有利于微生物活动，既是栽培基质，又是良好的土壤调解剂，并含有很高的有机质，腐殖酸及营养成分，其 pH 值小于 7。

蛭石

珍珠岩

泥炭

椰糠

图 3-8　常见栽培基质原料

④ 椰糠　椰子外壳纤维粉末，是加工后的椰子副产物或废弃物，是从椰子外壳纤维加工过程中脱落下的一种纯天然的有机质基质。经加工处理后的椰糠非常适合于培植植物，是

目前比较流行的园艺栽培基质。

⑤ 有机物料发酵物　利用当地各类农业废弃物，进行发酵腐熟后作为工厂化育苗的栽培基质，可用于工厂化育苗的农业废弃有机物料有作物秸秆、稻壳、菇渣、畜禽粪便等。

二、目的和意义

工厂化育苗所需设施设备种类较多，应预先掌握不同工厂化育苗各种设备的特点与具体的应用方法。通过对工厂化育苗设备和生产物资的实地调查，认知其生产性能，掌握其应用原理及其优缺点。

三、任务

对工厂化育苗设备及生产资料进行调查，结合所学知识，掌握主要设备的结构特点、性能及应用。

四、工具

皮尺、钢卷尺等测量用具及铅笔、纸等记录用具。

五、主要环节

分组按以下内容进行实地调查、访问和测量，将测量结果和调查资料整理成报告。要点如下：

1. 调查本地工厂化育苗企业生产情况及主要生产作物类型，观测工厂化育苗企业的场地选择、设施方位和整体规划情况。

2. 记录工厂化育苗设备的结构规格、配套型号、性能特点和应用。

3. 记录不同园艺作物工厂化育苗所用穴盘规格。

六、考核标准

能够识别常见工厂化育苗设备和应用范围，能够正确评估工厂化育苗企业的生产能力。

七、思考题

从所调查的工厂化育苗设备类型、结构、性能及其应用的角度，结合查阅文献，写出调查报告，分析国内外工厂化育苗设施设备的发展情况。

注：本实验可参考书后参考文献［5］。

第二节　工厂化育苗生产流程

一、基本概念

工厂化育苗的生产工艺流程主要包括播种前基质配制或营养液准备、种子处理、播种、催芽、环境调控和炼苗等环节。

二、目的和意义

通过对工厂化育苗企业生产流程的实地调查，掌握不同工厂化育苗主要生产环节，了解各个生产环节应注意的问题，及不同园艺作物工厂化育苗环境管理的要点。

三、主要环节

1. 基质配制或营养液准备

使用市场销售比较成熟的基质品牌，基质使用前，测试 pH 值、EC 值、持水力，并做好消毒工作。以泥炭、珍珠岩和蛭石为例，夏秋季采用 6：3：1 的配方（体积比，下同），冬季采用 5：4：1。混匀，忌搅拌过长时间（防止珍珠岩、蛭石粉粹），不使用贮存较长时间潮湿基质，避免基质组分或混合基质污染，要装袋密封和覆盖。

2. 催芽

催芽前进行发芽试验，根据 GB/T 3543.4—1995 执行。

种子消毒一般采用次氯酸钠消毒，用 5% 次氯酸钠消毒 10min，冲洗 4 遍；氯化汞消毒，用 0.1% 氯化汞消毒 5min，冲洗 4 遍；温汤浸种，55℃ 温汤浸种，常采用两种方法结合的办法进行消毒。

一些主要蔬菜的催芽温度和催芽时间见表 3-2，催芽室的空气湿度要保持在 90% 以上。

表 3-2　部分蔬菜催芽室温度和时间

蔬菜种类	催芽室温度/℃	时间/d	蔬菜种类	催芽室温度/℃	时间/d
茄子	28～30	5	西瓜	28～30	2
辣椒	28～30	4	生菜	20～22	3
番茄	25～28	4	甘蓝	22～25	2
黄瓜	26～28	2	花椰菜	20～22	3
甜瓜	28～30	2	芹菜	15～20	7～10

3. 播种

穴盘选择：葫芦科一般用 50 孔和 72 孔规格的穴盘，十字花科一般用 128 孔或 200 孔、288 孔规格的穴盘，茄果类用 72 孔规格的穴盘。

播种方式：十字花科播种后催芽，可采用精量播种流水线进行播种；葫芦科催芽后播种；茄果类催芽后播种；一年生草本花卉播种后催芽，可采用精量播种流水线进行播种。

覆盖材料：葫芦科播种后覆盖基质；十字花科播种后覆盖珍珠岩；茄果类播种后覆盖蛭石；一年生草本花卉播种后覆盖蛭石。

4. 温度控制

温度影响种子萌发、幼苗生长速度及株型；影响根系矿质养分吸收，基质温度 <15℃，P、Fe、NH_4^+ 就不能被根系吸收；影响花芽分化质量与后期结果节位、畸形果发生率；影响幼苗蒸腾作用和水分蒸发。具体温度管理见表 3-3。

表 3-3　蔬菜种苗对温度的需求

蔬菜种苗种类	白天温度/℃	夜间温度/℃	蔬菜种苗种类	白天温度/℃	夜间温度/℃
辣椒	25～28	18～21	黄瓜	25～28	15～16
茄子	25～28	18～21	甘蓝	18～22	12～16
番茄	20～23	15～18	花椰菜	18～22	12～16

5. 营养液供给与管理

幼苗子叶展开后应立即开始供应营养液，不可过迟。采用喷洒法供液，应在分苗前 15～20d 内供液 3～4 次，以基质湿透无积液为准。供液要根据天气、温度高低、通风大小、基质干湿等情况，做到勤供少供，以防止沤根。在温度低、光照时间短时，应减少供液量。夏季育苗时，要适当增加施液次数。若装有自动供液设施的，则可借助机械作用，使营养液在育苗床中徐徐循环流动。需要指出的是，在育苗过程中，循环利用的营养液养分被秧苗吸收后，营养液部分离子浓度有所变化，故应及时调整营养液浓度与 pH 值。另外，随着种苗长大，营养液浓度亦应逐渐加大，以利培育壮苗。

6. 种苗管理

营养液浇灌式育苗期间保持基质含水量 20％左右为宜。分苗前适当减少供液量，降低温度。在定植前一周开始，应进一步减少浇液量，逐渐加大通风量，降低苗床温度。要注意在工厂化育苗过程中，种苗生长较快，易徒长，故苗期温度比一般育苗应低 2～3℃，且要经常通风换气，降低空气湿度，增加秧苗光照时间与强度。

四、作业

完成实习报告，详细记录蔬菜工厂化育苗生产流程、管理过程。

注：本实验可参考书后参考文献〔5〕。

第三节　工厂化育苗企业的参观与设计

一、目的要求

通过认知实习，了解工厂化育苗企业的布局，掌握工厂化育苗工艺流程的程序，同时熟悉各项生产设施和设备。

二、方法步骤

1. 集中学习工厂化育苗生产工艺流程及有关参观注意事项。
2. 指导教师讲解工厂化育苗企业设施的构建情况，包括播种厅、催芽室、育苗温室和组培室的设计要求。
3. 指导教师讲解生产设备的名称、用途及使用方法。

三、实训报告

1. 工厂化育苗企业一般由几部分构成？各个部分的功能主要有哪些？
2. 工厂化育苗生产常用的设备有哪些？
3. 每人设计一个工厂化育苗企业的建设方案。

第四节　穴盘播种育苗与管理技术

一、目的要求

了解穴盘种类，掌握容器育苗，基质配置及播种方法。

二、主要内容

穴盘育苗：基质的配制、填装，播种及播种后管理。

三、材料及用具

128 穴盘、72 穴盘、铁铲、小喷壶、喷雾器、蛭石、草炭、珍珠岩等。

四、操作步骤

1. 基质配置

取草炭、珍珠岩和蛭石按 6∶3∶1（体积比）比例备好，用细喷头喷适量水、搅拌均匀。基质混拌后，用手握起，能成团，松手放下能散开不沾手，则说明基质水量合适。基质相对含水量 50%～60%。

2. 装盘

将上述基质装入穴盘中用刮板刮平，用手指将穴孔中的基质轻轻压紧，再补装一层基质刮平。

3. 播种

人工播种（小粒种子）：在装好基质的穴盘穴孔正中打孔，打孔深度是种子直径 2～3 倍，注意不要太深和太浅。用镊子或手夹住种子，植入穴孔正中，植入深度为 2～3cm，每穴植入 1 粒。检查是否有多播或漏播等问题的穴孔，之后均匀撒上一层蛭石遮荫保湿。标记所播品种、播种期、播种人和播种量。

点播结束后，用电动喷雾器细喷头喷水，穴盘底孔刚刚有水渗出为宜，或将穴盘放入水槽中浸水，穴孔上部见到水渍为宜，将盘取出移入适宜温度（表 3-2）、相对湿度 80%～90%、遮阳和避风条件下室内催芽。每天喷雾 2～3 次。

4. 营养液配置与管理

待种苗子叶展开后，进行营养液的配置和灌溉，园艺作物无土育苗的营养液配方很多，一般在育苗过程中，营养液以大量元素为主，微量元素有育苗基质提供。使用时注意浓度和调节 EC 值、pH 值。

一般情况下，育苗期的营养液浓度相当于成株浓度的 50%～70% 左右，EC 值在 0.8～1.3mS/cm 之间，配制时应注意当地的水质条件、温度及幼苗的大小（表 3-4）。

营养液的 pH 随着园艺作物种类的不同而稍有变化，苗期的适应范围在 5.5～7.0 之间，适宜值为 6.0～6.5。营养液的使用时间及次数决定于基质的理化性质、天气状况及幼苗的生长状态，原则上掌握晴天多用，阴雨天少用或不用；气温高多用，气温低少用；大苗多用，小苗少用。

表 3-4 几种蔬菜营养液配方 单位：g/L 水

肥料种类	番茄	黄瓜	南瓜	甘蓝	莴苣	芹菜	小萝卜	菜豆
硝酸钙	2.52			1.26	0.658		0.675	0.675
硝酸钾		0.915	0.763		0.55		0.61	
硝酸钠			0.386			0.644		
硫酸铵		0.19		0.237	0.237		0.284	
硫酸镁	0.537	0.537	0.537	0.537	0.25	0.752	0.537	0.538
硫酸钾						0.5		0.75
硫酸钙					0.078	0.337		
磷酸钙		0.589			0.589	0.294	0.589	0.35
磷酸二氢钾	0.525				0.35	0.175		
过磷酸钙		0.337	1.17					0.5
氯化钠						0.156		

五、数据整理与分析

1. 需要购买的生产资料数据整理填入表 3-5。

表 3-5　穴盘育苗生产资料记录表

序号	物资名称	规格型号	数量	单位	单价	金额
1	蛭石					
2	珍珠岩					
3	草炭					
4	穴盘					
5	种子					
6	营养液					
7	其它					

2. 育苗管理观察记录（表 3-6）

表 3-6　播种育苗管理观察记载表

品种名称：_____　　播种日期：_____　　播种方式：_____　　种子粒数：_____

时期（月/日）	白天平均温度/℃	夜间平均温度/℃	发芽数	成苗数	定苗数

六、思考题

1. 根据"穴盘育苗生产资料记录表"，测算 100L 基质可装多少个穴盘，所产生的成本是多少？

2. 播种操作，根据"播种育苗管理观察记载表"，进行观察记录并写出实验报告进行结果分析。

3. 成苗率计算：成苗率（％）＝苗数/播种粒数×100％

4. 播种繁殖适用于哪些园艺作物？有何优缺点？

第五节　蔬菜种子质量检验

一、目的和意义

种子是农业生产中基本资料，同样也是农业和农民赖以发展的最基本的生产资料，其质量的优劣关系到国计民生。种子检测则是判断种子质量高低的科学、标准的技术体系，对农业尤其是种子生产、使用、流通乃至国际性贸易都有着重大意义。

了解种子检验的程序及其在农业生产上的意义。初步掌握园艺种子播种品质检验的原理、方法及其实验技术。掌握种子含水量、净度、千粒重、发芽力等种子品质的检测方法。

二、材料及用具

1. 材料

萝卜、豌豆、番茄、甘蓝、黄瓜等种子。

2. 用具

检验桌、分样器、天平、套筛、培养皿、镊子、放大镜、毛笔、光照培养箱、滤纸、电热恒温鼓风干燥箱、铝盒、坩埚钳、干燥器等。

三、实验内容

1. 净度分析

种子净度分析主要是测定供检样品中净种子、其它植物种子和杂质三种成分的百分数。净度分析测定供检样品不同成分的质量百分率和样品混合物特性，并据此推测种子批的组成。分析时将试验样品分成三种成分：净种子、其它植物种子和杂质，并测定各成分的质量分数。

种子净度是指本作物净种子的质量占样品总质量的百分率。种子净度是衡量一批种子种用价值和分级的依据。

净种子、其它植物种子、杂质的区分标准是：

（1）净种子　凡能明确地鉴别出它们是属于所分析的种子（除已变成菌核、黑穗病孢子团或线虫瘿外），即使是未成熟的、瘦小的、皱缩的、带病的或发过芽的种子单位（真种子、瘦果、颖果、分果和小花等）都应作为净种子。大于原来大小一般的破损种子单位也算为净种子。

（2）其它植物种子　除净种子以外的任何植物种子单位。

（3）杂质　除净种子和其它植物种子外的种子单位和所有其它物质及构造。

① 非常明显不含真种子的种子单位。

② 破损或受损的种子单位的碎片为原来大小的一半及以下的。

③ 对于豆科、十字花科蔬菜，没有种皮的种子和碎块。

④ 对于豆科，不管是否附着胚芽、胚根的胚中轴和/或是否超过原来大小一半，凡是分离的子叶均为杂质。

2. 含水量测定

种子含水量是影响其生活力和安全贮藏的一个重要指标。其测定方法通常有烘干减压法（低温干燥法、130℃高温快速法和高水分预先烘干法）和电子水分速测法。测定方法的选择是以种子的水分生理状态和油分含量为依据。若种子中油分含量较高，温度过高，则油分易挥发，使样品水分散失量增加，水分百分率的计算结果偏高。所以，应选择适宜测定方法，严格控制温度。

3. 发芽力测定

其目的是测定种子发芽的最大潜力，估测田间种子用价。通常以发芽势和发芽率表示。种子的发芽率与发芽势是不同的两个概念，不应混为一谈。在测定种子发芽率的同时，也应该测定一下种子的发芽势，以便于合理地、准确地确定单位面积的播种量和播种深度，做到一次播种保全苗。

种子发芽率是指发芽试验的终期，在规定的日期内全部正常发芽种子数占供试种子的百分率，其值高，表示种子生命力强。即：

发芽率（%）=（规定日期内全部发芽种子粒数÷供试种子粒数）×100。

种子的发芽势是指发芽试验的初期，规定的日期内正常发芽种子占供势种子数的百分率，其值高，表示种子的出苗率高。即：

发芽势（%）＝（规定天数内发芽种子粒数÷供试种子粒数）×100。

不同的作物观测发芽率与发芽势的时间不同，辣椒种子一般7d看发芽势，10d看发芽率。发芽率表明某批种子有多少能发芽，而发芽势则表明该批种子的发芽活力，发芽势数值大，说明种子活力旺盛。一般新种子发芽势强，陈旧种子发芽势弱。发芽率能近似地反映出苗率，发芽势表明种子的活力高低。发芽势高的种子，其种子的活力高，出苗齐而壮，而发芽率高的种子出苗率高，但苗不一定整齐，也不一定粗壮。

种子发芽率和发芽势的测定方法如下：国家有关部门规定了种子发芽率和发芽势的标准检测程序。核心部分是控制好温度和湿度。方法有滤纸法、毛巾法、沙培法等。滤纸法：在培养皿中铺上二三层滤纸，滴水使其湿润，种子摆在上面，种子上面覆盖二三层滤纸，滴水使其湿润，将培养皿盖好，放在恒温箱内，保持25℃恒温。每天加水两次，加水量控制在滤纸不干、培养皿内不积水即可。毛巾法：将毛巾煮沸消毒，种子摆在毛巾上，卷成疏松的卷，扎住两头，放在恒温箱内，保持25℃恒温，以后经常喷水，保持毛巾湿润。沙盘法：在塑料盘中铺一层干净细沙，种子摆在上面，然后用细沙覆盖，滴水使沙湿润，放在恒温室内，保持25℃恒温。做发芽用的种子样本规定为200粒，分4组，每组50粒。

四、方法与步骤

1. 重型混杂物的分离称重

（1）将各种蔬菜种子的送检样品称重，记为M_g。

（2）挑出与供验种子大小或重量上有明显差异且严重影响测定结果的混杂物（如土块、小石块或小粒种子中混有的大粒种子等），称重后再将其分离为其它植物种子和杂质，再次分别称重，三次称重结果分别记为M、M_1、M_2。

2. 试样的分取

（1）查阅规程对种子净度分析、发芽试验和水分测定试样用量的规定，确定整个实验中各种蔬菜合适的用种总量M_a。

注：如何确定试验用种的总重量？如果本实验只进行净度分析和发芽试验，各种蔬菜种子的试样总量又应是多少？

（2）据上述结果，将蔬菜种子的送验样品按其类别各自充分混匀，用分样器分取一份（若无分样器也可于检验桌或水泥台上用四分法分取试样），用天平分别称重种子试样M_a。

3. 试样的分离

根据各种蔬菜种子的大小选择合适的套筛，筛底盒在下，小孔筛居中，大孔筛在上，置入试样筛动2min后，将各层筛及筛盒的分离物倒在检验桌上，鉴别出净种子、其它植物种子、杂质，分别称重，记作M_p、M_0、M_m。

分离试样时可借助放大镜、分级筛、吹风机，或用镊子施压，在不损伤发芽力的基础上进行检查。

4. 含水量测定

（1）低温干燥法：该法适用于葱属、芸薹属、辣椒属、萝卜、茄子等蔬菜种子。要求在相对湿度70%以下的室内进行。

① 将铝盒于烘箱内烘干、干燥器内冷却后标号、称重，记作m；

② 烘箱预热至115℃；

③ 从步骤3.即净度分析后获得的净种子中，用电子天平（感量为0.001g）称取2份试

样，各 4.5～5.0g（此处若用直径等于或大于 8cm 以上的铝盒，试样量则为 10g），置于标号的铝盒中摊匀，称重，记为 m_1；

④ 将试样的铝盒，迅速置于盒盖上放入预热的烘箱，5～10min，将温度调至 103℃±2℃，烘干 8h，盖好盒盖，用坩埚钳取出，于干燥器内冷却 30～45min 后称重，记作 m_2。

（2）130℃高温烘干法：该法适用于芹菜、石刁柏、甜菜、西瓜、甜瓜属、南瓜属、胡萝卜、莴苣、番茄、菜豆属、豌豆、菠菜。

其程序与低恒温烘干法相同。只是菜豆属、豌豆、西瓜种子烘干前必须磨碎。烘箱预热温度为 140～145℃，烘干时保持温度 130℃，试样烘干时间缩短为 1h。

注：①据规程规定，不经预热过程，低温干燥法在样品放入后，烘箱温度回升至 103℃±2℃计时，烘 17h±1h；高温烘干法则待烘箱温度回升至 130～133℃计时，烘 1h（禾谷类作物除外）；②为什么西瓜种子和辣椒种子所用的水分测定方法不同？

5. 发芽力测定

（1）数取试验样品：净度分析后，充分混合的净种子。随机数取 400 粒。通常以 100 粒为一次重复，大粒种子或带有病原菌的 50 粒，甚至可以再分为 25 粒为一次重复。复胚种子单位可视为单粒种子进行试验，不需弄破（分开），但莴苣例外。

（2）选用发芽床：《规程》对各种作物的适宜发芽床有具体规定。通常小粒种子选用纸上；大粒种子选用沙床或纸间；中粒种子选用纸床、沙床均可。

一般用滤纸、吸水纸作纸床。纸上是指将种子放在一层或多层纸上发芽；纸间是将种子放在两层纸中间。将纸床放在培养皿内，置于保湿的发芽箱进行发芽。沙床包括沙上（即种子压入沙的表面）、沙中（即种子播在平整的湿沙上，然后根据种子大小加盖 10～20mm 厚度的松散沙）。沙子使用前必须洗涤和高温消毒。当纸床或沙床上幼苗出现植物中毒症状或对幼苗鉴定发生怀疑时，为了比较或有某些研究目的，才采用土壤作为发芽床。

（3）加水：纸床应吸足水分后，再沥去多余的水即可。沙床加水应为最大持水量的 60%～80%。土壤加水至手握土黏成团，再用手指轻压就碎为宜。

（4）置床培养：将数取的种子均匀地排在湿润的发芽床上，粒与粒之间应保持一定距离。在培养器上贴上标签，放在《规程》规定的条件下进行培养。发芽期间要经常检查湿度、水分和通气状况。如有发霉的种子应取出冲洗，严重发霉的应更换发芽床。

（5）幼苗鉴定：鉴定要在主要构造已发育到一定时期进行。每株幼苗都必须按《规程》规定的标准进行鉴定。根据种的不同，试验中绝大部分幼苗应达到：

子叶从种皮中伸出（如莴苣属）、初生叶展开（如菜豆属）。尽管一些种如胡萝卜在试验末期，并非所有幼苗的子叶都从种皮中伸出，但至少在末次计数时，可以清楚地看到子叶基部的"颈"。

在计数过程中，发芽良好的正常幼苗应从发芽床中拣出，对可疑的或损伤、畸形或不均衡的幼苗，通常到末次计数。严重腐烂的幼苗或发霉的种子应从发芽床中除去，并随时增加计数。

复胚种子单位作为单粒种子计数，试验结果用至少产生一个正常幼苗的种子单位的百分率表示。当送验者提出要求时，也可测定 100 个种子单位所产生的正常幼苗数，或产生一株、两株及两株以上正常幼苗的种子单位数。

五、结果分析

（一）净度分析

1.

$$P_0 = \frac{M_p}{M_D + M_O + M_m} \times 100\%$$

式中，M_p 为杂质质量；M_D 为本品种种子质量；M_0 为其他种子质量；M_m 为杂质质量。

2.
$$P_1=\frac{M}{M_g}\times100\%，P_2=\frac{P_0\times P_1}{100\%}$$

式中：P_0 为净种子百分率；P_1 为重型混杂物百分率；P_2 为含重型混杂物样品换算后的净种子百分率。

据前两步方法所示，有已测得的 M_1，M_2，M_m，还可以对杂质、其它植物种子数进行换算，分别记为 P_m，P_{os}，公式如下：

$$P_{os}=\frac{M_0}{M_p+M_0+M_m}\times p_1\times\frac{M_1}{M}\times100\%$$

$$P_m=\frac{M_m}{M_p+M_0+M_m}\times P_1\times\frac{M_2}{M}\times100\%$$

百分率修约：将各成分的百分率相加，总和应为 100％，若不是，则应从百分率最大值上加 0.1％进行修约。但应注意修约值大于 0.1％时，需检查计算有无差错。

（二）含水量测定

$$W=\frac{m_1-m_2}{m_1-m}\times100\%$$

式中：W 为种子含水量；若一个样品的两份测定之间的差距不超过 0.2％，其结果可用两份测定的算术平均值表示。否则需重新实验。

（三）发芽力测定

发芽试验结果以发芽种子粒数的百分率表示。当一个试验的 4 次重复（每个重复以 100 粒计，相邻的副重复合并成 100 粒的重复）正常幼苗百分率都在最大容许差距内，则以平均数表示发芽百分率。正常幼苗、不正常幼苗和未发芽种子百分率的总和必须为 100％。

当试验出现下列情况时，应重新试验。怀疑种子有休眠（即有较多的新鲜不发芽种子），可采用温度处理、化学处理和机械处理等方法重新试验，并应注明所用的方法；由于真菌或细菌的蔓延而使试验结果不一定可靠时，可采用沙床或土壤进行试验；当用纸床正确鉴定幼苗数有困难时，可按规定选用沙床或土壤进行试验；当发现试验条件、幼苗鉴定或计数有差错时，采用同样的方法重新试验；当 100 粒种子重复间的差距超过《规程》规定的最大容许差距时，采用同样方法进行重新试验。

填报发芽试验结果时，须填报正常幼苗、不正常幼苗、硬实、新鲜不发芽种子和死种子的百分率。同时还须填报采用的发芽床和温度、试验持续时间、以及为促进发芽所采用的处理方法等。

六、思考题

1. 蔬菜种子水分测定应注意什么问题？
2. 种子检验在工厂化育苗生产过程中有何作用与意义？

第六节　种子活力快速测定

一、基本概念

长期以来，人们对种子发芽情况的研究主要集中在发芽率上，但随着研究的逐步深入，人们逐渐发现发芽率并不能很好地反映田间实际出苗情况，出现这种情况主要是因为发芽率是在种子最适宜萌发条件下测定的，这与复杂的大田气候条件下的出苗率相差很大。因此，人们试图寻找一种能够代替发芽率并能较好反映种子质量的标准，从而提出了种子活力的概念，它是检验种子质量高低的一项最可靠的指标。

四唑测定法是一种生化快速测定方法，原理是有活力种胚中的脱氢酶可以将三苯基四氮唑（TTC）还原成不溶性的红色TTF，如果种胚死亡或种胚生活力衰退，则不能染色或染色较浅。因此，可以根据种胚染色的部位或染色的深浅程度来鉴定种子的生活力。

三苯基四氮唑,无色,溶于水   三苯甲腙,红色,不溶于水

二、实验目的

掌握 TTC 快速测定种子活力的方法。

三、材料与用具

黄瓜等作物种子。

培养皿 2 套，镊子 1 把，单面刀片 1 片，垫板（切种子用）1 块，烧杯 1 个，棕色试剂瓶，解剖针 1 把，搪瓷盘 1 个，pH 试纸。

TTC 溶液的配制：取 1gTTC 溶于 1L 蒸馏水或冷开水中，配制成 0.1% 的 TTC 溶液。药液 pH 应在 6.5～7.5，以 pH 试纸试之（如不易溶解，可先加少量酒精，使其溶解后再加水）。

四、操作步骤

1. 将黄瓜等作物的新种子、陈种子或死种子，用温水（30℃）浸泡 2～6h，使种子充分吸胀。
2. 随机取种子 2 份，每份 50 粒，沿种胚中央准确切开，取每粒种子的一半备用。
3. 把切好的种子分别放在培养皿中，加 TTC 溶液，以浸没种子为度。
4. 放入 30～35℃ 的恒温箱内保温 30min，也可在 20℃ 左右的室温下放置 40～60min。
5. 保温后，倾出药液，用自来水冲洗 2～3 次，立即观察种胚着色情况，判断种子有无生活力，把判断结果记入记录表 3-7 中。

表 3-7　种子活力快速测定记录表

种子名称	供试粒数	有生活力种子数	无生活力种子数	有生活力种子百分比/%

五、技能拓展

有生活力的种子能够进行呼吸代谢，在呼吸过程中的代谢物质跟 TTC 反应生成红色 TTF，且代谢物质越多，颜色越深，代谢强度越大。TTC 法还可以运用于植物根系活力和花粉活力的测定。

第七节 扦插育苗与管理技术

一、基本概念

扦插也称插条，是一种培育植物的常用繁殖方法，可以剪取植物的茎、叶、根、芽等（在园艺上称插穗），或插入基质中或浸泡在水中，等到生根后就可栽种，使之成为独立的新植株，一些如番茄或菊花等草本植物可采用嫩枝扦插的方法进行繁殖。

二、目的和意义

学习扦插育苗技术，了解影响插穗成活的内在因素，了解插穗的采集，截制及贮藏方法。

三、材料工具

1. 插穗：菊花、番茄等植物材料；
2. NAA、IBA 等试剂；
3. 工具：剪刀、天平、量筒、喷水壶、塑料薄膜、50 孔或 72 孔穴盘、基质。

四、方法步骤

1. 采穗

每株母株可以采 7～8 枝插穗，插穗的长度在 8～10cm，采穗时在母株上最好留下 2 枚叶片，以便其侧芽再次发芽。插穗要求健壮结实以确保幼苗质量，插穗大小整齐。在采穗之前 2～3d 最好喷洒杀菌剂。

2. 插穗的处理

为了促进插穗生根，提早发根，提高成活率，可以用生长素（如萘乙酸）或生根粉等处理，应用适量的萘乙酸处理插穗基部，可以使枝条内部呼吸作用增强、水分吸收能力扩高、酶的作用增强、贮藏物质迅速分解转化，尤其是使可塑性物质在插穗下端积累。这些变化，对愈合组织和不定根的产生有着良好的作用。目前常用萘乙酸处理插穗，常用方法是快浸和慢浸。将切制好的插穗 50 根捆一捆（注意上、下切口方向一致），竖立放入配制好的溶液中，浸泡深度约 2～3cm，浸泡时间 12～24h，浸泡浓度为 $50\mu L/L$。

3. 扦插

扦插方法：直接插入法，插穗与基质垂直，插穗插入基质深度为插穗长度的 1/3～2/3，扦插后应充分与土壤接触，避免悬空。

4. 管理工作

（1）扦插后立即浇一次透水，以后保持插床浸润。20d 后观察嫩枝扦插生长情况，30d后进行挖苗数生根数和测量根长。

（2）为了防插条因光照增温，苗木失水，插后应搭荫棚遮阳降温。

（3）扦插成活后，用 0.8mS/cm 的营养液补充灌溉。

五、实验报告

1. 根据实验填写扦插成活情况调查表（表 3-8）。
2. 怎样进行选穗、采穗、切穗及扦插？

表 3-8　扦插成活情况调查表

作物	扦插时期	扦插数量	愈伤数量	愈伤率/%	生根数量	生根率/%

第八节　嫁接育苗设备与生产物资调研

一、基本概念

嫁接可以克服园艺作物土传病害，提高作物抗逆性，增加作物产量，随着生产的发展、科学技术的进步，嫁接技术已广泛应用于茄果类和瓜类蔬菜的育苗生产，现在已成为园艺生产中必不可少的一项技术。

1. 嫁接工具

（1）切削及插孔用具

切削工具（图 3-9）多用刮须双面刀片（一般比单面的要锋利，好操作），主要用于劈接（切接）、靠接。为便于操作，可将双面刀片沿中线纵向折断成两半。

图 3-9　蔬菜嫁接切削及插孔用具

插孔用具一般都用自制竹签，主要用于除去砧木的生长点和在砧木顶端或茎杆上插孔。竹签一般长 10cm，粗度与接穗茎粗度相仿。一端削成长 1～1.5cm 的双楔面或单楔面（另一面为平面，尖端稍钝，用于插孔）；另一端削成长约 0.5cm、厚 0.2～0.3mm、宽 1～2mm 的扁平面，用于去除砧木的生长点。

（2）嫁接固定物（图 3-10）

塑料嫁接夹：嫁接专用的固定夹，有圆形和方形两种。圆形的对砧木幼苗的粗度有要求，它要求砧木幼苗的粗度与嫁接夹的孔径一致。方形嫁接夹就没有这个缺点，一般处于嫁接适期的蔬菜砧木幼苗都能用。只是在用的时候要注意，嫁接夹的力度有两个档次，由它的铁圈来调节。若嫁接夹太紧，容易夹伤砧木幼苗，可调节到较松的一档。嫁接夹固定效果好，使用方便，既能提高成活率，又能提高工效，虽然需要一定的投资，但可多次重复使用，是目前最理想的接口固定物。

塑料薄膜条：在没有嫁接夹的情况下，可将塑料薄膜剪成 0.3～0.5cm 宽的小条捆扎接口。也可将塑料薄膜剪成 1～1.5cm、宽 5～6cm 长的小条，在接口处绕两圈后，用别针卡住两端。

2. 嫁接机

20 世纪 80 年代，以日本农机研究所（IamBrain）牵头联合数家农机制造商开始蔬菜嫁

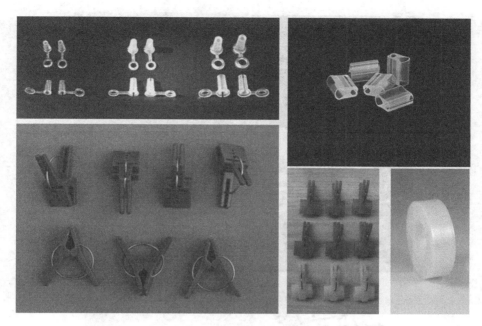

图 3-10　常用的嫁接固定物

接机的研发，并于 1987 年推出了第一台样机（G871）。看到了蔬菜嫁接自动化在农业生产上的广阔前景，日本一些实力雄厚的厂家如井关（Iseki）、洋马（Yanmar）、三菱（Mitsubishi）等也竞相研究开发嫁接机，井关于 1994 年推出了商品化嫁接机（GR800B）。随后，韩国也开始了对自动化嫁接技术的研究，并开发出一系列有特点的产品，如 Idealsystem 用于茄科作物的嫁接机，采用针接法，使得嫁接速度达到了每小时 1200 株（图 3-11）。

在中国，中国农业大学张铁中教授率先在国内开展嫁接机的研究，1998 年研制出 2JSZ-600 型自动嫁接机，该嫁接机采用单叶切接法，实现了砧木和接穗的取苗、切削、接合、嫁接夹固定、排苗等一系列自动化作业。随后，东北农业大学和华南农业大学等高校和科研单位也推出了各自的嫁接机。

虽然嫁接机的设计原理和嫁接对象有所不同，但嫁接的步骤一般包括：首先将砧木和接穗放置于嫁接机的机械臂上（半自动嫁接机需要人工取苗后放置于机械臂，全自动嫁接机的机械臂自动从穴盘中取苗），嫁接机的切削机构按照嫁接方法的需要分别切断砧木和接穗，机械臂将切断的砧木和接穗接合在一起，最后以嫁接夹或其它加持物固定嫁接面，嫁接即完成，整个过程仅需 3～5s（图 3-12）。

二、目的和意义

通过对嫁接设备和生产物资的实地调查，认知和掌握其应用原理及其优缺点。

三、任务

对嫁接育苗设备及生产资料进行调查，结合查阅文献，掌握主要设备的结构特点、性能及应用。

四、工具

皮尺、钢卷尺等测量用具及铅笔、纸等记录用具。

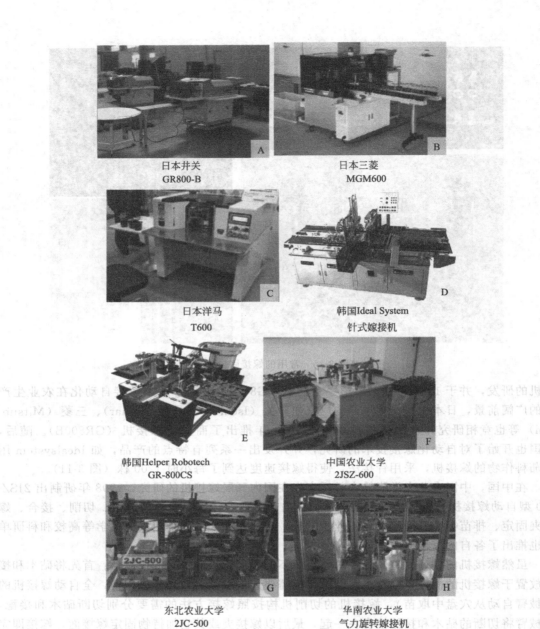

日本井关
GR800-B

日本三菱
MGM600

日本洋马
T600

韩国Ideal System
针式嫁接机

韩国Helper Robotech
GR-800CS

中国农业大学
2JSZ-600

东北农业大学
2JC-500

华南农业大学
气力旋转嫁接机

图 3-11　蔬菜嫁接机

五、主要环节

分组按以下内容进行实地调查、访问和测量，将测量结果和调查资料整理成报告。主要调查嫁接技术在当地农业生产中应用情况及主要生产作物类型。

六、考核标准

能够识别常见嫁接育苗的设备和应用范围。

七、思考题

从所调查的嫁接育苗设备类型、结构、性能及其应用的角度，结合查阅文献，写出调查

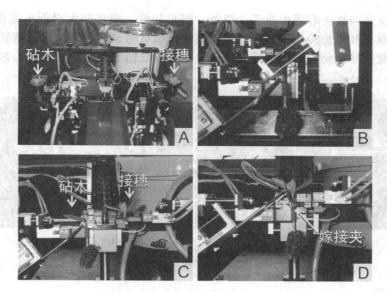

图 3-12　蔬菜嫁接机嫁接方法和步骤（以 GR-800CS 为例）

报告，分析国内外嫁接育苗技术的应用概况。

　　注：本实验可参考书后参考文献 [5]。

第九节　蔬菜砧木选择与常用砧木种类的识别

一、基本概念

　　蔬菜生产上砧木的选择要遵循以下原则。

　　（1）砧木与接穗的亲和性：砧木与接穗的亲和性是指嫁接后能成活生长发育的能力，是嫁接成活的基础，通常来说砧木与接穗的亲和性与它们之间的亲缘关系有关，所以生产上通常选择同科或者同种的砧木进行嫁接。

　　（2）砧木的抗病能力：选用砧木主要目的就是为了增强接穗抗土传病害的能力，如增强瓜类的抗枯萎病和茄果类的抗线虫能力。因此，选择的砧木必须具有抵抗这些病菌的能力，这也是选择砧木的一个重要条件。

　　（3）砧木对接穗果实品质的影响：不同的砧木对接穗果实品质有不同的影响。因此，在接时必须选择对接穗果实品质无不良影响的砧木。

　　（4）砧木对不良环境条件的适应能力：在嫁接栽培的情况下，接穗植株的低温生长力、耐旱性和对土壤酸碱度的适应性等都受砧木固有特性的影响。不同的砧木有不同的特性，对接穗的影响也不同。因此，根据需要选用适宜的砧木，是获得接穗果实早熟、丰产、优质的关键之一。在设施环境中，由于温度低、光照弱，应选择耐低温、耐弱光、对不良环境条件适应性强的砧木。

二、任务

　　辨识常用蔬菜砧木的种类及应用特点。

1. 西瓜砧木

　　可作西瓜砧木（图 3-13）的材料有野生西瓜、葫芦、瓠瓜、南瓜、冬瓜等。这些材料各有优缺点。从亲和性上看野生西瓜、葫芦、瓠瓜较好。南瓜砧木对西瓜品质有一定影响，但抗病性、耐寒力和长势均优于其它砧木；葫芦、瓠瓜的亲和力强，西瓜品质稳定，但抗病性稍差，应注意选择抗病品种；冬瓜砧抗旱性强，但低温下根系生长差，推迟生育期，故应用较少。

葫芦　　　　　　　南瓜　　　　　　野生西瓜　　　　　　冬瓜

图 3-13　西瓜嫁接常用砧木

2. 黄瓜砧木

用于黄瓜嫁接的主要砧木（图 3-14）品种有黑籽南瓜、荒地瓜，以及南瓜品种新土佐和白菊座等。各个砧木品种在黄瓜嫁接中亲和性表现都比较良好，对于土传病害及逆境的适应性上也相当。

黑籽南瓜　　　　　　美洲南瓜　　　　　多刺南瓜(刺果瓜)

图 3-14　黄瓜嫁接常用砧木

3. 番茄砧木

番茄砧木主要来源于野生近缘种或杂交后代。品种主要由日本、荷兰等国家选育，如LS-89、舞影者、斯库拉姆、久留大佐等，目前国内培育有番茄嫁接专用砧木品种，如野大哥、果砧 1 号、星抗 1 号等。

4. 茄子砧木

番茄砧木主要来源于野生近缘种或杂交后代。品种主要有：托鲁巴姆茄、托托斯加茄、赤茄、crp 等。

托鲁巴姆，抗病力很强，能同时抗茄子黄萎病、枯萎病、青枯病和线虫病，达到高抗或免疫程度，嫁接后极少得黄萎病；根系发达，植株高大，茎粗壮，长势强，茎叶上有少量硬刺。嫁接后植株茎秆粗壮，发病率很低，坐果率高，商品率高，不影响果实品质。

赤茄又名红茄、平茄，主要抗枯萎病，抗黄萎病能力中等。根系发达，幼苗生长速度比接穗（栽培品种）稍慢。嫁接亲和力强，嫁接后植株发病率较低，耐低温和耐湿性增强，不影响果实品质。

CRP又称刺茄，抗病性强，同时抗黄萎病、枯萎病、青枯病和线虫病。嫁接成活率高，果实品质好，产量高。

5. 辣椒砧木

常用辣椒砧木品种为辣椒的野生种，如台湾的 PFR-K64、PER-S64、LS279 品系，是辣椒嫁接栽培专用砧木。甜椒类可用"土佐绿B"嫁接。有些茄子嫁接用砧木，如超抗托巴姆、红茄、耐病 VF 也可用于辣椒嫁接栽培。

三、思考题

调查的当地嫁接蔬菜所应用的砧木类型，结合当地设施生产环境特点和主要土传病虫害，并查阅文献，写出调查报告，分析当地所蔬菜生产上所应用各类型砧木的优缺点。

第十节　瓜类蔬菜嫁接育苗技术

一、目的要求

蔬菜嫁接育苗可以有效预防土传病虫害，提高植株抗性，是现代设施园艺的一项主要技术，在设施瓜类和茄果类栽培中广泛使用。本实验通过对黄瓜苗的嫁接操作和嫁接苗的培育，了解嫁接技术在蔬菜作物上的应用及嫁接苗成活率的影响因素，掌握瓜类蔬菜常用的嫁接方法。

二、材料工具

1. 材料培育好的黄瓜或西瓜接穗种苗和砧木种苗（黑籽南瓜或葫芦等）。
2. 工具刀片、竹签、纱布或酒精棉、塑料夹、小喷雾器、嫁接台等。嫁接场所要求没有阳光直射、空气湿度80%以上。

三、方法步骤

1. 嫁接前的准备

（1）接穗和砧木苗的准备黄瓜嫁接苗一般以黑籽南瓜为砧木。不同的嫁接方法，接穗和砧木苗的播种期有差别，插接法砧木比接穗早播 3～5d，靠接法砧木比接穗迟播 3～5d，种子处理的方法、播种方法和管理等与常规做法一样，待幼苗长至第一片真叶展开前后可进行嫁接，具体要求如下：插接法嫁接砧木要求下胚轴粗壮，接穗在第一片真叶展开前较适宜；靠接法嫁接接穗比砧木的下胚轴要稍长。

（2）嫁接苗床准备采用保湿、保温性能较好的温床或小棚，嫁接前一天浇足底水备用。

2. 嫁接方法

嫁接顺序是：砧木处理→接穗处理→砧木与接穗结合（靠接法要用嫁接夹固定）→栽于营养钵内并用小喷雾器对子叶进行喷雾→马上放于嫁接愈合苗床内。每种嫁接方法在砧木处理和接穗处理上有如下差别。

（1）插接法

① 砧木处理：去生长点和真叶，用竹签从子叶一侧斜插向另一侧，深达 0.5～0.6cm。注意不要插穿胚轴表皮。

② 接穗处理：在子叶下 0.5cm 处宽面（两子叶正下方是窄面，另外两侧是宽面）向下斜切，把胚轴切断，刀口长 0.5～0.6cm。

（2）靠接法

①砧木处理：去生长点和真叶，在子叶下 0.5cm 处宽面下刀，向下斜切，深达胚轴横径 1/2 左右（不超 1/3），刀口长 0.7～1.0cm。

②接穗处理：在子叶下 1.5～2.0cm 处窄面下刀，向上斜切，深达胚轴横径 3/5～2/3 处，刀口长 0.7～1.0cm。

3. 嫁接后的管理

（1）嫁接后 1～3d 的管理：此时是愈伤组织形成时期，也是嫁接苗成活的关键时期。一定要保证小拱棚内湿度达 95％以上。湿度白天保持 25～28℃，夜间 18～20℃，3d 内全天密封遮光。

（2）嫁接后 4～6d 的管理：此时棚内湿度应降到 90％左右。湿度白天保持 23～26℃，夜间 17～19℃，早晚逐渐见散射光。此时接穗的下胚轴会明显伸长，子叶叶色由暗深绿转为淡绿色，第一片真叶开始显现。

（3）嫁接后 7～10d 的管理：棚内湿度应降到 85％左右。湿度白天保持 22～25℃，夜间 16～18℃，可完全不遮光，并适当通风。

（4）嫁接后 11d 至定植的按照正常种苗管理。

四、注意事项

1. 嫁接苗的四片子叶必须呈"十"字交叉。

2. 靠接苗不能栽得过深，以防嫁接口长根，靠接苗定植时，使砧木根系处于营养钵中心，栽好后再把接穗根系置于边上并稍加覆土即可。

3. 手和嫁接工具注意经常消毒。

五、实验报告

1. 作业写出实验报告，记录瓜类蔬菜嫁接方法及管理要点，统计嫁接苗成活率。

2. 思考题瓜类蔬菜嫁接技术还有哪些方法？比较它们的优缺点。

第十一节　茄果类蔬菜嫁接育苗技术

一、目的要求

本实验通过对茄果类蔬菜种苗的嫁接操作和嫁接苗的培育，了解嫁接技术在蔬菜作物上的应用及嫁接苗成活率的影响因素，掌握茄果类蔬菜常用的嫁接方法。

二、材料工具

1. 材料培育好的茄子、番茄或辣椒接穗种苗，相应的砧木种苗。

2. 工具刀片、竹签、纱布或酒精棉、塑料夹、小喷雾器、嫁接台等。嫁接场所要求没有阳光直射、空气湿度 80％以上。

三、方法步骤

1. 茄子嫁接技术

（1）砧木选择

茄子嫁接常用砧木有平茄（赤茄）、刺茄、托鲁巴姆等。用平茄作砧木需比接穗早播 7d；刺茄作砧木需比接穗早播 5～20d 左右；托鲁巴姆催芽播种需比接穗提前 25d，如浸种直播应提前35d。

（2）嫁接方法

茄子通常采用劈接法进行嫁接。当砧木长到6～7片真叶，接穗长到5～6片真叶时，即可进行嫁接。选茎粗细相近的砧木和接穗配对，在砧木2片真叶上部，用刀片横切去掉上部，再于茎横切面中间纵切深1.0～1.5cm的切口；取接穗苗保留2～3片真叶，横切去掉下端，再小心削成楔形，斜面长度与砧木切口相当，随即将接穗插入砧木切口中，对齐后，用固定夹子夹牢。

2. 辣椒嫁接技术

（1）砧木选择

用砧木品种为辣椒的野生种，如我国台湾的PFR-K64、PER-S64、LS279品系，是辣椒嫁接栽培专用砧木。甜椒类可用"土佐绿B"嫁接。有些茄子嫁接用砧木，如超抗托巴姆、红茄、耐病VF也可用于辣椒嫁接栽培。

（2）嫁接方法

辣椒常采用插接法进行嫁接。插接一般在播种后20～30d进行，砧木有4～5片真叶时为嫁接适期，接穗应较砧木苗少1～2片叶，苗茎粗比砧木苗茎稍细一些。嫁接时，在砧木的第1或第2片真叶上方横切，除去腋芽，在该处顶端无叶一侧，用与接穗粗细相当的竹签按45°～60°角向下斜插，插孔长0.8～1cm，以竹签先端不插破表皮为宜，选用适当的接穗，削成楔形，切口长同砧木析插孔长，插入孔内，并扣盖拱棚保护。

3. 番茄嫁接技术

（1）砧木选择

番茄嫁接砧木品种以野生番茄选育的专用砧木品种为主，有板砧2号、舞影者、斯库拉姆等。

（2）嫁接方法

番茄常采用套管法进行嫁接。套管法采用专用嫁接固塑料套管将砧木与接穗连接、固定在一起，若买不到专用套管，也可用自行车气门芯或塑料软管，只需剪成1cm左右长、两端呈平面或30°的斜面就可（套管两端的方向应一致）。套管嫁接法所需砧木和接穗的幼苗茎粗度一致，这是确保嫁接成活的关键。砧木和接穗的幼苗应同期播种或砧木比接穗提前1～2d播种，力求两者的幼苗大小直径一致。套管法适用于较小的幼苗，当接穗和砧木都具有2片真叶为嫁接适期。在砧木和接穗的子叶上方约0.5cm处呈30°角斜面切一刀（用刀片顺手将砧木、接穗秧苗自下往上斜切），将套管的一半套在砧木上，斜面与砧木切口的斜面方向一致，再将接穗插入套管中，并使其切口与砧木切口紧密结合。

4. 愈合期管理

参照本章第十节瓜类蔬菜嫁接愈合管理方法。

四、实验报告

1. 作业写出实验报告，记录茄果类蔬菜嫁接方法及管理要点，统计嫁接苗成活率。
2. 思考题茄果类蔬菜嫁接技术还有哪些方法？比较它们的优缺点。

第十二节　植物组织培养室的参观与设计

一、目的要求

通过认知实习，了解植物组织培养实验室的布局，掌握植物组织培养的程序，同时熟悉组织培养中涉及的各种仪器设备和器皿用具。

二、仪器与用具

超净工作台、蒸馏水发生器或纯水发生器、高压灭菌器、普通冰箱、微波炉、煤气灶或电炉、显微镜、万分之一（或千分之一）电子天平、恒温箱、烘箱、各种培养器皿、分注器、各种实验器皿和各种器械用具。

三、方法步骤

1. 集中学习组织培养实验室守则及有关注意事项。
2. 由指导教师讲解植物组织培养的流程。
3. 指导教师讲解组培实验室的构建情况，包括准备室、缓冲室、无菌操作室（又称接种室）和培养室的设计要求。
4. 指导教师讲解仪器设备的名称、用途及使用方法。
5. 指导教师讲解在实验室中培养材料的一些常用参数，如培养间的温度、光照时数、光照度等。

四、实训报告

1. 植物组织培养实验室一般由几部分构成？各个部分的功能主要有哪些？
2. 植物组织培养常用的设备有哪些？
3. 每人设计一个植物组织培养实验室的组建方案。

第十三节　MS 培养基母液的配制与保存

一、基本概念

培养基是离体植物细胞、组织和器官吸取营养的场所。在植物细胞的分裂和分化过程中，需要各种营养物质，这些营养物质包括无机营养成分、有机营养成分、植物生长调节物质等。在对植物的器官、组织和细胞进行离体培养时，只是切取植物体的一小部分，它们无法像整体植株那样合成生长发育所需的全部物质。而自然界的植物千差万别，每一种植物都有自己独特的生理代谢过程和各自的营养需求，没有哪一种培养基能够适用于所有植物。因此，对培养基组成成分的筛选是非常重要和必不可少的程序。

目前对植物进行组培时，人们所使用的培养基有几十种，其中 MS 培养基应用最为广泛。说明 MS 培养基的无机盐成分对许多植物种均是适宜的，它的无机盐含量较高，微量元素种类较全，浓度也较高。

在配置培养基之前，为了方便和用量准确，常常将大量元素、微量元素、铁盐、有机物、激素类分别配制成比培养基配方需要量大若干倍的母液。当配置培养基时，只需按预先计算好的量吸取母液。

二、目的要求

1. 通过 MS 培养基母液的配制，掌握配制培养基母液的基本技能；
2. 掌握培养基各种母液的制备、保存和灭菌的方法。

三、仪器与用具

1. 仪器：各类天平、磁力搅拌器、冰箱等；
2. 用具：烧杯、量筒、玻璃棒、移液管、试剂瓶、标签等；
3. 试剂：95%酒精，$0.1mol \cdot L^{-1} NaOH$，$0.1mol \cdot L^{-1} HCl$，配制 MS 培养基所需的各种无机物、有机物，蒸馏水。

四、方法步骤

1. 母液的配制

母液是欲配制培养基的浓缩液，一般配成比所需浓度高 10～100 倍。其优点：

① 保证各物质成分的准确性；
② 便于配置时快速移取；
③ 便于低温保藏。

(1) MS 大量元素母液（10×）（表 3-9）

称 10L 量溶解在 1L 蒸馏水中。配 1L 培养基取母液 100mL。

表 3-9　MS 培养基大量元素母液配制表

序号	化学药品	1L 量	10L 量（10×）
1	NH_4NO_3	1650mg	16.5g
2	KNO_3	1900mg	19.0g
3	$CaCl_2 \cdot 2H_2O$	440mg	4.4g
4	$MgSO_4 \cdot 7H_2O$	370mg	3.7g
5	KH_2PO_4	170mg	1.7g

(2) MS 微量元素母液（100×）（表 3-10）

称 10L 量溶解在 100mL 蒸馏水中。配 1L 培养基取母液 10mL。

表 3-10　MS 培养基微量元素母液配制表

序号	化学药品	1L 量	10L 量
1	$MnSO_4 \cdot 4H_2O$	22.3mg	223mg
2	$ZnSO_4 \cdot 7H_2O$	8.6mg	86mg
3	H_3BO_3	6.2mg	62mg
4	KI	0.83mg	8.3mg
5	$Na_2MoO_4 \cdot 2H_2O$	0.25mg	2.5mg
6	$CuSO_4 \cdot 5H_2O$	0.025mg	0.25mg
7	$CoCl_2 \cdot 6H_2O$	0.025mg	0.25mg

注意：$CoCl_2 \cdot 6H_2O$ 和 $CuSO_4 \cdot 5H_2O$ 可按 10 倍量（0.25mg×10＝2.5mg）或 100 倍量（25mg）称取后，定容于 100mL 水中，每次取 10mL 或 1mL，即含 0.25mg 的量。

(3) MS 铁盐母液（100×）（表 3-11）

称 10L 量溶解在 100mL 蒸馏水中。配 1L 培养基取母液 10mL。

表 3-11　MS 培养基铁盐母液配制表

化学药品	1L 量	10L 量
$Na_2 \cdot EDTA$	37.3mg	373mg
$FeSO_4 \cdot 7H_2O$	27.8mg	278mg

注意：配制时，两种成分分别溶解在少量蒸馏水中，其中 EDTA 盐较难完全溶解，可适当加热。混合时，先取一种置容量瓶（烧杯）中，然后将另一种成分逐加逐剧烈震荡，至产生深黄色溶液，最后定容，保存在棕色试剂瓶中。

（4）MS 有机物母液（100×）（表 3-12）

称 10L 量溶解在 100mL 蒸馏水中。配 1 升培养基取母液 10mL。

表 3-12　MS 培养基有机物母液配制表

序号	化学药品	1L 量	10L 量
1	烟酸	0.5mg	5mg
2	盐酸吡哆素（维生素 B$_6$）	0.5mg	5mg
3	盐酸硫胺素（维生素 B$_1$）	0.1mg	1mg
4	肌醇	100mg	1g
5	甘氨酸	2mg	20mg

（5）生长调节剂

单独配制，浓度为 0.5～1mg/mL。配制培养基母液时注意事项：

① 一些离子易发生沉淀，可先少量水溶解，在按配方顺序依次混合；

② 配制母液时用蒸馏水或重蒸馏水；

③ 药品应用化学纯或分析纯；

④ 溶解生长素时，可用少量 0.1mol·L^{-1} NaOH 或 95％酒精溶解，溶解分裂素类用 0.1mol·L^{-1} HCl 加热溶解（如再加蒸馏水，易产生白色沉淀，此时可加入热水）。

2. 母液的保存

（1）装瓶：将配制好的母液分别装入试剂瓶中，贴好标签，注明各培养基母液的名称、浓缩倍数、日期、配制者（注意将易分解、氧化者，放入棕色瓶中）。例如：MS 铁盐（100×），2015.10.22，设施 132 班。

（2）贮藏：4℃冰箱。

五、作业

1. 写出实验报告。

2. 配制培养基母液时应注意哪些事项？

第十四节　MS 培养基的配制与灭菌

一、目的要求

通过 MS 固体培养基的配制，掌握配制培养基的基本技能。

二、仪器与用具

1. 仪器：酸度计或 pH 试纸、电磁搅拌器、电炉；

2. 用具：高压灭菌锅、微量移液器、移液管、量筒、容量瓶、培养瓶（三角瓶）、烧杯、标签；

3. 试剂：配制 MS 培养基的各种母液、生长调节剂、琼脂、蔗糖、蒸馏水、0.1mol·L^{-1}、0.5mol·L^{-1} NaOH，0.1mol·L^{-1}、0.5mol·L^{-1} HCl。

三、方法步骤

1. MS 固体培养基的配制

（1）将配制好的 MS 培养基母液从冰箱中取出，按顺序排列，并逐一检查是否沉淀或变色，避免使用已失效的母液。

（2）取少量的蒸馏水（约为配制培养基量的 2/3）加入烧杯中，配 500mL 培养基用 1000mL 烧杯。

（3）按母液顺序和规定量，用量筒、移液管或微量移液器取母液，依次放入烧杯中。如配制 1000mL 培养基，需：MS 大量元素母液 100mL；MS 微量元素母液 10mL；MS 铁盐母液 10mLMS 有机物母液 10mL。

（4）通过计算，用微量移液器取所需的各种生长调节剂母液。

（5）加入蔗糖（30g/L），溶解。

（6）定容：用容量瓶。

（7）调 pH 值：一般 pH＝5.8。

用 $0.1mol \cdot L^{-1}$ 和 $0.5mol \cdot L^{-1}$ 的 NaOH 和 HCl 将 pH 调至所需的数值。

注意：

① 经高温高压灭菌后，培养基的 pH 值会下降 0.2～0.8，故调整后的 pH 值应高于目标 pH 值 0.5 个单位。

② pH 值的大小会影响琼脂的凝固能力，一般当 pH 大于 6.0 时，培养基将会变硬；低于 5.0 时，琼脂就不能很好地凝固。

③ 如果 pH 值与所需的数值相差很大，可先用 $0.5mol \cdot L^{-1}$ 的 NaOH 或 HCl 调节，至接近时，再用 $0.1mol \cdot L^{-1}$ 的酸、碱调节。以免加入过量的水溶液，导致溶液体积增大，培养基不能很好地凝固（因加入的琼脂量一定）。

（8）分装到大三角瓶中（500mL、1000mL）。

（9）加琼脂（6～10g/L）。常用 $6.6～7g \cdot L^{-1}$。煮沸 1～2min（融化琼脂）。

（10）封口：用棉塞或锡箔纸、牛皮纸。注明培养基名称、配制时间。

（11）定容，pH 值。

（12）分注到培养瓶中。100～150mL 培养瓶每瓶装入 20～35mL 的培养基。

2. MS 固体培养基的灭菌——高压蒸汽灭菌（湿热灭菌法）

（1）洗涤：把组织培养基用的培养皿、三角瓶、试管等玻璃器皿进行彻底清洗。自然晾干或烘箱干燥。

（2）包扎：用牛皮纸、报纸、纱布或锡箔纸把玻璃器皿和金属器械分别包扎好。

（3）装水：在高压灭菌锅内装入一定量的水（水要淹没电热丝）。切忌干烧。

（4）装物品：在灭菌锅内放入含培养基的培养瓶或三角瓶、装蒸馏水的玻璃瓶，以及包扎好的玻璃器皿和金属器械等。

（5）灭菌：将排气阀开着，加热，直至锅内释放出大量水蒸气（此时水蒸气横向喷出），再关闭阀门；或者当锅内压力升至 49.0kPa 时，开启排气阀，将锅内的冷空气全部排出。当锅内压力达到 108kPa 时，温度为 121℃时，维持 15～20min，即可达到灭菌的目的（若灭菌时间过长，会使培养基中的某些成分变性失效）。切断电源，让灭菌锅自然冷却。

注意：

① 先打开放气阀，再打开锅盖。以免锅内压力大而爆炸。

② 开盖后应尽快转移培养瓶，使培养瓶冷却、凝固。一般应将灭菌后的培养瓶储藏于 30℃以下的室内，最好储藏在 4～10℃的条件下。

③ 某些生长调节剂如 IAA、ZT、ABA 等以及某些维生素遇热是不稳定的，不能同培养基一起高压灭菌，而需要进行过滤灭菌。

四、作业

1. 将本次实训内容写成实训报告。
2. 高压灭菌时应注意哪些问题？
3. 配制培养基时应注意哪些问题？

第十五节　外植体的选择与初代培养

一、目的要求

学习各种不同外植体初代培养的基本过程，初步掌握材料的清洗、灭菌、切割、接种等操作技术；掌握超净工作台的使用方法。

二、基本原理

植物离体培养能否成功主要与外植体的制备、无菌操作和人工培养环境有关，无菌外植体的制备是第一步。从母体植株上取下一定的组织或器官，先进行剥离和分割，并经流水冲洗，去除表面的灰尘和大部分细菌和真菌，再浸入适宜浓度的化学药剂中进行表面消毒，最后经无菌水冲洗并适当切割后接种在培养基上。制备外植体的原则是无菌和有活性。无菌是最基本的要求，有活性是外植体制备的前提，无活性的外植体是毫无意义的。

三、材料、试剂与主要仪器

1. 仪器、用具：超净工作台、酒精灯、镊子、解剖刀、解剖针、烧杯（50mL）、标签纸、剪刀、酒精棉球、广口试剂瓶、纱布（擦拭台面）、无菌培养皿、无菌滤纸等。
2. 试剂：75%乙醇、95%乙醇、2%NaClO溶液（指有效氯含量2%）、无菌水等。
3. 植物材料：番茄、长寿花、非洲紫罗兰等植物的嫩茎。

四、方法步骤

1. 接种前的准备

（1）按照培养材料的需要配制培养基（同本章第十三节、第十四节）。

（2）对无菌接种间进行熏蒸或喷雾灭菌。

（3）将接种需要的消毒剂、接种用具、酒精灯、烧杯、无菌水、无菌培养皿、废液缸、培养基等置于超净工作台的接种台面；打开超净台的电源开关，打开鼓风开关（调节送风量），并打开紫外灯消毒20min，之后关掉紫外灯，继续送风5~10min，打开荧光灯开关，准备接种。

（4）用水和肥皂洗净双手，穿上灭菌过的专用实验服、帽子与鞋子，进入无菌操作室。

（5）无菌操作前，将双手用酒精棉球擦拭消毒；解剖刀、剪刀、镊子等金属工具浸蘸95%乙醇，用酒精灯外焰灼烧灭菌，后置于支架上冷却备用；操作过程中尽量减少无菌三角瓶和培养皿在空气中的暴露时间；所有无菌操作尽量在燃着的酒精灯附近进行。

2. 外植体的灭菌与接种

（1）选取无病虫害的嫩枝，用清水漂洗后，在接种台上进行消毒处理。用蘸有70%乙醇的棉球擦手，擦拭接种台面及四周。将嫩枝放入灭菌用的小烧杯中，先用少量75%乙醇（浸没材料即可）浸泡10~30s，用过的乙醇回收后可重复使用2~3次，用无菌水冲洗1次后废液倒入废液缸中；再用2‰NaClO溶液（浸没嫩枝即可）浸泡20～30min，用无菌水冲洗3～4次后废液倒入废液缸中。

（2）用无菌滤纸吸干材料上的水分，置于无菌培养皿中的无菌滤纸上，用镊子固定材料，用解剖刀切取嫩叶（0.5cm×0.5cm）、茎段（0.5cm）或芽等。

（3）接种操作

① 将接种工具插入95％乙醇中，再取出放在酒精灯上灼烧灭菌，冷却后使用。

② 用酒精棉球将装培养基的三角瓶从上至下擦拭消毒。

③ 取掉盛有培养基而未接种的三角瓶上的封口纸，左手握培养瓶，并将瓶口斜对酒精灯火焰。

④ 用无菌镊子将外植体夹入培养瓶内，材料的放置应注意极性。接种时，瓶口要在火焰附近，瓶身倾斜，以免病菌落入瓶内。

⑤ 接种后立即封口，写好标记。

⑥ 清理台面，弃去废物，并用70％乙醇擦拭台面。

（4）接种后的培养基置于25℃、2000 lx光照下培养，1～2周后，可观察有无污染的出现，4周后可以观察到愈伤组织的形成。

五、结果记录与分析

1. 外植体灭菌接种时，应注意哪些事项？

2. 实训操作中出现了哪些问题？并加以分析。

第十六节　植物离体培养物的形态观察

一、目的要求

识别各种外植体在离体培养条件下，形态变化和器官发生方式，同时学习观察、记录和统计的方法。

二、基本原理

通过外观形态和实体解剖镜下的观察，可以从形状、颜色、器官发生、愈伤组织的形成、是否污染、褐变、死亡等来分析和判断离体培养物的生长与分化情况。

三、材料、试剂与主要仪器

1. 仪器用具：实体解剖镜、普通光学显微镜、刀片、镊子、解剖针、载玻片、盖玻片、滤纸、6cm培养皿等。

2. 试剂：1mol/LHCl、1％醋酸-洋红、45％醋酸等。

3. 材料：外植体经离体培养而形成的不定芽、不定根、愈伤组织、胚状体等。

四、操作步骤

1. 观察各种外植体的接种和生长状况，统计褐变率、污染率、成活率等；

2. 描述外植体以及培养物的大小、形态、颜色的变化；

3. 识别愈伤组织、不定根、不定芽、丛生芽或胚状体的形态，并统计诱导率或分化率。

五、结果与分析

将统计结果按照下表进行记录并分析（表 3-13）。

表 3-13 培养材料褐变、污染的调查表

外植体种类	接种外植体数	褐变外植体数	褐变率/%	污染外植体数	污染率/%	死亡外植体数	死亡率/%
1							
2							
3							

第十七节 植物离体培养物的继代培养操作技术

一、目的要求

通过在超净工作台上进行无菌操作训练，掌握组织培养的继代操作技术。

二、基本原理

植物组织培养中，培养物（细胞、愈伤组织、器官、试管苗等）培养一段时间后，为了防止培养的细胞团老化，或培养基养分利用完而造成营养不良及代谢物过多积累而引起毒害等的影响，要及时将其接种到新鲜培养基中，进行继代培养。继代培养主要分为固体培养与液体培养两种方式。固体培养可使用在组织培养过程中的各个阶段，如愈伤组织的增殖、器官的分化及完整植株的再生等阶段，液体培养主要用于植物材料再生培养的诱导前期，如愈伤组织的增殖、分化等。本实验以番茄、非洲紫罗兰、长寿花固体培养为例，学习继代培养的操作技术。

三、材料与用具

1. 仪器用具：超净工作台、70%的乙醇、95%的乙醇、盛有培养基的培养瓶、接种器械（主要指解剖刀、镊子等）、酒精灯、培养材料、无菌纸。
2. 材料：番茄、非洲紫罗兰、长寿花的试管苗或愈伤组织。

四、方法步骤

1. 准备继代培养的培养基 MS＋6-BA 2mg/L＋NAA 0.1mg/L＋蔗糖 3%＋琼脂 0.7%，pH＝5.8，用于诱导试管苗的增殖。

继代培养所使用的培养容器也依材料而定，一般宜选择较大的容器。

2. 将接种用具、酒精灯、烧杯、无菌培养皿、培养基等置于超净工作台的接种台面；打开超净台的电源开关，打开鼓风开关（调节送风量），并打开紫外灯消毒 20min，之后关掉紫外灯，继续送风 5～10min，打开荧光灯开关，准备接种。

3. 用水和肥皂洗净双手，穿上灭菌过的专用实验服与鞋子、戴上口罩与帽子，进入无菌操作室。

4. 无菌操作前，将双手用 70%乙醇棉球擦拭消毒，并用酒精棉球擦拭超净工作台的台面及四壁，解剖刀、剪刀、镊子等金属工具在用酒精棉球擦拭后，浸蘸 95%乙醇，用酒精

灯外焰灼烧灭菌，后置于支架上冷却备用。

5. 培养基瓶用酒精棉球擦拭，码放在左侧。

6. 无菌纸置于超净工作台，打开包纸，用镊子将无菌滤纸取出，置于操作人员的正前处。

7. 在酒精灯火焰处打开外植体材料瓶，将植物材料用灭过菌的镊子取出置于无滤菌纸上。

8. 一手持镊子，一手持解剖刀，将植物材料按照要求切割。切割时，需将变褐的部位、根切下弃去。根据其增殖方式，将小苗切成单株、或小苗丛，或小段（每段均有芽）接种于继代培养基中，与初代培养不同的是，继代培养时，每瓶中的接种材料可适当多接，可材料要均匀分布。

9. 在标签上写上植物编号（即原培养瓶上的编号，若没有编号可不写）、日期、班级、学号，全部接完后，一起取出，放于培养架等处培养。

10. 接种结束后，关闭和清理超净工作台，并清洗用过的玻璃器皿等。

五、结果与分析

1. 接种过程中，应注意哪些方面？如何降低接种污染率？

2. 继代培养接种时，应如何分割培养的材料？应注意哪些问题？

3. 接种后 2 周，观察结果，统计污染率。

第十八节　植物离体培养物的生根培养操作技术

一、目的要求

通过在超净工作台上进行无菌操作训练，掌握试管苗生根操作技术。

二、基本原理

试管苗增殖阶段，使用较多的细胞分裂素，试管苗无根或有根，但根无功能，因此，要将增殖的嫩枝进行壮苗和生根培养。一般矿质元素较低时有利于生根，所以生根培养时一般选用无机盐浓度较低的培养基作为基本培养基。用无机盐浓度较高的培养基时，应稀释一定的倍数。如 MS 培养基，在生根、壮苗时，多采用 1/2MS 或 1/4MS。一般生根培养基中要完全去除或仅用很低的细胞分裂素，并加入适量的生长素，最常用的是 NAA。一部分植物由于生长的嫩枝本身含有丰富的生长素，因此也可以在无生长素的培养基上生根。本实验以长寿花、非洲紫罗兰为例，学习生根培养的操作技术。

三、材料与用具

1. 设备与用具：超净工作台、70%的乙醇、95%的乙醇、盛有培养基的培养瓶、接种器械（主要指解剖刀、镊子等）、酒精灯、无菌纸。

2. 材料：番茄、非洲紫罗兰、长寿花的试管苗。

四、方法步骤

1. 准备生根培养基，培养基为 1/2MS＋NAA 0.05mg/L＋蔗糖 3%＋琼脂 0.7%，pH＝5.8。生根培养所使用的培养容器也依材料而定，一般宜选择较大的容器，而且瓶口宜大，易于将试管苗从瓶中取出。

2. 将接种需用的消毒剂、接种用具、酒精灯、烧杯、无菌水、无菌培养皿、培养基等置于超净工作台的接种台面；打开超净台的电源开关，打开鼓风开关（调节送风量），并打开紫外灯消毒 20min，之后关掉紫外灯，继续送风 5~10min，打开荧光灯开关，准备接种。

3. 用水和肥皂洗净双手，穿上灭菌过的专用实验服、帽子与鞋子，进入无菌操作室。

4. 无菌操作前，将双手用酒精棉球擦拭消毒，并用酒精棉球擦拭超净工作台的台面。解剖刀、剪刀、镊子等金属工具用酒精棉球擦拭后，浸蘸 95％乙醇，用酒精灯外焰灼烧灭菌，后置于支架上冷却备用。

5. 培养基瓶用酒精棉球擦拭，置于超净工作台，码放在左侧（或右侧）。

6. 无菌纸置于超净工作台，打开包纸，用镊子将无菌纸取出，置于操作人员的正前方。

7. 在酒精灯火焰处打开外植体材料瓶，将植物材料用无菌的镊子取出置于无菌纸上。

8. 一手持镊子，一手持解剖刀，将植物材料按照要求切割。切割时，应尽可能使单株上的茎、叶保持完整，切去原来的变褐根，仅留色白、幼嫩的根。依照形态学上端向上，形态学下端向下的原则，将材料接种于生根培养基中，每瓶可适当多接材料，分布要均匀。同时宜将大小较一致的材料接种于一瓶中，以便移栽时，每瓶中材料大小一致。

9. 将接好的培养瓶暂时放在超净工作台上，材料接完后一块取出培养瓶。在标签上写上植物编号（即原培养瓶上的编号，若没有编号可不写）、日期、班级、学号，贴在培养瓶上。

10. 接种结束后，关闭和清理超净工作台，并清洗用过的玻璃器皿等。

五、结果与分析

1. 接种过程中，应注意哪些方面？如何降低接种污染率？
2. 接种后 2 周，统计污染率。
3. 生根培养时，材料的分割与接种应注意哪些方面？

第十九节　试管苗的驯化、移栽和管理

一、目的要求

通过移栽操作，使学生掌握移栽基质的配制方法，试管苗的移栽技术及试管苗移栽后的管理技术。

二、基本原理

试管苗因其生活的试管内环境，其叶、茎上的角质层很薄，气孔调节能力弱，保水能力很差，根无吸收水分的能力。移栽后，应注意保湿、保温、无菌、弱光等方面，使苗得到锻炼，逐渐适应外界环境。

三、材料与用具

1. 用具和材料：驯化室、解剖刀、镊子、酒精灯、泥炭、珍珠岩、蛭石等栽培基质。
2. 材料：待移栽的生根试管苗。

四、方法步骤

1. 将需要移栽的试管苗瓶盖打开，注入少量自来水，置于驯化室内练苗 3~5d。

2. 泥炭使用前，需进行灭菌，灭菌温度为 60℃，30min。然后把泥炭和珍珠岩按照 1∶1（或其它基质）的比例进行配制，测量其 pH 值，若 pH 值较低，添加 $CaCO_3$ 调节 pH 值至 5～6。

3. 将基质填入穴盘，轻摇，用玻璃棒在每个穴孔中打 1 小孔。

4. 将试管苗由培养瓶中取出，用清水洗掉苗上黏附的培养基。将试管苗一个一个分开，在玻璃板上用解剖刀将苗上的变褐部位切掉，栽入穴盘中，轻压培养基质，使苗根与基质紧密接触。

5. 用手持小型喷雾器，对移栽的试管苗喷施一些低毒杀菌剂。

6. 将栽有试管苗的穴盘移入炼苗架上，盖上塑料薄膜进行炼苗。

7. 移栽后的 5～7d，每天对移栽的小苗进行少量喷雾，以保持足够的湿度。然后逐渐降低湿度，可以采取每天将塑料薄膜揭开一小缝隙增加透风，降低湿度。

8. 待苗移栽 3 周后，选择移栽成活的小苗移入营养钵内，置于一盆内，盆内加水，使水由营养钵底渗入。

其它移植基质配比参照上述方法。

五、结果与分析

1. 如何提高试管苗移栽成活率？
2. 移栽后 3 周统计移栽的成活率，分析死亡的原因。

第四章　设施蔬菜生产技能与实验

第一节　蔬菜种子识别实践

一、概述

蔬菜生产上的"种子"泛指所有可用于繁殖的播种材料（不包括以真菌的菌丝组织作为繁殖材料的是食用菌类）。植物学上的"种子"是指由胚珠经过受精后发育成具有胚、胚乳和种皮等结构的幼小生命体。蔬菜栽培学上的"种子"主要包括三类：①植物学上真正的种子，仅由胚珠形成，包括十字花科、葫芦科、茄科、豆科、百合科蔬菜种子等。②种子属于植物学上的果实：如伞形花科、菊科、藜科蔬菜种子等。③种子属于无性营养器官：如块茎（马铃薯、山药、菊芋）、根茎（生姜、藕）、球茎（荸荠、芋头）、鳞茎（大蒜）等。

蔬菜种子是蔬菜生产与研究必需的材料，优良的种子是培育壮苗及取得高产的基础，栽培者必须掌握有关蔬菜种子的知识，才能合理应用种子，达到栽培的目的。本实验主要介绍前两类种子的一般知识。

1. 十字花科

其形状多呈圆球形、扁球形或椭球形等。色泽有乳黄、红褐、深紫或紫黑色。种皮有网纹结构。胚弯曲呈镰刀状，无胚乳，子叶肾形，每片子叶褶叠，分布于胚芽两侧。①萝卜属：种子较大，不规则形，有棱角，种皮为红褐或黄褐，种脐明显有沟。白萝卜类型种皮为黄色；红皮白肉萝卜类型种皮为呈黄褐色，皮肉皆为红色的萝卜，种皮为红褐色。②芸薹属：这类种子包括甘蓝类、大白菜、油菜类、芥菜类四种。种类繁多，形状相似，均为球形，单纯依靠肉眼用种子形态鉴定，一般难以区分到种或变种，可用种皮切片镜检，化学鉴定、物理鉴定，最可靠的是盆栽或田间鉴定。

2. 葫芦科

种子扁平，形状呈纺锤形、卵形、椭圆形等。色泽自洁白、淡黄、红褐至黑色，单色或杂色。发芽孔与脐相邻，合点在脐的相对方向，有明显的种喙，啄平或倾斜。胚顺直，无胚乳，子叶肥大，富含油脂。①黄瓜属：洁白、灰白或灰黄色，纺锤形或披针形，边缘无突起。②冬瓜属：近倒卵形，种皮较厚而质地疏松。不同品种有一定差异，粉皮冬瓜和节瓜，二者种喙两侧种瘤明显，种子边缘有棱状突起，但粉皮冬瓜种子最大，而节瓜种子较小；青皮冬瓜，则种喙两侧种瘤不明显，种子边缘无棱状突起，种子厚而小。③南瓜属：包括中国南瓜、印度南瓜和美洲南瓜三种。其共同特点是种子大、扁平、卵圆形，呈白色、黄色或灰黄色。不同种子可从种子边缘的颜色及种喙大小和倾斜程度等区别。中国南瓜（普通南瓜）种喙小而平直，种子边缘较种皮色深，有金黄色镶边，种子较大、较薄，千粒重245g左右；印度南瓜（笋瓜）种喙大而呈倾斜状，种子边缘与种皮色泽相同，无黄色镶边，种子大而厚，长宽差距小，千粒重340g左右；美洲南瓜（西葫芦），种子边缘有黄边，但不及中国南瓜明显，种子小而薄，长宽差距大，种子披针形，千粒重165g左右。种喙形状介于中国南瓜与印度南瓜之间。

3. 茄科

种子扁平，形状肾形或圆形，色泽黄色、黄褐色或红褐色，种皮光滑或被绒毛，胚乳发达，胚埋在胚乳中间，卷曲成涡状，胚根突出种子边缘。①番茄：种子形状为肾形，种皮为红、黄、褐等色，表面被有银白色绒毛，因而种子呈现灰褐、黄褐、红褐色等。②辣椒：种子稍大，近圆形，新鲜种子为浅黄色，有光泽，陈种子变为黄褐色。种皮厚薄不均，具有强烈辣味。③茄子：有圆形或卵形，圆形的种脐部凹入较深，多数属长茄型品种；卵形的种脐部凹入浅，多数为圆茄型品种。茄子种子新鲜时种皮黄褐色，有光泽，种子陈旧或采种不当时呈褐色或灰褐色。种皮致密坚硬，吸水透气性差。

4. 豆科

种子形状有球形、卵形、肾形或短柱形，种皮颜色因品种而异，且差异较大，有纯白、乳黄、淡红、紫红、浅绿、深绿及墨绿等颜色，或呈斑点杂色。种子无胚乳，胚稍弯曲或顺直，两枚子叶肥厚，富含蛋白质和脂肪。种皮颜色是识别品种的主要依据。

① 菜豆（矮生和蔓生型）：肾形、卵形、圆形或短柱形。种子颜色有白、黑、褐、棕黄或红褐色等单色或呈花色斑纹。种脐短，种皮光滑，有光泽。②豇豆：种粒较菜豆小，形状同上，种皮有皱纹，光泽暗。③豌豆：圆球形，土黄或淡绿色，多皱或光滑，种脐椭圆，为白色或黑色。④蚕豆：种子大，宽而扁平，近长方形，微有凹凸。种脐黑色或与种皮同色，种皮青绿或淡褐。⑤莱豆：扁平状，宽肾形，白色、红色、紫色或具花纹。种脐位于一侧，椭圆、白色、无光，脐面突出于种皮之上，种子中等大小。⑥豆薯：近长方形，但四角处圆滑，红褐色，有光泽。⑦眉豆：椭圆形，种脐隆起，大且偏于一端，种脐均为白色，种子黑色或白色两种。

5. 百合科

种子为近球形、盾形或三角锥形。种皮平滑或有皱纹，黑色，单子叶，有胚乳，胚呈棒状或弯曲呈涡状，埋在胚乳中。分为两类：①葱属的韭菜、韭葱、洋葱和大葱四种，形状相似，不易分辨，需依据种子外形、表面皱纹的粗细、多少及排列，脐凹的深浅等特征仔细区分（表4-1），或通过栽培试验加以判断。②石刁柏：种粒较大，近球形，表面平滑，有光泽。

表 4-1　韭菜、韭葱、洋葱、大葱种子的形态特征比较

名称	种子外形	种皮褶皱	脐面与种皮	千粒重/g	种子比重/(g/L)
韭菜	种子扁平，呈盾形，腹背不明显	多而细密	脐面突出	3.80	1.240
韭葱	三角棱锥，北部突起，有棱角，腹部呈半圆形	较多较粗，呈波状	脐面凹，脐的相对方向一端突起	2.50	1.260
洋葱	三角棱锥，北部突起，有棱角，腹部呈半圆形	较韭葱少，较大葱多，多而不规则	脐面凹深	3.60	1.169
大葱	三角棱锥，北部突起，有棱角，腹部呈半圆形	少儿整齐	脐面凹浅	2.90	1.105

6. 伞形花科

种子属双悬果，由两个单果组成。果实背面有肋状突起，称果棱。棱下有泌腺，有特殊芳香味。每一单果含一粒种子。胚位于种子尖端，种子内胚乳发达，双悬果为椭圆形，黄褐色。①芹菜：果实小，每一单果有白色的初生棱五条，棱上有白色种翼，次生棱四条，次生棱基部和种皮下排列着油腺。②胡萝卜：双悬果为椭圆球形至卵形不等，果皮黄褐色或褐色，

成熟后极易分离为二。每一单果有初生棱五条。棱上刺毛短或无。次生棱四条，上有一列白色软刺毛，邻近顶端之刺尖常为沟状，具油腺。③芫荽（香菜）：双悬果为球形。成熟后双悬果不易分离，果皮棕色坚硬，有果棱20多条。④茴香：果实较大，半长卵形（二个果实合成长卵形），果皮果褐色，果棱13条。

7. 藜科

① 菠菜 为单果，果皮坚硬。分刺籽菠菜和无刺菠菜两类。刺籽菠菜较大，近菱形或多角形，灰褐色，果实表面有刺角；无刺菠菜球形或不规则形，灰褐色，果皮坚硬。

② 根甜菜 聚合果，一般由三个果实结合成球状，表面多皱，灰褐色。

8. 菊科

下位瘦果，由二心皮的子房及花托形成，果皮坚韧，多数果实扁平，形状自梯形、纺锤形至披针形不等。果实表面有纵行果棱若干条。种皮膜质极薄，容易和果皮分离，直生胚珠，一般子叶肥厚，无胚乳。①团叶生菜：银灰色，棱形。②花叶生菜：短棱柱形，灰黄色，颜色不纯净，果实四周有纵行果棱14条，果实顶端有环状冠毛一束。③莴笋：果实扁平，褐色，披针形，果实每面有纵行，果棱9条，果棱间无斑纹。④牛蒡：长扁卵形，略弯，正背面各有一条明显皱纹，褐色。果实每面有纵行果棱10条，果棱间有斑纹。

9. 苋科

苋菜：种子为扁卵形至圆形，边缘有脊状突起，种皮黑色具强光泽。在解剖镜下观察，种皮上有不规则的斑点。有胚乳，胚弯曲成环状，中间及周围为胚乳所填充。

10. 番杏科

番杏：近棱锥形，底面为菱形，其上四角隆起，灰褐色。

11. 落葵科

落葵，壶状，种面具密浅纹，黑色，具硬壳。

12. 锦葵科

① 黄秋葵：短肾形，黑色上披一层黄绿色附属物，残存着白色珠柄。②冬寒菜：种子小，扁平的肾形，黄灰色，具平行浅纹十条。

13. 旋花科

蕹菜，四分之一球形，褐色，表面被白色茸毛，光泽暗。

14. 禾本科

甜玉米，形状似普通玉米，但具皱纹，半透明。

二、目的

了解主要蔬菜种子的外部形态及内部构造特点；认识主要蔬菜作物种子；学习区别蔬菜种子的方法。

三、材料用具

1. 材料

① 各种休眠的蔬菜种子

十字花科：萝卜、大白菜、油菜、芜菁、结球甘蓝、菜花、苤蓝、根芥菜、雪里红等。

伞形科：胡萝卜、芹菜、芫荽、茴香等；茄科：番茄、茄子、辣椒等。

葫芦科：黄瓜、西葫芦、南瓜、黑籽南瓜、笋瓜、冬瓜、丝瓜、瓠瓜、苦瓜、西瓜、甜瓜等。

豆科：菜豆、豇豆、豌豆、蚕豆、刀豆、扁豆、四棱豆等。

百合科：韭菜、大葱、洋葱、韭葱、芦笋等。

菊科：莴苣、莴笋、茼蒿等；藜科：菠菜、叶甜菜等。

苋科：苋菜等。

楝科：香椿。

旋花科：蕹菜（空心菜）等。

锦葵科：黄秋葵等。

落葵科：红落葵（木耳菜）、白落葵。

禾本科：甜玉米等。

② 吸胀的蔬菜种子　如黄瓜（葫芦科）、番茄（茄科）、韭菜（百合科）、菜豆（豆科）、菠菜（藜科）等。

③ 同品种（或同种）蔬菜的新鲜和陈旧种子　如菜豆（豆科）、韭菜（百合科）等。

④ 发芽的蔬菜种子　如黄瓜（葫芦科）、韭菜（百合科）、豌豆（豆科）等。

2. 用具

放大镜、解剖镜、解剖针、卡尺、镊子、刀片等。

四、实验内容

1. 蔬菜种子的外部形态

蔬菜种子的形态特征是识别种子的依据。种子形态特征包括形状、大小、色泽、表面状况、气味等。

① 种子的形状　有圆球形、扁球形、椭球形、卵形、棱柱形、盾形、心脏形、肾形、披针形、纺锤形以及不规则形等。

② 种子的大小　一般把种子分成大粒、中粒、小粒三级。大粒如豆科、葫芦科等；中粒如茄科、藜科、百合科等；小粒如十字花科和伞形科等。种子大小的表示方法有三种，分别为千粒重（克），最常用；克种子的粒数；种子的长、宽、厚。

③ 种子的色泽　指种皮或果皮呈现的颜色、光泽、斑纹等。

④ 种子的表面状况　主要是指种子表面是否光滑，是否有瘤状突起，是否有棱、皱纹、网纹以及其它附属物（如茸毛、刺毛、蜡层）等，以及种喙、种脐等，如豆类种子外面有明显的脐条、发芽孔及合点等。

⑤ 种子的气味　指种子有无芳香气味或特殊的气味（如伞形花科蔬菜种子）等。

2. 蔬菜种子的内部构造

大多数蔬菜种子的结构包括种皮和胚，但有些种子还含有胚乳。

① 种皮　为种子外部的保护结构，真种子的种皮由珠被形成；属于果实的种子，所谓的"种皮"主要是由子房壁所形成的果皮。

② 胚　由卵细胞和精子结合发育而成，是植株体的雏形，由胚根、胚轴、胚芽和子叶组成。胚的形态一般有五种：

直立胚：胚根、胚轴、子叶和胚芽等与种子的纵轴平行。如菊科、葫芦科蔬菜。

弯曲胚：胚弯曲成钩状。如豆科蔬菜。

螺旋形胚：胚弯曲成螺旋状，且不在一个平面上。如茄科、百合科蔬菜。

环形胚：胚细长，沿种皮内侧绕一周呈环形，胚根和胚芽几乎相接，如藜科蔬菜。

折叠胚：子叶发达，折叠成数层，充满种子内部，如十字花科蔬菜。

③ 胚乳　是种子贮藏营养物质的场所。如茄科、伞形花科、百合科、藜科等蔬菜皆为有胚乳种子，而豆科、葫芦科、菊科、十字花科蔬菜在种子发育过程中其胚乳已为胚所吸

收，将养分贮藏于子叶中，形成无胚乳种子。

3. 蔬菜种子的新、陈对比

主要从种子的色泽和气味方面区别新、陈种子。一般新鲜种子色泽鲜艳光洁，而陈种子则色泽灰暗无光，内部颜色变深。此外，新种子具香味，陈种子则无味或具霉味。

4. 发芽种子的观察

种子的萌发方式与播种关系密切，了解蔬菜种子萌芽的方式很有必要。蔬菜种子的萌芽有以下两种方式。

① 出土萌发 即播种萌芽后子叶出土可见。常见蔬菜中除蚕豆、豌豆和多花菜豆以外，绝大多数都属此类。此类萌发中又有所谓的弓形出土和带帽出土现象。弓形出土：它是葱蒜类种子萌发的一种特殊形式。种子萌发时子叶先伸长，迫使胚根、胚轴穿出种皮，幼根一穿出种皮就向下生长，子叶先端仍留在种子内吸收胚乳中的养分，露出土面的胚根弯曲成钩状，因此叫弓形出土。以后随着胚轴进一步伸长，子叶从种壳脱出、出土、伸展到直立。带帽出土：一些出土萌发的瓜类，有时子叶顶着种皮出土，叫带帽出土。带帽出土会使子叶难以舒展，对幼苗的生长不利。

② 留土萌发 即种子萌发时子叶留在土内不露出土面。如蚕豆、豌豆和多花菜豆，这类种子顶土能力相对较强，播种是可适当地深一些，但秧苗移植则较难成活。

五、步骤与方法

① 种子识别 根据种子形态学区别的方法，参考主要蔬菜种子的形态特征，按照科、种识别本次实验所规定的各类休眠的蔬菜种子。

② 主要蔬菜种子解剖 取黄瓜、番茄、韭菜、菜豆、菠菜等吸胀的种子，用刀片纵切开，在放大镜或解剖镜下观测胚的形态，并判断有无胚乳。

③ 区别蔬菜种子的新陈 试比较菜豆、韭菜、印度南瓜的新、陈种子。

④ 了解蔬菜种子的萌芽出土方式 观察蚕豆、黄瓜和韭菜种子的萌芽出土方式。

六、作业与思考

1. 识别各种休眠的蔬菜种子，并填写表4-2。

表4-2 蔬菜种子形态特征记载表

科名	种名	形状	大小	色泽	表面特征	种子或果实	有无胚乳	气味

2. 填写表4-3，并绘制番茄、菜豆种子的纵切面图，注明各个部位的名称。

表4-3 吸水膨胀的种子胚的形态

蔬菜种类	番茄	菠菜	菜豆	萝卜	中国南瓜

3. 比较新陈种子在色泽和气味上的区别，并填写表4-4。

表4-4 新陈种子对比

蔬菜名称		颜色	光泽	气味
菜豆	新			
	陈			

蔬菜名称		颜色	光泽	气味
韭菜	新			
	陈			
中国南瓜	新			
	陈			

4. 试分析蚕豆、韭菜、黄瓜种子的萌芽出土方式，并注意黄瓜的带帽出土和韭菜的弓形出土。

七、思考题

（1）根据种皮特征如何确定伞形科的播种技术？

（2）试分析种子不同的萌发出土方式对播种、育苗技术有何影响？

第二节　蔬菜的识别与分类

蔬菜作物种类繁多。据不完全统计，全世界现有蔬菜超过450种，我国约有56科，229种，其中高等植物32科201种，在我国普遍栽培的有50～60种。此外，同一个"种"内又有不同的亚种或变种，变种中又有不同的品种，所以对于种类繁多的蔬菜植物，为学习或研究之便，有必要对其进行分类，使其系统化、规律化。

一、实验目的

认识、鉴赏各种蔬菜植物及其食用（产品）器官；对各种蔬菜分别进行"植物学分类"、"食用器官分类"及"农业生物学分类"；掌握蔬菜分类的方法及蔬菜三种分类法的主要类别及其特点。

二、材料

各种类别的蔬菜（根菜、茎菜、叶菜、果菜、花菜等）植株或食用器官的鲜活标本、多媒体课件、彩色图片或标本、挂图、模型等。

三、步骤与方法

① 参观蔬菜标本圃、蔬菜市场（或园），或观看多媒体课件，彩色图片等。仔细观察每种蔬菜的生长状况、形态特征（根茎叶花果），重点观察其食用（产品）器官和花器官，并记载其特点，明确各种蔬菜的分类依据。

② 根据各种蔬菜植物的花器特征，明确其"植物学分类"的归属，尤其注意十字花科、菊科、伞形花科、旋花科等花器特征。

③ 根据各种蔬菜植物的产品器官特征，明确其"食用器官分类"的归属，并指出是否属于变态根、变态茎、变态叶、变态花器等，并明确属于哪一种变态（如变态茎是嫩茎、块茎还是根状茎等；变茎根属直根还是块根等），注意使用准确、规范的名词术语。

④ 分析、讨论各种蔬菜，明确其"农业生物学分类"的归属及其依据。

四、作业与思考

1. 根据观察到的蔬菜植物，试填写表 4-5。

表 4-5　蔬菜植物分类观察记载表

蔬菜名称	所属科别	食用器官	农业生物学分类	生活周期	拉丁学名	备注

2. 试分析总结"植物学分类"、"食用器官分类"和"农业生物学分类"各自的优缺点。
3. 试分析讨论"农业生物学分类"的主要类别及其特点。

第三节　蔬菜种子播前处理技术

为了使种子播种后出苗整齐、迅速、减少病害感染，增强种子的幼胚及新生幼苗的抗逆性，在早春、炎夏，特别是育苗前大多都进行播前种子处理。

一、实验目的

① 掌握播种前种子处理的方法；
② 掌握种子消毒处理的常用方法；
③ 掌握浸种催芽处理的基本方法。

二、材料与工具

① 材料　黄瓜或茄子、甜椒等蔬菜种子；高锰酸钾或磷酸三钠等药剂；水及其它材料。
② 用具　量筒、烧杯、玻璃棒、天平、纱布、培养皿、温度计和发芽培养箱等。

三、步骤与方法

蔬菜种子播前处理的基本内容包括消毒、浸种和催芽等。不同作物的种子播前处理可能不同，果菜类种子播前处理一般程序较多。

1. 消毒处理

每组取黄瓜种子（或茄子、甜椒等）一包，自己配制 1% 高锰酸钾溶液，将种子在药液中消毒 30min，然后用清水冲洗干净后再进行浸种催芽处理。蔬菜种子在采种过程中常常感染和携带各种病原菌和虫卵，这些病原物会传染给幼苗和成株，而导致病害的发生。因此，播前种子消毒可以减少病虫害的最初侵染源，特别是对于从外地引进的种子更应进行消毒处理，以减少危险性病虫害的传入。常规种子消毒方法有：

① 药液浸种法　常用的药剂有磷酸三钠、高锰酸钾、福尔马林等。如番茄、辣椒种子 1% 高锰酸钾溶液浸种 20～30min，或用 10% 磷酸三钠液浸种 20min，可以钝化种子上带的病毒。1% 硫酸铜溶液浸种 5min，可防辣椒炭疽病和细菌性斑点病。茄子种子用 100 倍的福尔马林溶液，浸种 15min 可杀死黄萎病菌。黄瓜种子用 100 倍福尔马林浸种 20～30min，或 2%～4% 的漂白粉溶液浸种 30～60min，或 0.1% 多菌灵浸种 20～30min，可防止枯萎病。菜豆、豇豆用 200 倍福尔马林浸种 30min，可防止豆类炭疽病。注意使用药水浸种过的种子，需用清水冲净药液后，方可继续用温水浸种或播种。

② 药剂拌种　茄子、辣椒、黄瓜立枯病，可用 70% 敌克松粉剂拌种，用药量为种子

量的 0.3%～0.4%。菜豆用 50%福美双拌种，可防叶烧病，药量为种子质量的 0.3%。用杀虫剂（如敌敌畏等）拌种，还可防治蔬菜地下害虫。拌种要求把药粉均匀地沾在每粒种子上，方法是把种子和药装入罐中盖严摇动。拌过药的种子可直接播种或浸种、催芽处理。

③ 高温烫种法 此法简便易行，并有一定效果。烫种一般可结合浸种进行。此外，有恒温箱条件的，可进行"种子干热处理"，即将充分干燥的种子（种子含水量在 10%以下）在连续的干热环境中处理，可杀死附在种子表面或潜伏于种子内部的病原物和害虫等。据报道，番茄种子经 70℃干热处理 72h 能完全破坏烟草花叶病毒（TMV），处理 4～6d 可消除番茄溃疡病；黄瓜种子经 70℃干热处理 2d，可使黄瓜绿斑花叶病毒完全消失，处理 3d 不但可完全控制幼苗发病，还可促进种子发芽；西瓜种子 70℃干热处理 3d 或 73℃处理 2d，可防治绿斑花叶病。这里需要指出，采用高温进行"种子干热处理"，要严格掌握温度和时间，且必须是充分干燥的种子，否则会对种子发芽造成伤害。传统的太阳晒种方法也属于干热处理的范畴，一般晒种 6～7d 也可达到消毒灭菌的作用。还有报道指出，用超声波、射线等物理方法处理法也愈来愈广泛地用于蔬菜种子消毒。

2. 浸种处理

每组取番茄（或辣椒、黄瓜、西葫芦等）种子若干，然后将种子放入 50～55℃温水中浸泡 10min，这期间定要不停地搅拌，直至温度下降到 30℃搅拌停止，之后，在室温（20～30℃）下进行继续浸种 3～4h，不同作物的浸种时间各异，参见表 4-6。

表 4-6　蔬菜种子浸种催芽适宜温度和时间

蔬菜种类	浸种水温/℃	浸种时间/h	催芽适温/℃
黄瓜	20～30	4～5	20～25
南瓜	20～30	6	20～25
冬瓜、丝瓜、瓠瓜	25～35	24～48	25～30
苦瓜	25～35	72	25～30
番茄	20～30	8～9	20～25
辣椒	30	8～24	22～27
茄子	30～35	24～48	25～30
油菜	15～20	4～5	浸后播种
莴苣、莴笋	15～20	3～4	浸后播种
菠菜	15～20	10～24	浸后播种
香菜、甜菜	15～20	24	浸后播种
芹菜	15～20	8～48	20～22
韭菜、洋葱、大葱	15～20	10～24	浸后播种
茴香	15～20	24～48	浸后播种
茼蒿	15～20	10～24	浸后播种
蕹菜	15～20	3～4	浸后播种
荠菜	15～20	10	浸后播种

浸种时要注意掌握水温、时间和水量。一般用水量略大于种子量的 4～5 倍。浸泡时间以种子充分膨胀为度。水温需根据种子的特性和技术要求可分为温汤浸种、高温烫种和凉水浸种。一是一般浸种，水温 20～30℃，适用于种皮薄、吸水快、发芽易、不易受病虫污染

的种子，如白菜、甘蓝等的种子；二是温汤浸种，水温 52~55℃，这是一般病菌的致死温度，有消灭病菌的作用。浸种时种子需不断搅动，使水温均匀，并陆续添加温水以使水温维持 52~55℃约 10~15min，随后使水温自然下降至 30℃左右，按要求继续浸泡；三是热水烫种，为了更好地杀菌，并使一些不易发芽的种子易于吸水。水温 70~85℃，先用凉水湿种子，再倒入热水，来回倾倒，直到温度下降到 55℃左右时，用温汤浸种法处理。此法适用于种皮厚，透水困难的种子，如茄子、冬瓜、西瓜等。

浸种时应注意：①用水反复轻搓洗种子，以除去种子表面的黏着物，加速种子吸水和萌动，应 5~8h 换一次水；②浸种水量一般为种子量的 5~6 倍；③选用适当的容器，一般用搪瓷或玻璃等洁净的器皿较好，不宜用金属和塑料容器，以防有毒物质对种子产生危害；④浸种时间不宜过长，以防种子内含物外渗。

3. 催芽处理

浸种后，将要催芽的种子，可先甩干或摊开，使种子表面的水膜散失，以保证催芽期间通气良好。然后用洁净的湿纱布或毛巾等包好，置于培养皿等洁净的容器中，或外面再包被塑料膜进行催芽。冬春季育苗的，置于恒温箱中或温暖处催芽；夏秋季温暖季节，可放在室温下催芽；个别需要低温发芽的种子，需置于温度较低处催芽。

一般喜温蔬菜种子催芽期间的适宜温度为 25~30℃，最低温度不宜低于 12℃（表 4-6）。催芽期间每天用 25~30℃的清水淘洗种子 1~2 次，并将种子包内外翻动、松包，使包内种子能够得到足够的氧气，喜冷凉蔬菜催芽期间的适宜温度为 20℃左右。需要变温处理的种子，按变温处理的要求进行。当大部分种子露白时，是播种的适宜时间。催出的芽（胚根）不宜过长，否则芽易折断，播后不易扎根。

4. 发芽比较试验

将浸种处理后的种子与未经浸种过的干种子与同时放入有浸湿纱布（或滤纸）的培养皿中，并做好标记，置于 25~30℃培养箱中发芽，每天检查、淘洗 1~2 次，3d 后每天分别记载发芽的种子数，并计算发芽率和发芽势。

四、作业与思考

1. 填写表 4-7，比较浸种处理种子和未经处理种子的发芽率和发芽势。
2. 试分析各类蔬菜适宜浸种、催芽的方法及其时间，并说明原因。
3. 试从培育壮苗的角度分析播前种子处理的意义。

表 4-7　蔬菜种子浸种及催芽情况记载表

蔬菜名称	供试种子数	种子处理方法		催芽		发芽率	发芽势
		方法	时间	温度	时间		

第四节　蔬菜育苗营养土的配置

一、概述

有土基质通常称为"营养土"，是由田园土和有机肥按一定的比例混合，并添加少许氮磷钾化学肥料配制而成，可满足整个苗期秧苗生长之养分需要。壮苗是抗病丰产的基础，而育苗用的土壤是培育壮苗的基础。科学地配制育苗用的培养土，才能满足秧苗生长发育对养分、水分、氧气、土壤温度的需要，培育出壮苗。相反，秧苗生长不良，出现老化、徒长、病苗等症状。为了满足幼苗生长发育的需求，营养土应具备以下几个条件。

①营养土的材料的质地必须致密均匀，能抓牢种子与苗木，不论干湿其体积变化不大，如质地太疏松，土团容易松散，太黏容易板结。

②营养土的保水保肥性能要好：因为容器小，营养土少，苗木生长所需的水分养分必须经常补充，因而营养土必须具备良好的保水，保肥性能。

③营养土通透性能良好，有足够的孔隙度，有良好通气、透水性能。满足种子发芽，苗木生长对水气的需求。

④营养土的材料重量要轻，资源丰富，价格低廉。如果营养土太重对于搬运及运输都极为不利。

⑤营养土中不带病虫和杂草种子，容器育苗如果杂草多，拔草极为不便，如发生病虫，会造成大量容器苗的死亡。

⑥酸碱度适宜，一般 pH 在 6.5～7 之间，其中不含对蔬菜幼苗有害的物质和盐分，营养土如含盐量高容易造成苗木死亡。

二、实验目的

掌握优质培养土所具备的条件，并能根据本地的实际配制出蔬菜育苗所需的营养土。了解营养基质性能特点、成分和配制比例，掌握蔬菜育苗营养土的配制方法。

三、材料与用具

材料：园田土、腐熟的有机肥、固体基质、化肥、农药及自来水等。

用具：铁锹、平耙、水管等。

四、步骤与方法

1. 营养土配置材料准备

(1) 育苗用的园田土

要在头一年的秋天取回，过筛、晾晒、堆放，为了防止土传病害，最好是选择刚种过豆类、葱蒜类的地上取土。要取 4～5 寸（1 寸＝3.33cm）以内的肥沃表土。

(2) 备用的各种有机肥

如猪类、马粪、鸡粪、人粪尿等，也必须经过堆置后充分发酵腐熟，防止粪肥的病菌和虫卵带入营养土内。未经充分腐熟的有机肥料，施入后易发酵而产生烧苗现象。

(3) 固体基质

沙子、泥炭、水藓泥炭、蛭石、珍珠岩等。

①泥炭　国外常用的营养土的材料。泥炭是由保存在水线下半腐熟的各种水生、湿生的沼泽植物的遗体构成。藓类泥炭的水藓、灰藓或其它藓类形成，适合于容器育苗。水藓泥炭持水力强，具有较高的阳离子代换能力，有利于植物吸收营养。

②蛭石　属于性状稳定的惰性基质，具有良好通气、透水、持水性能；质地轻，便于搬运；高温消毒没有病虫害；阳离子代换量很高，并且含有较多的钾、钙、镁等营养元素，这些养分是植物可以吸收利用的。

③珍珠岩　珍珠岩的化学性质基本呈中性，但不具缓冲作用，每立方米只有 70～120kg，吸水能力强，持水量相当自身重量 3～4 倍。珍珠岩与蛭石的区别是：珍珠岩没有

阳离子代换能力，不含矿物养分，在容器育苗中的作用是增加培养基的通气性，可防止营养土板结。

（4）化肥

磷酸二铵、钙镁磷肥、尿素、过磷酸钙、硫酸钾等。

（5）农药

福尔马林、多菌灵、五代合剂、甲基托布津、瑞毒霉等。

2. 育苗营养土配置

（1）营养土的配比

在营养土的配制上，一般都以1～2种材料为主要基质，然后掺加进其它的一些材料以调节营养土的性能（重点从营养土的持水性、通气性、容积比重和阳离子交换能力等四方面考虑），另外也可掺合部分有机或无机肥料。根据不同的条件能配制出不同的营养土，这个没有很确定的配制方法，下面主要简单介绍几种配制方法以供参考。

营养土配制方法一：肥沃园土65％、细沙10％、火烧土25％，过筛，加入0.4％的钙镁磷肥拌匀，装入营养袋或营养钵中。

营养土配制方法二：过筛沙壤土与腐熟饼肥按7∶3比例配制。

营养土配制方法三：过筛腐熟农家肥与黏土、草炭土、沙壤土按1∶3∶3∶3比例配制。营养土也可用过筛腐熟农家肥与黏土、沙壤土、锯末按1∶3∶3∶3配制。营养土配好后喷水搅拌成湿润状态备用的。

营养土配制方法四：园田土6份，腐熟的马粪、猪粪等有机肥4份。为了提高磷钾肥的含量，在每立方米营养土中，加入腐熟捣细的大粪干或鸡粪干15～20kg，磷酸二铵2～3kg，草木灰7.5～10kg，充分拌匀。

营养土配制方法五：园田土6份，腐熟有机肥3份，草炭1份，配成营养土。每立方米营养土中加入尿素0.25～0.5kg，过磷酸钙0.5～0.7kg，硫酸钾0.25kg；为了防止病虫害，每立方米营养土中加入多菌灵100g。将以上各物充分混匀。

（2）土壤的酸碱度

营养土的酸碱度对秧苗的生长发育也有一定的影响，大多数的蔬菜适宜于微酸到接近中性的土壤。番茄、茄子、黄瓜适宜的pH值在5～8之间，土壤过酸过碱对根的生长都有害；影响根对各种有机养分的吸收，也妨碍土中有益微生物的活动，降低土壤的肥力。土壤过酸要加入一定量的石灰进行调节，过碱的要加入酸类物质调节。

（3）土壤湿度

土壤湿度大小直接影响土中的空气含量、土壤的温度、肥料的分解和秧苗吸水能力等。秧苗生长的不同阶段对土壤含水量要求不同，茄果类苗期适宜的土壤湿度是土壤最大持水量的60％～80％，其中，番茄为60％～70％，但在播种出苗前和移植活棵前，需要较高的土壤湿度。茄子比番茄要求较高的土壤湿度，宜在80％左右。黄瓜根系浅而弱，吸收能力较小，而叶面积大，消耗水分较多，以80％～90％为好。要根据天气和室温情况，灵活掌握浇水次数和水量。

育苗营养土总体要求质地疏松、通气、重量轻、持水性好、养分丰富、完全。一般要求有机质含量不低于5％，土壤酸碱度（pH值）为6.5～7.5，每立方厘米风干重不超过1.50g，速效氮、磷、钾的含量分别不低于0.1％、0.2％和0.15％。

3. 育苗营养土消毒

育苗用的土壤都要经过消毒处理，杀灭土壤中的各种病菌，确保秧苗不受病菌侵染而正常生长。常用化学药剂如下。

① 福尔马林（40％甲醛）消毒法：用福尔马林可杀灭土壤中的各种病菌。一般是100kg土，用福尔马林200～300mL，兑水25～30kg，喷洒土壤，充分拌匀后堆置。土堆上面覆盖塑料薄膜等物，闷2～3d，以达到充分杀菌之目的，然后揭开覆盖物，经10～15min摊晾，使药剂气味消失即可播种。

② 五代合剂消毒法：用75％五氯硝基苯与65％代森锌可湿性粉剂等量均匀混合。每平方米苗床用混合的药剂8～9g，与半干细土12.5～15kg拌匀。

③ 多菌灵与甲基托布津消毒法：用50％多菌灵或50％甲基托布津80g与每立方米半干细土拌匀，盖膜后闷一段时间即可使用。

④ 瑞毒霉消毒法：25％的瑞毒霉50g兑水50kg，混匀后喷洒营养土1000kg，边喷边拌和均匀，堆积1h后摊在苗床上即可播种。

五、作业与思考

1. 配置1～2种蔬菜育苗营养土，并填写表4-8。

表 4-8　蔬菜营养土配置记载表

蔬菜类型	营养土原料	营养土配方	消毒方法

2. 分析营养土配置过程中应注意哪些事项？

第五节　蔬菜的分苗技术

一、目的要求

通过实验实训操作，掌握蔬菜秧苗育苗钵分苗和苗床移植的基本技能。

二、材料用具

适合分苗的瓜类、茄果类幼苗若干，营养钵、营养土、育苗床、移植铲、喷壶、水桶等。

三、步骤与方法

1. 低温锻炼

分苗前3～5d，播种床要逐渐降温炼苗。分苗前一天傍晚，播种苗床上浇起苗水，水量不宜太大。

2. 起苗

分苗时用移植铲起苗，尽量少伤根，并将秧苗按大小分级。起苗后如不能立即栽苗，需要用湿布保湿。

3. 分苗

是指将幼苗从稠密的苗床移栽到另一个苗床的过程，一般只进行一次，必要时也可分两次。分苗可以是将苗直接移栽到苗床，也可移栽到营养钵后摆放到苗床。分苗可以在子叶展开后到2～3片真叶之前进行，可根据播种密度、育苗设施等灵活掌握。分苗时，苗子越小，越易成活，不过，苗小难操作，而且分苗后苗床面积扩大、管理费工费时。

（1）营养钵分苗　适用于各种蔬菜秧苗。可将具有2～3片真叶的小苗移栽到营养钵后培育成苗。分苗时，在苗床整平、压实的基础上进行，一般是边栽苗、边摆放，也有的是先摆好几行营养钵后，再栽苗，但无论是前者还是后者，通常都是先把营养钵填充 1/2 营养土，将苗移栽于钵中，尽量使秧苗根系舒展，再向秧苗四周填细土，土面距离营养钵的边缘保持 1cm 的距离。然后将营养钵整齐地摆放在苗床上，浇透水，并根据需要搭好拱棚即可。

（2）苗床移植　适用于根系较耐移植的茄果类蔬菜。由于茄果类苗 2～3 片真叶以后开始花芽分化，所以通常 2～3 片叶之前分苗为宜。其操作方法为：苗床整平后以行开沟，行距 8～10cm，沟深 3～5cm，若苗子徒长或苗大的，开沟可稍深点。通常做法是用小铲开沟后，先用壶浇水，然后摆苗、覆土。也可开沟后先栽苗，再浇水覆土。但无论哪种方法，都要注意起苗、运苗、栽苗各个环节相连，间隔时间越短越好。最好是 3 人一组，起苗、运苗、栽苗流水线作业。

分苗本身是一项好措施，但有些地方使用不当，会出现死苗、僵苗等现象。分苗的关键技术是要科学浇水，从播种床起苗到分苗床栽苗应尽可能缩短幼苗干渴缺水时间，尤其是小苗。所以分苗时，用小铲边开沟边栽苗，栽一行随即用壶先浇一行，边栽边浇，待全畦栽完后，再普浇一遍。切不可待全畦苗栽完（常常需几小时）后才浇水。因为幼小的苗根极不耐旱，缺水时间稍长，特别是在床土干燥的情况下，很易出现失水干枯，造成死亡。而且如若播种床离分苗床距离较远，或在风大空气干燥的地方，最好在运苗时将幼苗根部浸泡在水中，以确保幼根不被大风吹干。分苗床的苗距一般 6m×8m 至 6cm×10cm，有条件者苗距大点为好。

4. 栽苗深度

一般以子叶露出土面 1～2cm 为宜，如幼苗有徒长的胚轴，可将秧苗打弯栽入床土中。

5. 分苗后的管理

分苗后管理要把温度稍提高，分苗后苗床需立即扣上小拱棚增温保湿，以利缓苗。分苗应在晴天上午进行，以利浇水后日晒苗床排湿增温。中午高温强光时需适当遮阳。3d 后测定秧苗成活率。

四、作业与思考

1. 把分苗操作等写成实习报告。
2. 分析讨论蔬菜分苗的技术要点。

第六节　设施蔬菜灌溉方案的制定

一、概述

水是生命体的重要组成物质，合理的灌溉是蔬菜获得优质高产的基础，但不同种类蔬菜及同种蔬菜不同生长发育阶段对水分的需求不相同。在蔬菜栽培过程中，受地下水位、栽培介质储水性能、栽培期环境温度等的影响，需采取合理的灌溉措施，为蔬菜优质高产提供合理的水分供给。目前，设施蔬菜栽培中灌溉方式主要有地面大水漫灌（也叫畦灌或沟灌）、地下灌溉、地上喷灌和滴灌四种。

大水漫灌是最粗放的灌溉方式，即根据栽培地土壤含水量情况将取水口打开使水根据地形自由流淌，使水分浸泡透需要灌溉的地面为宜。这种灌溉方式的优点是省事省力，无需特别的灌溉设备。但缺点是对栽培地有一定要求，对水资源丰富、地下水位较低、土壤偏沙的地方适宜；若栽培地水资源欠缺、地下水位偏高、土壤偏黏则不适宜，既会造成水资源浪费，又会提高用水成本，还易使土壤板结，影响蔬菜根系生长。此外，这种灌溉方式对室内的空气湿度和土壤温度有较大影响，在灌溉当天会使土壤温度下降、空气湿度上升，之后则土壤温度上升、空气湿度下降。

地下灌溉是利用埋设在地下的管道将水引入蔬菜根系分布的土层，借毛细管作用自下而上或向四周润湿土壤。这种灌溉方法能使土壤湿润均匀，不破坏土壤团粒结构，无板结层，地面蒸发少，省水，但一次性投资较多。固定式的地下灌溉管道埋设深度应在冻土层以下和土壤毛细管有效作用范围以内，非固定式的地下灌溉管在整地作畦时临时埋入，深度掌握在蔬菜主要根群分布层的中部。

地上喷灌利用专门设备把有压水流喷射到空中并散成水滴落下。优点是省水，比畦灌、沟灌节水；能够改善田间小气候，调节土壤水、肥、气、热状况；不破坏土壤的团粒结构，能冲掉茎叶上尘土，有利于光能利用，增产效果明显；节省劳力，灌水效率高，易实现自动化。但缺点是设备投资较大，消耗动力多。

地上滴灌利用低压管道系统把水或溶有化肥的溶液均匀而缓慢地滴入蔬菜根部附近的土壤。优点是省水，可完全避免输水损失和深层渗漏损失，特别在炎热干旱季节及透水性强的地区，省水效果尤为显著；省工，适应各种地形条件，便于实现灌溉自动控制；省地省肥，灌溉系统的干、支管埋于地下，省去渠道占地，可结合灌水进行施肥，避免肥料流失，提高肥效；在寒冷季节使用时可避免由于灌水引起的地温下降；滴灌可保持土壤处于最优湿润状态，促进蔬菜高产，为防止滴灌的滴头堵塞，必须有可靠的水过滤设备。其缺点是滴灌设备投资较高，需要消耗一定的动力。

二、实验目的

通过本次实验，掌握根据具体栽培情况制定合理灌溉方案的方法。

三、材料与用具

材料：无。

用具：铁锹。

四、实验内容与方法

选一处设施蔬菜栽培地，先查看生产中用何种灌溉方案并仔细观察这种灌溉方案灌溉效果；再用铁锹等工具选一块空地，挖长×宽×深＝90cm×60cm×120cm 的沟，并从地面开始按每 20cm 一个梯度观察不同深度处土壤含水情况。

五、作业

1. 根据各种蔬菜生物学特性，分析番茄、西瓜、芹菜、大白菜、萝卜等蔬菜对水分的需求特点。

2. 在实验观察分析的基础上，结合各种灌溉方式的优缺点，选用一种灌溉方式，设计合理的灌溉方案，根据具体灌溉方式，可包括水源、灌溉渠道的布置、灌溉配套设备及相关设备的布置等。

六、思考题

1. 为什么说合理灌溉是蔬菜获得优质高产的基础？

2. 确定合理灌溉方案应该考虑哪些要素？应如何确定各要素的先后顺序？

第七节　土壤水分检测方法

一、概念

　　土壤是一种非均质、多相、分散和颗粒化的多孔系统，由于其物理特性复杂、空间变异性大，造成了水分测量的难度。土壤水分是指保持在土壤孔隙中的水分，又称土壤湿度。通常可以通过把土样放在电烘箱内烘干（温度控制在105～110℃），然后从土壤孔隙中测得释放的水量作为土壤水分含量。土壤水分并非纯水，而是稀薄溶液，还含有胶体颗粒。土壤水分主要来源是大气降水和灌溉水，此外尚有近地面水气的凝结、地下水位上升及土壤矿物质中的水分。而大气降水渗入土壤中的多少，主要取决于降水量的大小、降水的强度和性质。一般来说，降水量大，进入土壤中的水分就可能多，但土壤水分含量不一定高。强度大的降水或者阵性降水，因易造成地面流失，故渗入土壤中的水分就少；而强度小的连续性降水，有利于土壤对水分的吸收和储存，土壤水分含量也不一定低。

　　土壤水分依其物理形态可分为固态、气态及液态3种。固态水仅在低温冻结时才存在，气态水常存在于土壤孔隙中，液态水存在于土粒表面和粒间孔隙中。在一定条件下，三者可以相互转化，其中以液态土壤水分数量较多。

　　土壤水分含量可以用以下几种方法表示：

　　土壤水质量百分数：土壤中实际所含的水分质量占土样总质量的百分数。

　　即
$$W(\%)=\frac{W_1-W_2}{W_2}\times100\%$$

　　式中，$W(\%)$ 为土壤含水量（百分数）；W_1 为样土湿重；W_2 为样土烘干重。

　　土壤水分测定方法主要有以下几种：滴定法、Karl Fischer 法、称重法、电容法、电阻法、γ 射线法、微波法、中子法、核磁共振法、时域反射法（TDR）、土壤张力法、土壤水分传感器法、石膏法和红外遥感法。这几种土壤水分测定方法在应用中的地位不一样，生产中主要采用两种方法测定土壤含水量。

　　① 称重法　取土样放入烘箱，烘干至恒重。此时土壤水分中自由态水以蒸汽形式全部散失掉，再称重量从而获得土壤水分含量。烘干法还有红外法、酒精燃烧法和烤炉法等一些快速测定法。

　　② 土壤水分传感器法　目前采用的传感器多种多样，有陶瓷水分传感器、电解质水分传感器、高分子传感器、压阻水分传感器、光敏水分传感器、微波法水分传感器、电容式水分传感器等。

二、实验目的

　　通过本实验，了解并掌握采用称重法测定土壤含水量的方法。

三、材料与用具

　　材料：土壤样品。
　　用具：烘箱、铝盒、天平、干燥器、铁锹或铲子。

四、实验内容与方法

　　① 实验内容　用称重法测定设施菜田不同土层土壤含水量。

② 实验方法　取同一规格铝盒 15 个，洗净烘干，分别记质量（W_1）；用五点采样法在设施内选 5 个点，每个点用铁锹或铲子挖一长×宽×深＝40cm×40cm×50cm 的坑，在任意垂直面上按 15cm、30cm、45cm 深度分 3 层取土样至铝盒，装填八分满，盖好铝盒盖子，带回实验室测试质量（W_2）；后将铝盒揭开盖同盒盖一起放入烘箱中，在 105℃烘至恒重（约 24h），取出后放入干燥器中冷却至室温（约 30min），最后从干燥器中取出铝盒，盖好盒盖，称重（W_3）。

③ 含水量计算　土壤含水量(%)＝$\dfrac{W_2-W_3}{W_3-W_1}\times100\%$

五、作业

试分析不同土层含水量间的差异及形成差异的原因。

六、思考题

1. 在取土样前将铝盒洗净烘干的作用是什么？洗净烘干后至取土样前应该如何保管铝盒？

2. 在含水量计算公式中能否将分母中的 W_3 改为 W_2？如果改为 W_2，结果会有什么变化？

第八节　蔬菜的配方施肥方案制定与实施

一、蔬菜作物需肥特点与配方施肥

1. 蔬菜作物需肥特点

与小麦等农作物相比较，蔬菜作物总体上对肥料的需求有以下特点。

① 需肥量大　大多数蔬菜作物喜肥，生长发育期对肥料的需求量是一般农作物的几倍甚至十多倍。

② 吸肥能力强　表现为大多数蔬菜作物的根具有很强的阳离子代换量。

③ 对钙吸收量大　一些蔬菜如番茄缺钙易导致脐腐病，大白菜、甘蓝等缺钙易引起"干烧心"、"干烧边"等生理病害。这类蔬菜生长发育期对钙元素吸收量大。

④ 喜硝态氮　多数作物都能利用硝态氮和铵态氮，蔬菜却喜吸收硝态氮，在铵态氮过多的情况下，会发生铵中毒，土壤中 NO_3^--N : NH_4^+-N 之比为 9 : 1～7 : 3，以 5 : 5 为界限。

⑤ 体内含硼量高　多数蔬菜作物的硼含量是粮食作物的几倍至几十倍，如缺硼可导致芹菜茎裂病、甘蓝褐腐病、萝卜褐心病等生理性病害，严重缺硼还会导致瓜类作物生长点坏死或无顶芽、无花芽等现象发生。因此，生产中需要根据土壤硼含量状况适时追施硼肥。

⑥ 要求土壤有机质含量高，通气性好　多数蔬菜作物对土壤环境的要求较高，土壤有机质含量高时一方面能够为蔬菜作物提供持续的营养物质（有机质分解所产生的小分子物质），同时能够缓冲土壤酸碱度（如在追施化肥等过程中对土壤酸碱平衡的破坏），为蔬菜作物的生长发育创造适宜的酸碱环境；此外，多数蔬菜作物好氧，因此，土壤通气好利于蔬菜作物根系有氧呼吸，进而利于蔬菜作物的健康生长发育。

2. 配方施肥

配方施肥是根据作物需肥规律、土壤供肥能力和肥料效率提出的科学施肥技术。蔬菜作物正常生长需要 16 种必需元素，即碳、氢、氧、氮、磷、钾、钙、镁、硫、铁、锌、锰、铜、硼、钼、氯，此外，还有一些有益元素，如硅、钠、镍、钴、钒等。在上述这些营养元素中，除碳、氢、氧靠光合作用从空气（二氧化碳）、水中获得外，其它元素必须通过土壤获得，也即土壤中必须包含氮、磷、钾等营养元素，才能保证蔬菜作物正常生长发育。但一方面蔬菜作物对这类元素的需求是有差异的，对氮、磷、钾的需求最大，对钙、镁、硫的需求中等，对其它元素的需求均微量；另一方面土壤类型多样，不同类型土壤对上述各类元素的含量不同。因而要获得优质高产，必然需要通过施肥的方式满足蔬菜对营养元素的需求，但是不同肥料所含的营养元素也是不同的。因此，根据不同蔬菜作物对各类营养元素的需求特点，在充分了解土壤营养元素含量的基础上，结合不同肥料所含营养元素的具体情况，制订合理的施肥方案是获得优质高产的关键，这类施肥方案即测土配方施肥。

测土配方施肥虽然发展历史较短，但因其良好的增产特质特性，节约肥料且具有减轻因不合理使用化肥对环境造成污染的功能，同时能使土壤保持良好的特性，利于可持续农业的发展。因此，近年来在全国各地得到大面积推广应用，也成为有关部门的重点工作内容。

蔬菜作物的测土配方施肥主要包括 3 个环节，即测土、配方、施肥。测土即取土样测定土壤养分含量，是配方施肥的基础；配方即根据土壤养分状况，按照各种蔬菜作物对不同营养元素的需求特点，结合可供使用肥料的营养成分、含量及肥料利用效率，以预期产量为目标，制订合理的施肥方案，这是配方施肥的核心；施肥则是根据蔬菜作物不同生长发育期对肥料的需求特点，结合栽培季节环境要素（主要为温度和光照），按照一定的方式分期合理使用肥料，是实现配方施肥的根本。在具体操作中，测定土壤营养成分和肥料使用均比较容易；配方是难点，这涉及土壤养分供应情况、各类蔬菜作物需肥特点、目标产量预定、供给肥料特性。研究和经验表明，可按以下几步做好配方工作。

① 土壤供肥量估算　土壤供肥量（kg）＝土壤养分测试值（mg/kg）×0.15（每 667m² 换算系数）×土壤养分利用系数，不同蔬菜作物对土壤养分利用系数不同，同一蔬菜作物对不同营养元素的利用系数也不同，研究表明番茄对氮、磷、钾的土壤养分利用系数分别为 0.74、0.51、0.55。

② 目标产量确定　可采用平均单产法来确定，该法是利用施肥区前 3 年平均单产和年递增率为基础确定目标产量，计算公式为：目标产量（kg/667m²）＝(1＋递增率)×前 3 年平均单产（kg/667m²），递增率一般设施蔬菜取 30%。

③ 蔬菜作物需肥量确定　不同蔬菜作物对不同营养元素的需求量不同，研究表明，生产 1000kg 果实，黄瓜需吸收氮 2.8～3.2kg、五氧化二磷 1.2～1.8kg、氧化钾 3.6～4.4kg、氧化钙 2.9～3.9kg、氧化镁 0.6～0.8kg，冬瓜需吸收氮 2.4～2.8kg、磷 0.8～1kg、钾 2～2.4kg，南瓜需吸收氮 3～5kg、五氧化二磷 1.3～2.2kg、氧化钾 5～7kg、氧化钙 2～3kg、氧化镁 0.7～1.3kg，西葫芦需吸收氮 3.9～5.5kg、五氧化二磷 2.1～2.3kg、氧化钾 4～7.3kg，西瓜需吸收氮 4.6kg、磷 3.4kg、钾 3.4kg，甜瓜需吸收氮 2.5～3.5kg、磷 1.3～1.7kg、钾 4.4～6.8kg；生产 1000kg 茄子果实需吸收氮 3.3kg、磷 0.8kg、钾 5.1kg、锰 0.5kg；生产 1000kg 结球白菜约吸收氮 1.861kg、磷 0.362kg、钾 2.83kg、钙 1.61kg、镁 0.214kg。

④ 施肥量确定　根据作物目标产量需肥量与土壤供肥量之差估算每种营养元素使用量

（即施肥量），计算公式为：施肥量＝[（目标产量×作物单位产量养分吸收量）－土壤养分供应量]/（所施肥料的养分含量×肥料当季利用率）。

二、实验目的

通过本实验，充分认识蔬菜配方施肥的重要性，了解并掌握蔬菜配方施肥的基本方法。

三、材料与用具

材料：各类化学肥料、农家肥、土壤样品。

用具：铁锹、取样盘、电子台秤、土壤养分检测仪。

四、实验内容与方法

1. 实验内容

选定一种蔬菜作物，以欲栽培设施为栽培地，制订一份配方施肥方案。

2. 实验方法

（1）测土 按照5点取样法在欲栽培设施内取5份土壤样品，取土样时将表皮约1cm土层用铁锹铲掉，再用铁锹取30cm深度混合土样，所取土壤带回实验室用土壤养分检测仪测试氮、磷、钾含量。

（2）配方：①目标产量确定，通过调查，了解当地该蔬菜连续3年平均单产情况，后按照上述公式计算目标产量；②蔬菜作物需肥特性确定，通过资料查阅，了解该蔬菜作物对氮、磷、钾的需求特性；③施肥量确定，在①和②工作基础上，结合可供使用肥料各种养分含量及肥料使用效率，按照公式确定各种肥料使用量。

五、作业

1. 查阅资料，梳理测土配方施肥的发展历史，分析其发展趋势。
2. 以西瓜为例，制订测土配方施肥的具体方案。

六、思考题

1. 为什么说配方是测土配方施肥的核心工作？
2. 如果欲栽培蔬菜对各种营养元素的吸收利用特性不详，该如何做好配方施肥工作？
3. 简述测土配方施肥在蔬菜生产中的意义。
4. 你认为要使测土配方施肥更好地发挥作用，在生产中还应该做好哪些工作？

注：本实验可参考书后参考文献 [48]、[6]、[7]。

第九节 土壤营养测定方法

一、概述

土壤营养成分复杂，了解土壤营养状况是做好配方施肥工作的基础。土壤营养成分的测定即通过化学等手段了解土壤中各营养元素的含量及存在状态。由于氮磷钾是蔬菜作物需求的三大营养元素，因此本文主要对这三种营养元素进行叙述。

氮是构成蛋白质的重要元素，占蛋白质分子质量的16％～18％。蛋白质是构成细胞膜、细胞核、各种细胞器的主要成分。动植物体内的酶也是由蛋白质组成。此外，氮也是构成核酸、脑磷脂、卵磷脂、叶绿素、植物激素、维生素的重要成分。由于氮在植物生命活动中占有极重要的地位，因此人们将氮称之为生命元素。植物缺氮时，老器官首先受害，随之整个植株生长受到严重阻碍，株形矮瘦，分枝少、叶色淡黄、结实少，子粒不饱满，产量也降低。蛋白质是生物体的主要组成物质，有多种蛋白质的参加才使生物得以存在和延续。例如、血红蛋白、生物体内化学变化不可缺少的催化剂——酶（一大类很复杂的蛋白质）、承担运动作用的肌肉蛋白、起免疫作用的抗体蛋白等。各种蛋白质都是由多种氨基酸结合而成。氮是各种氨基酸的主要组成元素之一。

土壤含氮量及其存在状态常与作物产量在某一条件下有一定正相关，我国 80% 左右土壤都缺乏氮素。因此，了解土壤含氮量，可作为施肥的参考，以便指导施肥达到增产效果。

磷是细胞核和核酸的组成成分，核酸在植物生活和遗传过程中有特殊作用；磷脂中含有磷，而磷脂是生物膜的重要组成部分；三磷酸腺苷成分中有磷酸，而腺三磷是植物体内能量的中转站，积极参与能量代谢作用；磷是植物体内各项代谢过程的参与者，如参与碳水化合物的运输，蔗糖、淀粉及多糖类化合物的合成；磷有提高植物抗旱、抗寒等抗逆性和适应外界环境条件的能力。

了解土壤中速效磷供应状况，对于施肥有着直接的指导意义。土壤速效磷的测定方法很多，由于提取剂的不同所得结果也不一致。提取剂的选择主要根据各种土壤性质而定，一般情况下，石灰性土壤和中性土壤采用碳酸氢钠来提取，酸性土壤采用酸性氟化铵或氢氧化钠-草酸钠法来提取。

钾是细胞的生化反应缓冲液，使生理正常；钾是光合作用中多种酶的活化剂，能提高酶的活性，因而能促进光合作用；钾能提高植物对氮素的吸收和利用，有利于蛋白质的合成；钾具有控制气孔开、闭的功能，因此有利于植物经济用水；钾能促进碳水化合物的代谢，并加速同化产物向贮藏器官中运输；钾能增强植物的抗逆性，如抗旱、抗病等。植物缺乏钾时老叶生斑点（白色或黄色）；斑点后期呈现坏疽。植物钾过多时易造成钙及镁缺乏病征；叶尖焦枯。

土壤中钾素主要呈无机形态存在，根据钾的存在形态和作物吸收能力，可把土壤中的钾素分为四部分：土壤矿物态钾，此为难溶性钾；非交换态钾，为缓效性钾；交换性钾；水溶性钾。后两种为速效性钾，可以被当季作物吸收利用，是反映钾肥肥效高低的标志之一。

二、实验目的

对土壤的铵态氮、硝态氮、速效钾及有效磷进行测定。

三、材料与用具

材料：土样。
用具：详见后面具体测定方法。

四、实验内容与方法

1. 土壤硝态氮的测定

（1）方法原理　土壤浸出液中的 NO_3^-，在紫外分光光度计波长 210nm 处有较高吸光度，而浸出液中的其它物质，除 OH^-、CO_3^{2-}、HCO_3^-、NO_2^- 和有机质等外，吸光度均很小。将浸出液加酸中和酸化，即可消除 OH^-、CO_3^{2-}、HCO_3^- 的干扰。NO_2^- 一般含量极少，也很容易消除。因此，用校正因数法消除有机质的干扰后，即可用紫外分光光度法直接

测定 NO_3^- 的含量。待测液酸化后，分别在 210nm 和 275nm 处测定吸光度。A210 是 NO_3^- 和以有机质为主的杂质的吸光度；A275 只是有机质的吸光度，因为 NO_3^- 在 275nm 处已无吸收。但有机质在 275nm 处的吸光度比在 210nm 处的吸光度要小 R 倍，故将 A275 校正为有机质在 210nm 处应有的吸光度后，从 A210 中减去，即得 NO_3^- 在 210nm 处的吸光度（ΔA）。

（2）适用范围　本方法适用于各类土壤硝态氮含量的测定。

（3）仪器设备　紫外-可见分光光度计；石英比色皿；往复式或旋转式振荡机，满足 (180 ± 20)r/min 的振荡频率或达到相同效果；塑料瓶：200mL。

（4）试剂配制

① H_2SO_4 溶液（1∶9）：取 10mL 浓硫酸缓缓加入 90mL 蒸馏水中。

② 氯化钙浸提剂 [$c(CaCl_2)=0.01$mol·L^{-1}]：称取 2.2g 氯化钙（$CaCl_2 \cdot 6H_2O$，化学纯）溶于蒸馏水中，稀释至 1L。

③ 硝态氮标准储备液（$c=100$mg·L^{-1}）：准确称取 0.7217g 经 105～110℃烘 2h 硝酸钾（KNO_3，优级纯）溶于蒸馏水中，定容至 1L，存放于冰箱中。

④ 硝态氮标准溶液（$c=10$mg/mL）配制：测定当天吸取 10.00mL 硝态氮标准储备液于 100mL 容量瓶中用蒸馏水定容至刻度。

（5）操作步骤

① 浸提　称取 10.00g 土壤样品放入 200mL 塑料瓶中，加入 50mL 氯化钙浸提剂，盖严瓶盖，摇匀，在振荡机上于 20～25℃振荡 30min [(180 ± 20)r/min]，干过滤。

② 测定　吸取 25.00mL 待测液于 50mL 三角瓶中，加 1mL 1∶9 H_2SO_4 溶液酸化，摇匀。用滴管将此液装入 1cm 光径的石英比色槽中，分别在 210nm 和 275nm 处测读吸光值（A210 和 A275），以酸化的浸提剂调节仪器零点。以 NO_3^- 的吸光值（ΔA）通过标准曲线求得测定液中硝态氮含量。空白测定除不加试样外，其余均同样品测定。

③ NO_3^- 吸光值（ΔA）可由下面公式求得

$\Delta A = A210 - A275 \times R$，式中，$R$ 为校正因数，是土壤浸出液中杂质（主要是有机质）在 210nm 和 275nm 处的吸光度的比值。其确定方法为：A210 是波长 210nm 处浸出液中 NO_3^- 的吸收值（A210 硝）与杂质（主要是有机质）的吸收值（A210 杂）的总和，即 A210＝A210 硝＋A210 杂，得出 A210 杂＝A210－A210 硝。选取部分土样用酚二磺酸法测得 NO_3^--N 的含量后，根据土液比和紫外法的工作曲线，即可计算各浸出液应有的 A210 硝值，即可得出 A210 杂。A275 是浸出液中杂质（主要是有机质）在 275nm 处的吸收值（因为 NO_3^- 在该波长处已无吸收），它比 A210 杂小 R 倍，即 A210 杂＝R×A275，得出校正因数 R＝A210 杂/A275。

各不同区域可根据多个土壤测定 R 值的统计平均值，作为其它土壤测试 NO_3^--N 的校正因数，其可靠性依从于被测土壤的多少，测定的土壤越多，可靠性越大。

（6）标准曲线绘制　分别吸取 10mg·$L^{-1}NO_3^-$-N 标准溶液 0mL、1.00mL、2.00mL、4.00mL、6.00mL、8.00mL，用氯化钙浸提剂定容至 50mL，即为 0mg/L、0.2mg/L、0.4mg/L、0.8mg/L、1.2mg/L、1.6mg/L 的标准系列溶液。各取 25.00mL 于 50mL 三角瓶中，分别加 1mL 1∶9 H_2SO_4 溶液摇匀后测 A210，计算 A210 对 NO_3^--N 浓度的回归方程，或者绘制工作曲线。

（7）计算结果　土壤中 NO_3^--N 含量（mg/100g 土）＝$c \times V \times D / m$

式中，c 为查标准曲线或求回归方程而得测定液中 NO_3^- 为 N 的质量浓度，mg·L^{-1}；V 为浸提剂体积，mL；D 为浸出液稀释倍数，或不稀释则 $D=1$；m 为土壤质量，g。

2. 土壤铵态氮的测定 （2mol·L⁻¹ KCl 浸提-靛酚蓝比色法）

(1) 方法原理 2mol·L⁻¹ KCl 溶液浸提土壤，把吸附在土壤胶体上的 NH_4^+ 及水溶性 NH_4^+ 浸提出来。土壤浸提液中的铵态氮在强碱性介质中与次氯酸盐和苯酚作用，生成水溶性燃料靛酚蓝，溶液的颜色很稳定。在含氮 $0.05\sim0.5$ mol·L⁻¹ 的范围内，吸光度与铵态氮含量成正比，可用比色法测定。

(2) 试剂配制

① 2mol·L⁻¹ KCl 溶液：称取 149.1g 氯化钾（分析纯）溶于蒸馏水中，稀释至 1L。

② 苯酚溶液：称取苯酚（分析纯）10g 和硝基铁氰化钠（硝普钠，有剧毒）100mg，稀释至 1L。此试剂不稳定，须储于棕色瓶中，在 4℃ 冰箱中保存。

③ 次氯酸钠碱性溶液：称取氢氧化钠（分析纯）10g、磷酸氢二钠（$Na_2HPO_4·7H_2O$）7.06g、磷酸钠（$Na_3PO_4·12H_2O$）31.8g 和 52.5g·L⁻¹ 次氯酸钠（即含 5% 有效率的漂白粉溶液）10mL 溶于蒸馏水中，稀释至 1L，储于棕色瓶中，在 4℃ 冰箱中保存。

④ 掩蔽剂：将 400g·L⁻¹ 的酒石酸钾钠（$KNaC_4H_4O_6·4H_2O$，化学纯）溶液与 100g·L⁻¹ 的 EDTA 二钠盐溶液等体积混合。每 100mL 混合液中加入 10mol·L⁻¹ 氢氧化钠 0.5mL。

⑤ 2.5μg·mL⁻¹ 铵态氮（NH_4^+-N）标准溶液：称取干燥的硫酸铵 [$(NH_4)_2SO_4$，分析纯] 0.4717g 溶于蒸馏水中，定容至 1L。即配制成含铵态氮（N）100μg·mL⁻¹ 的储存溶液，使用前将其加入蒸馏水稀释 40 倍，即配制成含铵态氮（N）2.5μg·mL⁻¹ 的标准溶液备用。

(3) 分析步骤

① 浸提 称取相当于 10.00g 干土的新鲜土样（若是风干土，过 10 号筛）精确到 0.01g，置于 250mL 三角瓶中，加入氯化钾溶液 50mL，塞紧塞子，在振荡机上振荡 1h。取出静置，放置澄清后，将悬液的上部清液用干滤纸过滤，澄清的滤液收集于干燥洁净的三角瓶中。如果不能在 24h 内进行，用滤纸过滤悬浊液，将滤液储存在冰箱中备用。

② 比色 吸取土壤浸出液 $2\sim10$ mL（NH_4^+-N，$2\sim25$μg）放入 50mL 容量瓶中，将氯化钾溶液补充至 10mL，然后加入苯酚溶液 5mL 和氯化钠碱性溶液 5mL，摇匀。在 20℃ 左右的室温下放置 1h 后，加掩蔽剂 1mL [掩蔽剂：将 400g·L⁻¹ 的酒石酸钾钠（分析纯）与 100g·L⁻¹ 的 EDTA 二钠盐溶液等体积混合。每 100mL 混合液中加入 10mol·L⁻¹ NaOH 溶液 0.5mL] 以溶解可能产生的沉淀物，然后用水定容至刻度。用 1cm 比色槽 625nm 波长处（或红色滤光片）进行比色，读取吸光度。

③ 标准曲线绘制 分别吸取 0.00mL、2.00mL、4.00mL、6.00mL、8.00mL、10.00mL NH_4^+-N 标准液于 50mL 容量瓶中，各加 10mL 氯化钾溶液，同②步骤进行比色测定。

(4) 结果计算 土壤中 NH_4^+-N 含量（mg·kg⁻¹）$=c×V×ts/m$。

式中，c 为显色液铵态氮的质量浓度（μg·mL⁻¹）；V 为显色液体积（mL）；ts 为分取倍数；m 为土样质量（g）。

注：显色后在 20℃ 左右放置 1h，再加入掩蔽剂。过早加入会使显色反应很慢，蓝色偏弱；加入过晚则生成的氢氧化物沉淀可能老化而不易溶解。

3. 土壤速效钾测定 （醋酸铵-火焰光度计法）

(1) 方法原理 以中性 1mol/L NH_4OAc 溶液为浸提剂，NH_4^+ 与土壤胶体表面的 K^+ 进行交换，连同水溶性的 K^+ 一起进入溶液，浸出液中的钾可用火焰光度计法直接测定。

(2) 主要仪器 1/1000 天平、振荡机、火焰光度计、三角瓶（250mL，100mL）、漏斗（60mL）、滤纸、坐标纸、角匙、洗耳球、移液管（50mL）。

（3）试剂配制

① 中性 1.0mol/L NH₄OAc 溶液　称 77.08g NH₄OAc 溶于近 1L 水中，用稀 HOAc 或 NH₄OH 调节至 pH＝7.0，用水定容至 1L。

② K 标准溶液　称取 0.1907g KCl 溶于 1mol·L^{-1} NH₄OAc 溶液中，完全溶解后用 1mol·L^{-1} NH₄OAc 溶液定容至 1L，即为含 100mg·L^{-1} 的 NH₄OAc 溶液。用时分别吸取此 100mg·L^{-1} 标准液 0mL，2mL，5mL，10mL，20mL，40mL 放入 100mL 容量瓶中，用 1mol·L^{-1} NH₄OAc 定容，即得 0mg·L^{-1}，2mg·L^{-1}，5mg·L^{-1}，10mg·L^{-1}，20mg·L^{-1}，40mg·L^{-1} 标准系列溶液。

（4）操作步骤　称取风干土样（1mm 孔径）5.33g 于 150mL 三角瓶中，加 1mol·L^{-1} NH₄OAc 溶液 50.0mL（土液比为 1∶10），用橡皮塞塞紧，在 20～25℃下振荡 30min 用干滤纸过滤，滤液与钾标准系列溶液一起在火焰光度计上进行测定。绘制成曲线，根据待测液的读数值查出相对应的 mg·L^{-1} 数，并计算出土壤中速效钾的含量。

（5）结果计算　土壤速效钾（K）（mg·kg^{-1}）＝待测液（mg·L^{-1}）×加入浸提剂毫升数/风干土重。

4. 土壤有效磷测定（碳酸氢钠法）

（1）主要仪器

往复振荡机、电子天平（1/100）、分光光度计、三角瓶（250mL 和 100mL）、烧杯（100mL）、移液管（10mL，50mL）、容量瓶（50mL）、吸耳球、漏斗（60mL）、滤纸、坐标纸、擦镜纸、小滴管。

（2）试剂配制

① 0.5mol·L^{-1} 碳酸氢钠浸提液　称取化学纯碳酸氢钠 42.0g 溶于 800mL 水中，以 0.5mol·L^{-1} 氢氧化钠调节 pH 值至 8.5，洗入 1000mL 容量瓶中，定容至刻度，储存于试剂瓶中。此溶液储存于塑料瓶中比在玻璃瓶中容易保存，若储存超过 1 个月，应检查 pH 值是否改变。

② 无磷活性炭　活性炭常常含有磷，应做空白试验，检查有无磷存在。如含磷较多，须先用 2mol·L^{-1} 盐酸浸泡过夜，用蒸馏水冲洗多次后，再用 0.5mol·L^{-1} 碳酸氢钠浸泡过夜，在平瓷漏斗上抽气过滤，每次用少量蒸馏水淋洗多次，并检查到无磷为止。如含磷较少，则直接用碳酸氢钠处理即可。

③ 磷（P）标准溶液　准确称取 45℃烘干 4～8h 的分析纯磷酸二氢钾 0.2197g 于小烧杯中，以少量水溶解，将溶液全部洗入 1000mL 容量瓶中，用水定容至刻度，充分摇匀，此溶液即为含 50mg·L^{-1} 的磷基准溶液。吸取 50mL 此溶液稀释至 500mL，即为 5mg·L^{-1} 的磷标准溶液（此溶液不能长期保存）。比色时按标准曲线系列配制。

④ 硫酸钼锑储存液　取蒸馏水约 400mL，放入 1000mL 烧杯中，将烧杯浸在冷水中，然后缓缓注入分析纯浓硫酸 208.3mL，并不断搅拌，冷却至室温。另称取分析纯钼酸铵 20g 溶于约 60℃的 200mL 蒸馏水中，冷却。然后将硫酸溶液徐徐倒入钼酸铵溶液中，不断搅拌，再加入 100mL 0.5％酒石酸锑钾溶液，用蒸馏水稀释至 1000mL，摇匀储于试剂瓶中。

⑤ 二硝基酚　称取 0.25g 二硝基酚溶于 100mL 蒸馏水中。

⑥ 钼锑抗混合色剂　在 100mL 钼锑储存液中，加入 1.5g 左旋（旋光度＋21°～＋22°）抗坏血酸，此试剂有效期 24h，宜用前配制。

（3）测试步骤

① 称取通过 18 号筛（孔径为 1mm）的风干土样 5g（精确到 0.01g）于 200mL 三角瓶中，准确加入 0.5mol·L^{-1} 碳酸氢钠溶液 100mL，再加一小角勺无磷活性炭，塞紧瓶塞，

在振荡机上振荡 30min（振荡机速率为每分钟 150～180 次），立即用无磷滤纸干过滤，滤液承接于 100mL 三角瓶中。最初 7～8mL 滤液弃去。

② 吸取滤液 10mL（含磷量高时吸取 2.5～5mL；同时应补加 0.5mol·L⁻¹ 碳酸氢钠溶液至 10mL）于 50mL 量瓶中，加硫酸钼锑抗混合显色剂 5mL 充分摇匀，排出二氧化碳后加水定容至刻度，再充分摇匀。

③ 30min 后，在分光光度计上比色（波长 660nm），比色时须同时做空白测定。

④ 磷标准曲线绘制：分别吸取 5mg·L⁻¹ 磷标准溶液 0mL、1mL、2mL、3mL、4mL、5mL 于 50mL 容量瓶中，每一容量瓶即为 0mg·L⁻¹、0.1mg·L⁻¹、0.2mg·L⁻¹、0.3mg·L⁻¹、0.4mg·L⁻¹、0.5mg·L⁻¹ 磷，再逐个加入 0.5mol·L⁻¹ 碳酸氢钠 10mL 和硫酸-钼锑抗混合显色剂 5mL，然后同待测液一样进行比色。绘制标准曲线。

（4）结果计算

土壤速效 P（mg·g⁻¹土）＝样品制备时提取总体积（mL）×最后显色体积（mL）/（W ×测定时吸取滤液量）。

式中，比色液 mg·L⁻¹ 为从标准曲线上查得的比色液磷的 mg·L⁻¹ 数；W 为称取土样重量（g）。

注意事项：①活性炭一定要洗至无磷无氯反应。②钼锑抗混合剂的加入量要十分准确，特别是钼酸量的大小，直接影响着显色的深浅和稳定性。标准溶液和待测液的比色酸度应保持基本一致，它的加入量应随比色时定容体积的大小按比例增减。③温度的大小影响着测定结果。提取时要求温度在 25℃ 左右。室温太低时，可将容量瓶放入 40～50℃ 的烘箱或热水中保温 20min，稍冷后方可比色。

五、作业

根据对土壤氮磷钾含量的测试结果，对测试土壤营养状况进行科学评价。

六、思考题

1. 试分析进行 5 点取样的目的和意义，在取土样时铲除表层土的作用是什么？
2. 为什么铵态氮和硝态氮要分开测试，能否用一种方法测试土壤中速效氮含量？

第十节　温室果菜植株调整技能训练

一、概述

果菜类蔬菜植株调整是根据栽培特点将植株多余的侧枝、老叶及超过限量或发育较差的果实摘除，以及将植株茎蔓用绳索或立杆牵引而使其竖直生长的一种栽培管理措施。

果菜类蔬菜茎蔓可分两种，即长蔓型和矮蔓型，矮蔓型的主要有茄子、辣椒、甜椒、西葫芦等，长蔓型的有西瓜、黄瓜、番茄、瓠瓜、南瓜、甜瓜等。对矮蔓型种类的蔬菜，植株调整主要是摘除多余的侧枝、老病虫叶及发育不良的果实，这样既能调整营养物质的输送环境，使果实获得更多的营养物质而健壮生长，也能减缓病虫害的发生和蔓延，减少农药使用量，对改善果实品质具有重要意义；对于长蔓型果菜，除及时合理摘除多余的侧枝、老病虫叶及发育不良的果实外，设施栽培时一般要求将茎蔓竖直，这样既能充分利用空间有效增加种植密度而提高生产效率，又能结合枝叶调整改善微环境，减缓病害的发生，而对西瓜生产上往往只留一个瓜，因此还涉及果实的选留问题。

二、目的

通过本次实验学习并掌握果菜类蔬菜植株调整技术，以便在生产中能够合理使用该技术。

三、材料与用具

材料：长蔓型的番茄苗、黄瓜苗、西瓜苗，矮蔓型的茄子苗。

用具：修枝剪、塑料绳或竹竿。

四、操作方法

1. 长蔓型果菜植株调整方法

（1）番茄植株调整方法

目前生产用番茄有无限生长型和自封顶型两大类，番茄植株调整主要有两种方法，即双蔓整枝和单蔓整枝，一般对于无限生长型采用单蔓整枝，自封顶类型可采用双蔓或单蔓整枝。双蔓整枝一般种植密度较小，株行距一般在 55cm×50cm，而单蔓整枝可以适当增加种植密度，株行距一般在 40cm×50cm。不管采用哪种整枝方法，在植株茎蔓长至 30cm 以上时即要吊绳引蔓或插竹杆绑蔓。

① 单蔓整枝法　即只留一个主蔓，把所有侧枝都陆续摘除打掉，摘除侧枝的方法同双蔓整枝。但对于无限生长型的植株，如果栽培环境条件适宜，可采用落蔓方式延长生产期，即根据设施空间状况，设定吊蔓高度（或竹竿扦插高度），在茎蔓生长超过设定高度时，视落蔓量或底部叶片生长发育状态摘除底部部分老叶或病虫叶，后将茎蔓轻轻下放，在下放过程中需注意落至栽培面部分蔓的放置方向，为便于后期施肥等管理，需将所有植株的茎蔓朝一个方向摆放。如果是采用竹竿绑蔓的，落蔓前需解除绑绳。

② 双蔓整枝法　除留主蔓外，再选留一个侧枝（蔓），作为第二结果枝（蔓），一般应留第一花序下的第一侧枝（蔓）。第二结果枝选好后，将其它侧枝全部打掉，摘除侧枝的标准为 1 拃长度（10cm）。因为侧枝具有一定的光合面积，摘除过早会浪费植株光合效率，摘除过晚则可能会影响坐花坐果。摘除侧枝时要注意不要伤着主蔓，如果侧枝较嫩，可用手从侧枝着生方向的内侧（朝向主蔓）向外侧（朝向叶片）轻轻用手扳即可扳掉侧枝；如果侧枝较老，用手扳会伤及主蔓，因此最好用修枝剪从叶腋着生侧枝处剪掉，如果侧枝染病，剪掉侧枝后需用 70% 左右的酒精对修枝剪进行消毒处理才能剪下一侧枝。在生长发育后期需及时将茎蔓底部老叶或病虫危害叶及时摘除，一方面减少营养物质的无效消耗（老叶虽然进行一定的光合作用，但往往消耗的碳水化合物多于自身合成的碳水化合物量，即其自身是入不敷出），另一方面也利于减轻病虫害。双蔓整枝时一般每个蔓都需要用一条绳或一根竹竿。用吊绳时先将吊绳一端与设施内侧吊蔓专用钢丝系牢，另一端从茎蔓基部叶外侧绕茎，不宜绑死结，也不能绑紧，要留足够空隙，以防后期随着植株生长使吊绳勒进植株体内从而防止勒断茎蔓；吊绳两端之间也需留足够长度，一般以两端间距的 110% 为宜，在之后茎蔓每生长一定长度时（20cm 左右）将茎蔓按照一定方向与吊绳缠绕。若用竹竿绑蔓时，则对茎蔓按照 30cm 左右间距用细绳捆绑在竹竿上，绑绳一般长 10cm，捆绑时先按照茎蔓捆绑位置（一般宜在叶外侧），将绑绳对折后在竹竿上绑紧防止上下松动，后用绑绳两端在叶片着生处将茎蔓进行捆绑，捆绑同样不易太紧，要留够足够的空隙以利于茎蔓后期的增粗生长。

无论是双蔓整枝还是单蔓整枝，对于果实的调整情况均需根据品种及栽培特点进行，一般对坐果率高单果重大的品种可视情况摘除部分小果；若营养明显不足影响生长从而出现发育不良的果实，或因低温等原因引起授粉不良进而出现发育不良的果实，需要视情况及时摘除。

（2）黄瓜植株调整方法

黄瓜植株调整基本采用单蔓整枝法，种植密度同番茄单蔓整枝法。侧枝、老叶或病虫叶的摘除方法以及落蔓也同番茄。但在果实管理方面，因黄瓜是以鲜嫩果实为产品器官，因此一是要及时采摘果实，以利于后期连续节瓜；二是要及时摘除根瓜（即第一个瓜，实际操作中可通过摘除第一朵雌花的方式防止根瓜的形成），以利于秧苗健壮生长，为后期增产打下基础。

（3）西瓜植株调整方法

大多数西瓜品种侧枝发达，主侧枝均具有良好的结果能力。目前西瓜栽培中有大果型和小果型两类，对小果型西瓜每株可留多个果实，一般采用单蔓或双蔓整枝；大果型西瓜往往采用单蔓整枝，也只留一个瓜，但若栽培环境条件好，则可在主蔓瓜选留好后在主蔓基部选留一个健壮侧枝进行培养，即双蔓整枝，但侧蔓结瓜一般在主蔓瓜采摘前进行选留，当主蔓瓜采摘时也往往将主蔓从基部剪掉，以利于侧蔓果实发育。不管大果型还是小果型西瓜，若拟采用双蔓整枝，定植密度一般较小，可按株行距 55cm×50cm 进行，若单蔓整枝则可适当加大密度，按株行距 40cm×50cm 进行。在秧苗长至 30cm 时即要进行吊蔓，吊蔓方法同番茄。不管哪种类型整枝方法，西瓜一般主蔓选留瓜的位置在第 12~20 节之间，侧蔓在 10~15 之间，在 30 片叶时摘除茎蔓生长点以防止茎蔓无限生长。

2. 矮蔓型果菜植株调整方法

包括茄子和辣椒均采用这种方法。因茄子和辣椒的枝条生长及开花结果习性相当规则，植株调整比较简单，一般是把门茄一下的分枝（即靠近根部附近的几个侧枝）除去，以通风透光。对生长健壮的植株，可在主干第 1 朵花的叶腋处留 1~2 个分枝，以增加同化面积及结果数目。在结果后期，可将一些老叶摘除。

五、作业

1. 每人任选一种蔬菜从定植开始分两组，每组各 5 株，在其它管理措施一致的情况下对比观察"整枝"与"不整枝"植株的结果差异情况，并分析差异形成的原因。

2. 每人对番茄、西瓜从定植开始按照不同整枝方式，管理并观察分析不同整枝方式下的产量及品质差异。

第十一节　温室果菜的植株调整对比实验

一、实验目的

通过本实验充分认识植株调整对果菜类蔬菜生产的重要意义，了解并掌握植株调整的试验研究方法。

二、材料与用具

材料：西瓜苗、蕃茄苗。

用具：修枝剪、竹竿、塑料绳、直尺、台秤。

三、实验内容与方法

（1）整枝方案确定与种苗定植　在设施内选好地块（面积根据种植株数定），按照

0.02m³/m² 量施加农家肥，并施加氮磷钾三元复合肥 0.05kg/m²，后深翻耙平，做成高×宽＝10cm×60cm 的垄，垄间距 40cm。再将两种果菜分别按照双蔓整枝、单蔓整枝和不整枝三种方式确定合理株行距（分别为 55cm×50cm、40cm×50cm、55cm×50cm）且每种整枝方式 30 株进行双行定植，定植后及时浇透水，保持较高温度以利缓苗。

（2）植株调整　按整枝方式在苗高 30cm 时开始整枝，整枝方式按"温室果菜植株调整技能训练"进行，非整枝方式按自然状态生长。

（3）水肥管理　在生长发育期内除整枝与否外，均在同一时间内进行除草施肥浇水。水分管理以栽培垄表面土壤"见干见湿"为原则，随时清除杂草，肥料则根据长势情况按照"少量多次"原则追施氮磷钾三元复合肥，可随水追肥，也可在土壤湿润时在植株周围开沟追肥，追肥后覆土。

（4）结果比较观察　以整枝植株果实采收期为时间标准进行采收。对非整枝和两种整枝方式的每个植株统计结果数、单果重、总果重，比较整枝与不整枝、单蔓整枝和双蔓整枝下西瓜和番茄果实的总产量及单果重差异；同时观察整枝与不整枝、单蔓整枝和双蔓整枝下西瓜和番茄植株间病虫危害程度的差异。

四、思考题

1. 试分析整枝与不整枝、单蔓整枝和双蔓整枝下西瓜和番茄果实总产量及单果重差异形成的原因。

2. 试分析整枝与不整枝、单蔓整枝和双蔓整枝下西瓜和番茄植株间病虫危害程度差异形成的原因。

第十二节　植物生长调节剂的配置及在蔬菜上的应用

植物生长调节剂是一类与植物激素具有相似生理和生物学效应的人工合成的化学物质。可影响和有效调控植物的生长和发育，包括从细胞生长、分裂，到生根、发芽、开花、结实、成熟和脱落等一系列植物生命全过程。

一、植物生长调节剂的分类

植物生长调节剂可根据功能进行分类，现将目前在生产中使用的各类生长调节剂及其化学名称介绍如下，其中括号内为化学名称。

（1）植物生长促进剂　萘乙酸（α-萘乙酸钠）、芸苔素内酯（2α，3α，22s，23s-四羟基-24R-乙基-β-高-7 氧杂-5α-胆甾-6-酮）、吲哚乙酸（吲哚-3-乙酸）、乙烯利（2-氯乙基膦酸）、6-苄氨基嘌呤（6-BA）、复硝酚钠、2,4-D（2,4-二氯苯氧乙酸）、吲哚丁酸（4-吲哚-3-基丁酸）、胺鲜酯（DA-6，己酸二乙氨基乙醇酯）、赤霉素、对氯苯氧乙酸（4-氯苯氧乙酸）、增产胺［DCPTA，2-(3,4-二氯苯氧基）三乙胺］、氯吡脲［KT-30，1-(2-氯-4-吡啶)-3-苯基脲］、康多酚、谷黄素、滴灌宝、安心、增效钾、禾立丰、苯肽胺酸［邻-(N,-苯胺基羰基）苯甲酸］、二苯基脲磺酸钙、黄腐酸、抗坏血酸、柠檬酸钛、三十烷醇、烯腺嘌呤、乙二醇缩糖醛、吲熟酯（乙基-5-氯-1 氢-3-吲哚基乙酸）、增产灵（4-碘苯氧乙酸）、增产素（4-溴苯氧乙酸）、呋苯硫脲、硅丰环（1-氯甲基杂氮硅三环）、菊胺酯（N,N-二乙胺基乙基-4-氯-α-异丙基苄基羧酸酯盐酸盐）。

（2）植物生长延缓剂　矮壮素（2-氯-N,N,N-三甲乙基氯化铵）、多效唑、烯效唑、调环酸钙（3,5-二氧代-4-丙酰基环己烷羧酸钙）、缩节胺（甲哌鎓，1,1-二甲基哌啶氯化物）、氟节胺［N-（2-氯-6-氟苄基）-N-乙基-α,α,α-三氟-2,6-二硝基-对-甲苯胺］、噻苯隆（1-苯基-3-（1,2,3-噻二唑-5 基）脲）、丁酰肼（B9，N,N-二甲基琥珀酰肼酸）、吡啶醇（3-（2$'$-吡啶基）-丙醇）、氯化胆碱［（2 羟乙基）三甲基氯化铵］、调节安（1,1-二甲基吗啉鎓氯化物）、调节膦（氨基甲酰基膦酸乙酯铵盐）。

（3）植物生长抑制剂　氯苯胺灵（3-氯苯基氨基甲酸异丙酯）、脱落酸、抑芽丹（6-羟基-3-（2H）-哒嗪酮）、增甘膦［N,N-双（膦酰基甲基）甘氨酸］、整形素（2-氯-9-羟基芴-9-羧酸甲酯）、仲丁灵［4-(1,1-二甲基乙基)-N-(1-甲基丙基)-2,6-二硝基苯胺］、二甲戊灵［N-(1-乙基丙基)-2,6-二硝基-3,4-二甲基苯胺］。

（4）保鲜剂　鲜安（1-甲基环丙烯）、碳酸氢钠、噻菌灵［2-(噻唑-4-基)苯并咪唑］、壳聚糖［β-(1→4)-2-氨基-2-去氧-D-葡萄糖］。

二、实践目的

通过本次实践，掌握植物生长调节剂在农业生产中的使用方法。

三、材料与工具

材料：植物生长调节剂（氯吡脲，0.1%可溶液剂），甜瓜苗、黄瓜苗、西瓜苗。
用具：微型喷雾器。

四、操作方法

（1）整地施肥与种苗定植　在设施内选好地块，按照 $0.02\text{m}^3/\text{m}^2$ 量施加农家肥，并施加氮磷钾三元复合肥 $0.05\text{kg}/\text{m}^2$，后深翻耙平，做成高×宽＝10cm×60cm 的垄，垄间距40cm。后将培育好的甜瓜苗、黄瓜苗、西瓜苗按株行距40cm×50cm 定植。定植后按照正常生产进行管理。

（2）植物生长调节剂（氯吡脲）溶剂配制　根据设施内温度情况配制氯吡脲溶剂，空气温度在 10～16℃时，将 1 袋（5mL）氯吡脲溶剂溶解于 250～500g 水中；若空气温度在17～25℃时，将 1 袋（5mL）溶解于 500～750g 水中；若空气温度在 26～30℃时，将 1 袋（5mL）溶解于 750～1000g 水中。

（3）植物生长调节剂（氯吡脲）喷施　对甜瓜和黄瓜植株在雌花开放当天或开花前 2～3d，西瓜植株则在雌花开放当天或开花后 1～2d，将配好的溶液用微型喷雾器均匀喷在果胎上。若设施内温度超过 30℃，则不宜使用。

五、思考

1. 在蔬菜生产中使用植物生长调节剂的作用是什么？
2. 在蔬菜生产中如何正确使用植物生长调节剂？
注：本实验可参考书后参考文献 [8]，以及中国植物生长调节剂网。

第十三节　瓜类蔬菜的花芽分化和性型分化

一、实验目的

验证瓜类蔬菜性型的教授内容，借以加深理解瓜类蔬菜的花芽分化和性型决定的可塑性；进一步联系性型分化和性型决定与遗传的关系、与决定性型的内外因素以及生产的关系，从而加强对这方面的理解和运用于生产实践的能力。

二、材料与用具

材料：南瓜、黄瓜的雄花、雌花、薄皮甜瓜的完全花；黄瓜第2～3片真叶展开的幼苗。
用具：双目解剖显微镜、载玻片、培养皿、解剖器、甘油或蒸馏水、放大镜、米尺。

三、实验内容与方法

(1) 花的性型观察　观察南瓜和黄瓜的雄花、雌花和甜瓜的完全花，剥去花瓣、花萼。绘图表示雌蕊和雄蕊的构造。

(2) 花芽分化的观察　取黄瓜幼苗在解剖镜下观察其顶端，并对照黄瓜花性型分化过程图。仔细观察。观察当中发现花芽干缩，可滴以甘油或蒸馏水，使之保持湿润，以便观察，并把观察到的雌雄花芽各绘一图。

(3) 备注
① 2片真叶幼苗各叶腋大多已花芽分化，但性型未定。3片真叶者第3～5节花的性型已定。
② 事先用20％～30％的酒精将幼苗进行短期浸泡，备用。

四、作业

交所有绘图一份。

五、思考题

1. 观察花芽分化过程，早期是否都是完全花。
2. 为什么要研究瓜类的性型和花芽分化？
3. 雄花和雌花是怎样分化的？
4. 联系茄果类蔬菜花芽分化内容，说明瓜类与它们花芽分化在分化部位及发生过程上的区别。

第十四节　南瓜的形态观察及植株调整

一、概述

南瓜主要包括南瓜（中国南瓜）、笋瓜（印度南瓜）、西葫芦（美洲南瓜）三种，属葫芦科一年生蔓生草本植物，有很高的食用价值，它们适应性强，我国南北均有栽培，可爬地栽培，也可搭架栽培。南瓜的生育期可分为发芽期、幼苗期、抽蔓期和开花结果四个时期，在长日照下雄花多，在短日照下则雌花多。南瓜的根系在瓜类蔬菜中是最强大的，茎为蔓性茎，有极强的分枝性，栽培时注意整枝。南瓜叶片肥大，花为雌雄同株异花，果实子房下位。这三种南瓜的叶形，雌花的着生节位，果实的形状、大小、颜色因品种而有很大不同。

二、实验目的

了解南瓜属三个种的植物学特性及其区别，掌握它们植株调整的方法。

三、实验材料与用具

（1）材料　南瓜三个种：中国南瓜、印度南瓜、西葫芦的结果期植株及其果实。

（2）用具　刀子、咫尺。

四、实验方法

1. 在田间对三种南瓜进行形态观察：并在表 4-9 中填写其项目。

表 4-9　南瓜植物学形态观察

名　　　称	中国南瓜	西葫芦	印度南瓜
学名			
生长型			
茎上刺毛			
茎横断面形状			
不定根有无			
叶片形状			
裂叶深浅			
叶面刺毛			
花的类型			
花冠类型			
花冠开裂深浅			
雄花大小颜色			
雌花大小颜色			
子房位置类型			
果梗粗细长度			
果梗基部膨大与否			
果实类型			
果实形状			
果实表面状况			
胎座类型			
种子的主要特征			

2. 南瓜植株的调整方法

南瓜植株生长旺盛，雌花出现较晚，早熟品种在主蔓 7～8 节出现第一雌花，晚熟品种则到 20 节以上着生第一雌花，但侧枝结果较早，所以要对其整枝，南瓜的整枝分为单蔓整枝和多蔓整枝两种方式。

① 单蔓整枝　及早摘除全部的侧枝，只留主蔓结果。

② 多蔓整枝　一般在主蔓 5～7 片叶时摘心，根据植株生长情况，选留 2～3 个侧蔓，并在每个蔓上留 1～2 个果，在第二果上留 2～6 片叶摘心。

南瓜在整枝的同时，还要将蔓牵好，避免其互相遮阴和拥挤，为此对植株要进行压蔓。压蔓对于生长势强、容易疯秧的南瓜来说，是一种不可缺少的手段，以提高坐果率。压蔓的方法：从第 7～9 节起，每隔 5 节左右压一次，共压 3～4 次，一般是在靠近主根方向结瓜的前一节将蔓压土或埋入土中 1～2 寸（1 寸＝3.33cm）左右，笋瓜节上易发不定根可以不压蔓，西葫芦一般是单蔓整枝。

五、作业

1. 填写南瓜形态调查表。
2. 画某一种果实的横剖面图，并注明各部位名称。
3. 在田间练习植株调整方法。

第十五节　茄子嫁接育苗技术

一、概述

嫁接是把要繁殖的植物的枝和芽接到另一种植物体上，使它们结合在一起进行生长的一种生长或繁殖的方法。

茄子不宜重茬，通过嫁接换根，砧木对黄萎、枯萎、青枯、根线虫等土传病害高抗或免疫。嫁接后茄子吸收水肥能力增强，生长迅速，提高了植株的抗逆性，产量明显增加。茄子嫁接后外观颜色变深，着色均匀，单果重增加，明显改善商品性。

二、实验目的

1. 掌握茄子嫁接的主要方法。
2. 了解嫁接育苗的生产意义。

三、材料与用具

1. 托鲁巴姆和茄砧新一号嫁接砧木幼苗（营养钵、6～8 片叶）。
2. 天津快圆、黑贝一号茄子幼苗（6～8 片叶）。
3. 日光温室、电热温床、干湿温度计、地温表、刀片、嫁接夹、竹竿、塑料膜、遮阳网、喷壶、万霉灵、塑料盆。

茄子嫁接栽培技术如下。

① 品种选择　砧木与接穗在嫁接亲合力上品种间表现差异不大。目前推出的砧木优良品种有茄砧新一号和托鲁巴姆。接穗可选用当地主栽、市场欢迎的优良茄子品种。

② 播种　茄砧新一号要提前 5～10d，托鲁巴姆宜提前 15～20d 播种。采用常规育苗方法播种，然后分苗到营养钵内。苗床土宜采用无土基质或提前进行严格消毒，严防苗期感染土传病害。

③ 嫁接前管理　接穗及砧木在出齐苗前均采用高温催苗措施，白天保持 28～30℃，夜间 18～23℃。出齐苗后应适当降温 3～5℃。当幼苗长出 2～3 片真叶时及时分苗。砧木要分到 10～12cm 直径的营养钵中，接穗分到营养钵或消毒的苗床内，株行距 8～10cm，分苗后尽快促进缓苗生长，并防止病虫害发生。

④ 嫁接方法　茄子嫁接应在 18～25℃、湿度较高且光照较弱的温室内进行，宜采用劈接法嫁接（图 4-1）。当砧木与接穗长至 6～8 片真叶、茎半木质化、茎粗 5mm 左右时嫁接。先在高 3.3～6.7cm 处用刀片平切砧木上半部，保留 3 片左右真叶，然后在茎中间垂直向下切入 1cm 深。接穗在其半木质化处切去下端，保留 2～3 片真叶，削成双斜面楔形，楔形长短为 1cm，将削好的接穗插入砧木切口中，对齐后用圆口嫁接夹固定，如果当时接穗

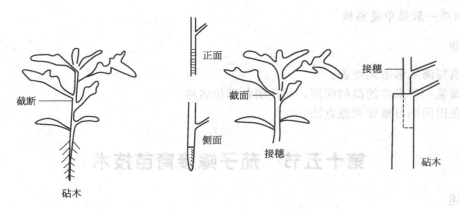

图 4-1 茄子劈接法嫁接示意图

偏细，应使接穗与砧木的茎一侧对齐，这样有利于成活。

⑤ 嫁接后管理　嫁接后放入小拱棚内，及时进行叶面喷雾保温。嫁接后 3d 内温度白天应保持 25～28℃、夜间 18～22℃。嫁接苗经过 7～10d 的愈合期后，接穗开始生长，此时砧木的侧芽生长也很迅速，要及时除净砧木萌芽。一般茄子嫁接成活后即可与普通茄子苗相同管理，在嫁接成活率后 10～15d 即可定植，定植前 5～7d 要适当进行炼苗，以利定植后迅速缓苗生长。

⑥ 定植及定植后管理　因茄子嫁接后生长较强，产量提高，要增施肥料，每 1/15hm² （即 1 亩，因 1hm²＝15 亩）施优质有机肥 5000kg 以上，磷酸二铵和硫酸钾各 30kg。定植密度应较自根苗减少 10％，采用大小行定植。定植时不要埋住嫁接口，使嫁接刀口距地面 2cm 以上，以免接穗感染土传病害。定植后及时去除砧木的萌芽，在茄子开花坐果前后摘掉嫁接夹子。保护地栽培应在开花时及时蘸花或喷花，其它栽培管理与普通茄子栽培相同。

四、实验内容与方法

1. 按照附录中的嫁接方法进行嫁接，要求每人不少于 10 株。
2. 嫁接后每天进行温度、水分、光照、防病管理。
3. 观察记载：嫁接 15d 后统计成活率。

五、作业

1. 根据嫁接实际情况分析成活率不高的主要原因。
2. 简述茄子嫁接的关键技术。

六、思考题

1. 简述嫁接育苗的生产意义。
2. 如何提高嫁接成活率？

第十六节　茄果类蔬菜的花芽分化观察

一、概述

茄果类蔬菜花芽分化的节位高低、数目、质量受品种及育苗条件的制约。花芽分化的好坏直接影响着早期产量和果实品质，及时了解花芽分化的进程具有很重要的生产意义。

对于番茄来说，一般早熟品种 6~7 片叶后出现第一花序，中晚熟品种在 7~8 片叶出现第一花序。如果育苗条件不良，花芽分化节位提高，花芽数目减少，花芽质量变劣。对花芽分化影响最大的是光照及温度条件。根据试验表明高温能促进花芽分化，但高温下花芽数目减少。温度越低花芽分化期越长，但花芽数目增多。当夜温低于 7℃ 时则易出现畸形花。

花芽分化与日照时数、光照强度也有密切关系。据试验光照充足花芽分化早、节位低、花芽大，促进开花及早熟。

花芽分化与水分的关系，表现为缺水时花芽分化及生长发育都不好，水分稍多影响不大，所以育苗期应注意控温不控水，但也不是水越多越好。

此外，肥沃疏松的苗床土含有丰富的氮、磷、钾，幼苗营养状况好，有利于花芽分化及生长发育。育苗期间生长和发育是同时进行的，营养生长是植株发育的基础，根系发育状况，叶面积大小，茎粗都与花芽分化有关。

二、实验目的

① 掌握观察与识别茄果类蔬菜花芽分化的方法。
② 加深理解环境条件对花芽分化及发育的影响。

三、材料与用具

① 一般茄果类幼苗，用于花芽剥离练习。
② 番茄、茄子、辣椒子叶期、2~4 叶期、成苗期的植株。
③ 不同育苗条件（如：不同营养面积、不同育苗温度、不同育苗方式等）培育的番茄幼苗对比材料。
④ 解剖显微镜、培养皿、眼科镊子、载玻片、甘油等。

四、实验内容与方法

① 花芽剥离方法的练习　茄果类蔬菜花芽在茎端分化，观察时应从幼苗基部开始层层剥去叶片，直至肉眼看不清为止，然后将苗端取下置于解剖显微镜的载玻片上，继续剥去小叶片及叶原始体，直到明显露出生长锥为止。花芽与叶芽可以从芽的顶部形状、发生位置及透明程度等方面来区分。若生长点干缩，可以滴一滴甘油使之湿润。此项内容要求学生反复练习，直至基本掌握其方法为止。

② 花芽分化观察　用上述方法观察番茄、茄子、辣椒不同苗龄的植株花芽分化前后的生长锥形状、花芽分化时期即侧枝发生情况（参看图 4-2）。

③ 观察记载　用番茄对比材料观察并记载花芽开始分化节位、各层花序中各级花芽数。每个处理观察 5 株，求出平均数。

五、作业

1. 根据观察情况绘制番茄子叶期、花芽分化期、成苗期的生长锥分化示意图，并注明各部位的名称。

2. 列表记载番茄对比材料的花芽分化及发育情况，并分析不同环境条件对番茄花芽分化的影响。

六、思考题

1. 根据茄果类蔬菜花芽分化的特点，分析其对栽培上培育壮苗有什么启示。

2. 简述早春番茄畸形果发生严重的原因。

七、附图

1. 番茄生长点的形态变化（图 4-2）

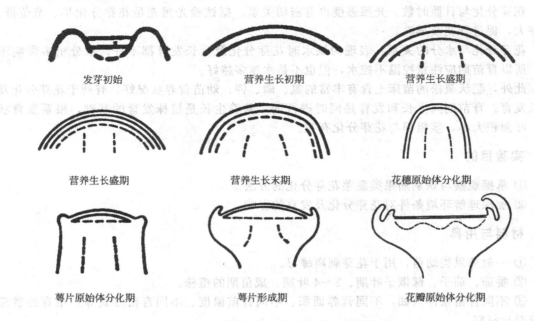

发芽初始　　　　　　营养生长初期　　　　　营养生长盛期

营养生长盛期　　　　营养生长末期　　　　花穗原始体分化期

萼片原始体分化期　　　　萼片形成期　　　　花瓣原始体分化期

图 4-2　番茄生长点与生育相应的形态

2. 番茄的花芽分化过程（图 4-3）

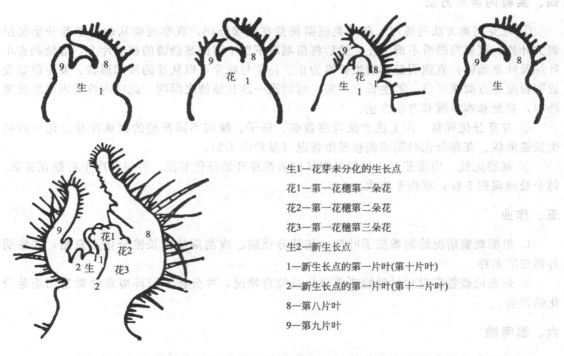

生1—花芽未分化的生长点

花1—第一花穗第一朵花

花2—第一花穗第二朵花

花3—第一花穗第三朵花

生2—新生长点

1—新生长点的第一片叶（第十片叶）

2—新生长点的第一片叶（第十一片叶）

8—第八片叶

9—第九片叶

图 4-3　番茄的花芽分化过程（藤井等，1943）

第十七节 葱蒜类蔬菜的形态特征和产品器官构成

一、概述

葱蒜类蔬菜为百合科葱属二年生草本植物，具辛辣气味，主要包括韭菜、大葱、大蒜和洋葱；其次为韭葱和细香葱。葱蒜类蔬菜以膨大的鳞茎、假茎、嫩叶为产品器官，食用的部分是叶或叶的变态，具有弦状的须根、短缩的茎盘、耐旱的叶形、储藏功能的鳞茎。

二、实验目的

1. 了解葱蒜类蔬菜的形态特征，并比较其异同点。
2. 掌握葱蒜类蔬菜产品器官的构成。

三、材料与用具

1. 韭菜 3～4 年生完全植株。
2. 洋葱的成株和抽薹植株。
3. 大葱的植株。
4. 大蒜的植株。
5. 无薹多瓣蒜、独头蒜、气生鳞茎；分蘖葱头、头球葱头；分葱、胡葱、楼葱的植物标本或挂图。
6. 放大镜、镊子、刀片。

四、实验内容与方法

1. 韭菜：取韭菜完整植株观察以下项目。
① 根系着生部位、换根情况，分析跳根原因。
② 叶片形状、叶鞘形状、叶片在茎盘上的着生位置，分析假茎形成的原因。
③ 观察短缩茎形状、根状茎形状，分析分蘖与跳根的关系（图 4-4、图 4-5）。

图 4-4 韭菜的分蘖与跳根

1—叶鞘；2—小鳞茎；3—须根；4—根状茎

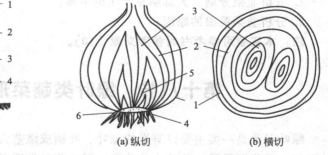

(a) 纵切　　　　　(b) 横切

图 4-5 洋葱鳞茎的解剖

1—膜质鳞片；2—开放性肉质鳞片；3—闭合性肉质鳞片；
4—茎盘；5—叶原基；6—不定根

2. 洋葱：取洋葱植株进行以下观察。
① 根系着生部位。
② 叶形、叶色、叶面状况。

③ 取鳞茎分别纵切与横切观察：膜质鳞片、开放性肉质鳞片、闭合性肉质鳞片、幼芽、茎盘、须根的位置。

④ 取先期抽薹植株，与正常植株进行比较观察。

3. 大葱：取大葱植株进行以下观察。

① 根系及叶部形态特征，比较幼叶与成叶的异同。

② 将假茎纵剖和横剖，观察假茎的组成，叶鞘的抱合方式。

4. 大蒜：取大蒜植株进行以下观察。

① 大蒜根系、叶身、叶鞘的形态。

② 观察鳞茎纵剖面和横断面的叶鞘、鳞芽（主芽、副芽）蒜薹、肉质鳞片、芽孔、茎盘等（图4-6）。

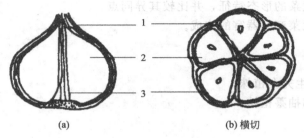

(a)　　　　　　　　(b) 横切

图 4-6　无薹多瓣蒜

1—叶鞘；2—鳞芽；3—膜质鳞片

五、作业

1. 绘制韭菜的多年生根状茎平面图。
2. 绘制大葱的外部形态图，并注明各部位名称。
3. 绘制大蒜的横断面图，并注明各部位名称。
4. 绘制大葱的纵剖面图，并注明各部位名称。

六、思考题

1. 分析韭菜分蘖、大蒜鳞芽产生的本质。
2. 分析韭菜跳根的原因。

注：本实验可参考书后参考文献 [10]。

第十八节　绿叶类蔬菜形态特征观察

绿叶蔬菜是一类主要以鲜嫩的绿叶、叶柄或嫩茎为产品的速生性蔬菜。生长速度快，生长期短，采收期灵活，栽培十分普遍。绿叶菜种类繁多，形态、结构和风味各异，品种资源丰富，适应性广，在蔬菜周年生产、均衡供应、调剂花色品种、提高复种指数和单位面积产量等方面占有重要地位。

一、实验目的

认识常见的绿叶蔬菜，了解主要绿叶蔬菜的形态特征，以便应用于生产。

二、材料与用具

材料：菠菜（尖叶、圆叶两种）；芹菜（本芹、西芹）；芫荽；茴香；水萝卜；根达菜；落葵；紫苏；茼蒿；蕹菜；生菜；莴笋等。

用具：放大镜、米尺、刀片。

三、实验内容与方法

按绿叶蔬菜形态特征观察表中所列项目进行观察，并记入表4-10内。

四、作业

1. 绘制尖叶与圆叶类型菠菜全图，并用文字简单描述两者的形态特点。
2. 芹菜全叶图（本芹和西芹）。
3. 根据观察，填写表（表4-10）。

五、思考题

以绿叶菜的生长迅速及对食用器官的要求，说明肥水管理及采收注意的问题。

表4-10　绿叶蔬菜形态特征观察表

蔬菜名称	叶						茎		植树科别	食用部位
	叶柄		叶片				形状特点	颜色		
	颜色	外表特点	形状	颜色	叶表特点	对生或互生				

第十九节　豆类蔬菜植株形态及开花结果习性观察

一、概述

豆类蔬菜包括菜豆、豇豆、豌豆、蚕豆、刀豆、扁豆、毛豆等，在华北地区以菜豆、豇豆、豌豆等种植较为普遍。豆类蔬菜的根系较发达，入土较深，但根系木栓化程度高，再生力弱，宜直播或护根育苗，根部具根瘤；花为典型的蝶形花，多数为自花授粉。

菜豆，豆科、菜豆属，一年生草本植物。根据茎的生长习性可分为三种类型。

（1）蔓生型　无限生长型，蔓长1.7～2m，个别品种长达3m以上。茎蔓具左旋性，栽培时需设立支架。花序着生在叶腋间，一般品种在发生6个真叶后出现第一花序，早熟品种也有在第2～3片真叶后着生花序的，以后随着蔓的伸长，从各叶腋间陆续出现花序和抽生侧枝。

（2）矮生型　有限生长型，植株只有一尺多高，茎直立、较粗硬、节间短，栽培时不需设立支架，当主干发生4～8节以后，其顶端着生花序而封顶。从各叶腋间发生的侧枝长到一定程度后，顶端也着生花序而封顶。

（3）半蔓生型　前期生长似矮生型，以后也抽蔓，但蔓性不强，一般蔓长不超过1m，荚小、产量低，栽培很少。

豇豆，豆科、豇豆属，一年生草本植物。根据茎的生长习性也分为三种：蔓性、矮生、半蔓性，各种类型的特性都与菜豆极为相似。常栽培的主要是蔓性种。

二、实验目的

识别主要豆类蔬菜的形态特征及开花结果习性，了解荚果的构造。

三、材料与用具

材料：菜豆（蔓性、矮生）、豇豆（蔓性、矮生）、豌豆、蚕豆等豆类蔬菜开花结荚时的植株。

用具：镊子、小刀、放大镜、钢卷尺等。

四、实验内容与方法

（1）形态识别　仔细观察开花结荚期豆类植株根、茎、叶、花和荚的特征。

（2）取菜豆、豇豆的蔓性和矮生型开花结荚期植株，观察不同株型主茎和分枝的顶芽生长特性、分枝节位、数目、抽生花序的节位、数目及各花序的结荚情况等。

（3）荚果构造解剖观察　取各类荚果进行纵剖和横剖，观察其内部结构。

五、作业

认识主要豆类蔬菜的形态特征，将观察结果填入表 4-11 中。

六、思考题

1. 根据实际调查观察，说明蔓性和矮生型菜豆的开花结果习性有何不同？
2. 所谓豆类荚果的"筋"属于植物学上的哪一部位？种子着生在哪一部位？

表 4-11　豆类蔬菜植株形态特征调查表

种类 名称	根		茎			叶				花					荚		
	有无根瘤	矮生或蔓生	形状	有无茸毛	复叶类型	有无托叶	小叶		花序或单生	花冠颜色	龙骨瓣旋转方向	开花顺序	形状	长度/cm	横茎/cm	有无茸毛	颜色
							叶数	叶形									

第二十节　蔬菜病害的田间诊断与标本采集

一、概述

蔬菜病害分为侵染性病害和非侵染性病害。在田间主要根据症状特点进行病害诊断。首先应区别一种病害是侵染性病害还是非侵染性病害，在侵染性病害中应进一步区别是由哪一类病原引起的病害。认真观察所见植物病害的症状特点、有无病征及其特点、发病部位、田间分布，同时从具体病害和现场实际条件出发，分析病害发生和流行的特点及影响因素。在诊断中，应从个体和整体两方面着手，将观察到的病状、病症、有无病理程序、发病时间是否整齐一致、病情如何发展与蔓延、病株在田间分布情况及有无交错相嵌现象等进行综合判断。

非侵染性病害具有"一无三性"即病部无病症、发生发展呈突发性、田间分布普遍性、病状表现散乱性。其发病时间往往具有一致性，相对整齐，其病状表现和病情发展很快并趋于稳定，病部的数量和形状、颜色等均无大的变化和发展，在病情的空间分布上常常是全片普遍发生，表现出"没有病理程序"、"没有发病中心"、"没有明显的健病株交错相嵌现象"、"没有分布型、没有病原物"等特点，这些都是诊断生理病害的重要依据。

侵染性病害具有"一有三性"即从个体看有病征、从整体看发生发展呈循序性、田间分布具有局限性、病状表现多为点发性。侵染性病害包括真菌病害、细菌病害、病毒病害和线虫病害。

真菌病害主要根据病原菌的形态鉴定。大多数真菌都能在受害组织上产生各种孢子或其它子实体，由此可诊断出是真菌所引起的病害。如果没有产生孢子，可以将这类病害标本用清水洗净，进行保湿培养，1～3d，可以促进病原菌子实体的产生。如果仍不产生，则需要进一步作分离和培养工作，才能作出诊断。严格地说，分离到病菌后，还需要再做接种试验，待接种体表现与原来相同的症状，并能再分离到相同的病菌，这样做出的鉴定比较可靠。

细菌病害的诊断主要观察病部有无溢脓产生。一般细菌为害植物以后，病部常呈水浸状，在高湿环境下或将病部切片镜检时，可看到大量的菌脓从内部溢出，根据溢脓现象，结合症状观察，就可以确定是否是细菌病害。若想进一步确定种类，则需进行分离培养及致病性测定。

病毒性病害的诊断主要依靠田间症状观察进行。感染病毒的植物在现场的分布多数是分散的，往往在病株的周围可以发现完全健康的植株，而非传染性病害通常成片发生，当然通过接触传染或活动力很弱的昆虫传染的病毒病在现场的分布也可能较为集中。在症状上，病株上往往表现某一类型的变色、褪色或器官变态。当系统传染的病毒病株发生黄化或坏死斑点时，这些斑点通常均匀地分布在植株之上，而真菌和细菌引起的局部斑点常常在植株上下分布不均匀。除症状观察外，病株体内内含体的检查以及用化学方法测定病组织中某些物质的累积也可作为诊断的参考。例如植株感染病毒后，组织内往往有淀粉积累，可用碘或碘化钾溶液，测定其显现的深蓝色的淀粉斑。进一步确定病毒病害及其病毒种类，可以接种指示植物，或进行电镜观察。

线虫病害的诊断可以在病组织上检查到病原线虫而确定。

蔬菜病害的标本是对其症状的最直观的记载和描述。所以，在进行蔬菜病害的教学或研究过程中，蔬菜病害标本的采集和制作是首要的工作。在蔬菜病害标本的采集和制作过程中，应对症状的变化情况给以特殊的注意。例如，症状可能表现为典型症状，也可能表现为非典型症状，在采集时均应加以注意。一种病害，在同一种蔬菜上，可以同时表现出多种不同类型的症状；在蔬菜生长发育的不同时期，也可以先后表现出多种不同类型的症状。

采集的蔬菜病害标本，要求症状典型、病征明显、病害单纯，同时要注意采集病原物的不同发育时期，特别是有性时期的标本，以便鉴定；采集时要做好采集记录；采到的标本要及时压制定期换纸，保证标本自然逼真、不霉、不变色。

不同类型病害标本采集方法不同。

病叶：用剪刀剪取病叶，如各种霜霉病的病叶、番茄晚疫病的病叶、各种白粉病的病叶及锈病的病叶等，装入采集夹中。

病果：用剪刀剪取番茄或西葫芦灰霉病的病果、番茄溃疡病的病果等，装入采集袋或标本纸袋中。对于此类标本，特别是对于像番茄一类多汁的病果，要特别加以注意，应先以标本纸分别包裹后，置于采集袋中，以防相互挤压而变形。

病根：用铁铲挖取黄瓜根结线虫的病根，装入采集袋中。在挖取此类病害的标本时，要注意挖取点的范围要比较大一些，以保证取得整个根部。

一般情况下，病叶最好采集 30 份以上，病果等最好 10 份以上。在采集病斑类的叶片标本时，一个叶片上应只有一种类型的病斑。尤其是在各种病害混合发生时采集标本，更需进行仔细的选择；对于真菌病害，标本应带有子实体，无子实体带回到室内后，鉴定将非常困难。

二、目的与要求

1. 认识蔬菜常见病害，学习蔬菜病害的田间诊断方法，识别主要病害的症状特点。
2. 学习蔬菜病害标本的采集及制作方法

三、用具

扩大镜、标本采集夹、采集袋、标本签、记载薄、剪刀、铁铲等。

四、方法步骤

1. 由指导教师先介绍当前的病害概况，并指出识别各种病害的主要特点。
2. 5～6 人为一组，田间普查，分别观察不同类型的病害。
3. 采集有关病害标本，记录寄主、发病部位，进行症状记述。
4. 几种常见病害的识别要点

(1) 霜霉病　一般危害十字花科、葫芦科蔬菜，可为害叶、茎及花梗。叶正面出现变色，随着病程的发展，产生枯斑，病斑常受叶脉限制，呈多角形。叶背面产生白色或灰色霜状霉层。

(2) 白粉病　主要危害葫芦科、茄科蔬菜，以侵染叶片为主，其次是茎、叶柄，一般不为害果实。叶面呈近圆形白色小粉点，后逐渐扩大连接成片，严重时整个叶片布满白粉，叶面上似撒下一层白粉。有的白粉间散生黑色小粒点（病菌闭囊壳）。茎和叶柄上症状与叶相似，只是白色粉斑较小，粉状物更少。

(3) 锈病　主要危害豆类蔬菜，主要为害叶片，也可为害叶柄、茎和豆荚。叶和茎染病，初为边缘不明显的退绿小黄斑，后中央稍突起，逐渐扩大现出黄褐色夏孢子堆，表皮破裂后，散出红褐色粉末状夏孢子。后期，夏孢子堆或其四周产生紫黑色疮斑，即冬孢子堆。

(4) 灰霉病　主要危害葫芦科、茄科和豆科蔬菜，地上部分均可受害，以果实和叶片为主。叶片发病多从叶尖及叶缘开始，向内呈倒 "V" 字形扩展，初为水浸状，呈淡褐色至黄褐色，病部常具深浅相间的轮纹，病斑扩展一般不受叶脉的限制。果实受害多从残留的败花和柱头开始侵染，造成花腐，然后向果面和果柄扩展，呈灰白色腐烂。

(5) 炭疽病　主要危害辣椒、瓜类及豆类，可侵染果实（或豆荚）、叶片及茎。果实受害，病斑呈褐色，水浸状，近圆形或不规则形，其上轮生许多黑色小点，周围有湿润的变色圈，中部色浅，凹陷。潮湿时溢出粉红色黏物质，干燥时病斑呈膜状，似皮纸，易破裂。叶片受害，病斑近圆形或不规则形，边缘呈水浸状褐色，中间呈灰白色，后期病斑上轮生黑色小点。

(6) 病毒病　主要危害茄科、葫芦科和十字花科蔬菜。常造成花叶、条斑、蕨叶、坏死等症状，新叶变小，扭曲畸形，植株矮小，常伴有丛枝、簇生、矮缩等症状。病果畸形，果面呈花脸状或有不规则褐色坏死斑或果实呈淡褐色水烫坏死。

（7）线虫病　几乎可危害所有蔬菜种类，以番茄、瓜类等受害较重。主要为害地下根部，侧根和须根较易受害。病株根部形成大小不一、形状不同的瘤状根结，有时数个根瘤连接呈串珠状。地上部分生长不良，植株矮小，叶色暗淡发黄，呈点片状缺肥状，叶片变小，不结实或结实不良，严重时逐渐萎蔫死亡。

五、作业

以小组为单位，每小组 5～6 人，进行田间病害症状识别并采集标本，简述所采到的病害的症状特点。

第二十一节　蔬菜病虫害田间调查

一、概述

蔬菜病虫害的调查分为一般调查、重点调查和调查研究。一般调查主要是了解某设施区域内蔬菜上的病虫害种类、分布及为害情况，调查的病虫害种类较多，主要了解病虫害的分布和发生程度，对发生（病）率的计算不要求十分精确，在病虫害发生盛期进行，一个生长季节一到两次。重点调查是在一般调查的基础上，选择重要的病虫害，深入了解它的分布、发生（病）率、损失、环境影响和防治效果等，调查次数要多，记载准确详细。

调查研究和重点调查的界限很难划分，但调查研究一般不是对一种病虫害作全面的调查，而是针对其中某一个问题。调查的面不一定广，但要深入。

调查的时期主要根据病虫害的发生期和为害期来确定。如苗期病虫害应在苗期进行调查；果实病虫害应在结果后进行调查；整个生长期都能为害的，最好选择为害的关键时期或发生盛期进行调查。

病虫害调查的取样方法直接影响结果的准确性，各种病虫害的取样方法不同，同时还要看调查的性质和要求准确的程度，原则是可靠而又可行，具有代表性。常见的取样方式包括五点式取样、单对角线式取样、双对角线式取样、棋盘式取样、分行式取样和"Z"字形取样等。前三种取样适用于随机分布型的病虫害分布，棋盘式和分行式取样适用于核心分布型的病虫害分布，"Z"字形取样适用于镶嵌分布型病虫害的调查。

二、实验目的

学习和掌握蔬菜病虫害的调查方法，熟悉调查资料的整理、计算方法和分析等。

三、用具

扩大镜，尺子，病虫害调查记载表，调查病害的分级标准等常用田间调查工具，黄板，吸虫管，记载本，标签等。

四、实验内容与方法

5～6 人为一组，按组为单位，选择病害或虫害进行调查。

1. 大棚蔬菜粉虱类和美洲斑潜蝇的发生为害调查

温室白粉虱、烟粉虱和美洲斑潜蝇是设施蔬菜的主要害虫。温室白粉虱和烟粉虱属同翅目粉虱科，俗称白蛾子。主要为害黄瓜、菜豆、茄子、番茄、青椒、甜瓜、西瓜、花椰菜、白菜等蔬菜。成虫和若虫吸食植物汁液，被害叶片褪绿、变黄、萎蔫，甚至全株枯死。可分泌大量蜜液，严重污染叶片和果实，往往引起煤污病的大发生。

美洲斑潜蝇属双翅目潜蝇科，主要为害有黄瓜、番茄、茄子、辣椒、豇豆、蚕豆、大豆、菜豆、芹菜、甜瓜、西瓜、冬瓜、丝瓜、西葫芦、小西葫芦等蔬菜。幼虫和成虫均可为害叶片，幼虫取食叶片正面叶肉，形成先细后宽的蛇形弯曲或蛇形盘绕虫道，其内有交替排列整齐的黑色虫粪，老虫道后期呈棕色的干斑块区，一般1虫1道；成虫在叶片正面取食和产卵，刺伤叶片细胞，形成针尖大小的近圆形刺伤"孔"，造成危害。该虫还可传播作物病害，特别是某些病毒病。

(1) 温室白粉虱和烟粉虱发生情况调查

① 调查时间　a. 越冬虫口基数调查：3月上中旬进行，大棚蔬菜揭裙膜前一周开始，调查1~2次。b. 大田虫情系统调查：5月上旬~11月下旬进行；成虫迁入期调查从4月上旬开始。

② 调查方法　a. 越冬虫口基数调查：选择作物为大棚茄果类、瓜类等蔬菜田块。采取5点取样法，每点取样3株，苗期至成株前，调查上、中、下部各1片上粉虱成虫、若虫、卵的数量，成株期后，调查上部叶片1片、中部2叶片成虫、若虫和卵的数量，分别计算虫株率、平均百株3叶虫量、平均百株3叶若虫量、最高百株3叶虫量、最高百株3叶若虫量；同时随机5点取样，每点取样10株，调查煤污株数，计算煤污株率，将上述结果记入虫口基数调查记录表。调查时，先轻轻转动叶片数取成虫数量，然后用手持扩大镜观察计数若虫和卵的数量，将结果填入表4-13。b. 田间虫情系统调查：选择有代表性的春、夏、秋茬口，当地常年受害较重的主栽蔬菜种类2~3块进行，田间取样方法同越冬虫口基数调查，将结果填入表4-14。成虫迁入期调查采用黄板诱集法，可参考美洲斑潜蝇的成虫调查方法，将结果填入表4-15。

③ 发生程度分级标准　发生程度可分为5级，划分标准以发生高峰期虫株率和煤污株率为指标。分级标准如表4-12所示。

表4-12　分级标准

分级	发生程度	划分标准
1	轻度	虫株率<25%；未出现煤污株
2	中等偏轻	虫株率26%~50%；煤污株率<10%
3	中等	虫株率51%~80%；煤污株率11%~25%
4	中等偏重	虫株率>80%；煤污株率26%~50%
5	大发生	虫株率>80%；煤污株率>50%

④ 防治适期及防治对象田的确定方法　烟粉虱进入始盛期为防治适期；田间虫株率达25%以上田块为防治对象田（表4-13~表4-15）。

表4-13　烟粉虱虫口基数调查记录表

调查人：　　　　　　调查地点：　　　　　　调查时间：

调查日期	作物种类	作物生育期	有虫株数/株	有虫株率/%	数量/(头、粒)			百株3叶虫量/头	百株3叶若虫量/头	最高百株3叶虫量/头	最高百株3叶若虫量/头	备注
					成虫	若虫	卵					

表 4-14　烟粉虱系统调查记录表

调查单位：　　　　地点：　　　　年度：　　　　调查人：

调查日期	作物种类	生育期	虫株数/株	煤污株数/株	百株3叶虫量/头	百株3叶若虫量/头	最高百株3叶虫量/头	最高百株3叶若虫量/头	最高百株3叶若虫量/头	有虫株率/%	煤污株率/%	备注

表 4-15　黄板诱杀烟粉虱记录表

调查单位：　　　　地点：　　　　年度：　　　　调查人：

调查日期/(月/日)	作物	生育期	黄板内当日烟粉虱成虫/头			统一平均	逐日累计
			板1	板2	小计		

（2）美洲斑潜蝇的系统调查和迁入期调查

① 调查时间　选择瓜类、豆类及番茄等有代表性的蔬菜田，在平均气温达到 $12\sim14$℃以上时开始至低于 14℃终止。

② 调查方法　a. 系统调查：采用对角线 5 点取样法，能区分单株的作物取 5 点，每点 $5\sim10$ 株，按每株上、中、下部共取 20 片叶，5 点共调查 100 片叶；难分单株的作物，按藤蔓长度或面积取 5 点，每点按顶部、中部、下部取 20 片叶，5 点共查 100 片叶。主害代每 $2\sim3$d 检查 1 次，非主害代 7d 检查 1 次，记载虫数、受害株数、受害叶数、受害级别、幼虫数量，计算受害株率、受害叶率、有虫叶率和幼虫虫口密度（头/叶），将结果填入表 4-16。b. 黄板诱集：将黄板（规格 21.5cm×15cm，柠檬色，波长 $250\sim490$nm）卷成圆筒状，用竹竿夹住插在田间。黄板高于作物 $20\sim30$cm（棚架蔬菜，黄板可挂在植株高的 2/3处）。每块田设置 5 块黄板，主害代每 $2\sim3$d 检查 1 次，非主害代 7d 检查 1 次诱集的虫量，并计算每平方厘米诱虫量，将结果填入表 4-17。

表 4-16　美洲斑潜蝇田间虫情系统调查记录表

调查单位：　　　　地点：　　　　年度：　　　　调查人：

调查日期/(月/日)	作物品种	生育期	调查株数/株	有虫株数/株	有虫株率/%	调查叶数/片	有虫叶数/片	有虫叶率/%	幼虫虫口密度/(头/叶)	备注

表 4-17　黄板诱杀美洲斑潜蝇记录表

调查单位：　　　　地点：　　　　年度：　　　　调查人：

调查日期（月/日）	作物	生育期	黄板内当日斑潜蝇成虫/头			统一平均	逐日累计
			板1	板2	小计		

③ 美洲斑潜蝇虫情分级标准（表 4-18）

第四章　设施蔬菜生产技能与实验　**139**

表 4-18　美洲斑潜蝇虫情分级标准

分级	划分标准
0	无虫害
1	有虫株率≤25%
2	有虫株率 25.1%～50%
3	有虫株率 50.1%～75%
4	有虫株率>75%

④ 美洲斑潜蝇虫情指数计算方法　可利用以下公式进行计算。

a. 虫情指数＝100×∑（各级有虫株数×各级代表值）/（调查总株数×最高级代表值）

或者：

b. 虫情指数＝100×∑（各级有虫叶数×各级代表值）/（调查总叶数×最高级代表值）

⑤ 成虫和幼虫发生期预测方法　根据田间黄板诱虫量确定成虫高峰期。当黄板上成虫数量不断增加或激增时，成虫高峰期即将来临；当黄板诱虫量接近或达到最大值时（虫量达 25 头/cm²），进入成虫盛发期。通过成虫发生进度，可利用产卵前期（20℃以上平均 1.5～2d）和卵期直接预测幼虫发生期（通常成虫高峰期后 5d 进入幼虫发生始盛期，10d 为幼虫为害高峰期）。

⑥ 防治适期预测方法　应根据防治农药类型、防治时机而定，防治适期可为成虫发生始盛期、卵孵化盛期至初龄幼虫始盛期，成虫高峰期加 5d 为幼虫防治关键期。也可根据受害叶率和虫情指数预报防治适期，重发区（虫叶率达 100%，虫情指数 60 左右）虫叶率达 5%～10%，虫情指数为 1～2 时即应防治，轻发区（虫叶率 20%以下，虫情指数 5 以下）和较重发生区（虫叶率 20%～60%，虫情指数 5～15），该指标可放宽到虫叶率 10%～15% 和 15%～20%，虫情指数为 3～5 和 5～6。

2. 黄瓜霜霉病发生为害情况调查

黄瓜霜霉病是黄瓜最重要的病害，发生普遍，特别在北方保护地危害严重。霜霉病除为害黄瓜外，还为害丝瓜、苦瓜、南瓜、冬瓜等瓜菜类。

黄瓜霜霉病由卵菌纲霜霉属真菌侵害引起，主要危害叶片。多在开花结果后发生，从下部老叶开始发病。发病初期，叶片背面出现水渍状、浅绿色斑点，扩大后受叶脉限制呈多角形，病斑颜色变化为绿色、黄色，最后变为褐色，潮湿情况下叶片背面病斑上长出紫黑色霉层。病菌靠露珠和雨水传播。

（1）苗期中心病株调查　从真叶出现开始，每棚定 5 个点，每点随机选 30 株，每 5d 调查 1 次，将调查结果填入表 4-19。

表 4-19　黄瓜霜霉病中心病株调查表

调查日期 /（月/日）	调查地点	品种	生育期	发病中心 出现日期 /（月/日）	发病中心 病株数/株	发病中心 内病株率/%	备注

（2）定点系统调查　黄瓜定植后，于开花坐果期（5～6 片真叶到根瓜坐住），每棚定 5 点，每点定 20 株，每 5d 调查 1 次，调查至拉秧前结束。按照表 7 黄瓜霜霉病的病情指数分级标准将结果填入表 4-20、表 4-21。

表 4-20　黄瓜霜霉病病情指数分级

分级	划　分　标　准
0	无病叶
1	病叶占全株总叶片 1/4 以下,病斑面积占所在叶片面积的 1/4 以下
2	病叶占全株总叶片 1/4 以下,病斑面积占所在叶片面积的 1/4～1/2 或病叶占全株总叶片 1/4～1/2,病斑面积占所在叶片面积的 1/4 以下
3	病叶占全株总叶片 1/2～3/4,病斑面积占所在叶片面积的 1/2 以单,但病叶尚未干枯或死亡
4	全株大多数叶片干枯或死亡

表 4-21　黄瓜霜霉病田间系统调查记载表

调查日期：　　　　　　调查地点：　　　　　　调查人：

品种	生育期	调查株数/株	发病株数/株	病株率/%	调查叶数/张	发病叶数/张	病叶率/%	各级发病株/叶数					病情指数	备注
								0级	1级	2级	3级	4级		

五、作业

1. 将温室白粉虱和烟粉虱的虫情调查结果记录入相应表格,并分析说明调查田块的发生为害程度,并提出防治意见。

2. 根据美洲斑潜蝇的虫情调查结果,分析说明调查田块的发生为害程度,并提出防治意见。

3. 根据黄瓜霜霉病病情调查结果,分析说明调查田块病害的发生为害程度,并提出防治指导意见。黄瓜霜霉病发生程度分级标准见表 4-22。

表 4-22　黄瓜霜霉病发生程度分级标准

分级	1	2	3	4	5
病株率/%	≤10	10～25	25～50	50～75	>75
病情指数/%	≤5	5～10	10～20	20～30	>30

第二十二节　蔬菜病虫害药剂防治实验

一、概述

蔬菜病虫害的防治方法包括植物检疫、农业防治、物理防治、生物防治和化学防治法,其中,利用化学农药进行的化学防治应用极为广泛。

1. 农药的主要类别

化学农药根据作用范围可分为杀虫剂（杀螨剂）、杀菌剂、杀线虫剂、除草剂、杀鼠剂、植物生长调节剂和农用抗生素。杀虫剂根据作用原理及作用方式可分为胃毒、触杀、内吸、熏蒸、拒食、忌避、引诱、不育和生长发育调节剂；杀菌剂从作用机制上可分为保护剂、治

第四章　设施蔬菜生产技能与实验　**141**

疗剂、免疫剂；杀线虫剂多具有熏蒸作用，很多兼具杀虫作用；除草剂可分为触杀型和内吸型；植物生长调节剂根据用途不同可分为脱叶剂、催熟剂、催芽剂、抑芽剂、保鲜剂等。农用抗生素是一类由微生物产生的刺激代谢物，在低浓度时能抑制植物病原微生物的生长和繁殖，其作用已不仅应用于植物病害防治，很多还能防治害虫和螨类。

2. 农药的剂型及施用方法

生产上常用的农药多为有机合成农药，其原药一般不能直接使用，必须加工配制成各种类型的制剂才能使用。制剂的型态称剂型，常见剂型有乳油、悬浮剂、可湿性粉剂、粉剂、粒剂、水剂、缓释剂、烟剂等。施用农药时，根据情况不同，可分别采用种苗处理、土壤处理、熏蒸处理和植株喷洒等，其中最常用的是植株喷洒。不同剂型的农药各有其适宜的施用方法和技术要求，不宜随意改变。多数农药剂型在使用前必须经过稀释配制成一定浓度的溶液供喷洒，或配制成毒饵后使用，但粉剂、拌种剂、超低容量喷雾剂、熏毒剂等可以不经过配制而直接使用，颗粒剂只能抛撒或处理土壤，不能加水喷雾；可湿性粉剂只宜稀释喷雾，不能用于喷粉；粉剂只能直接喷撒或拌毒土或拌种，不可用于喷洒等。

3. 农药的田间药效试验

药效试验是鉴别农药防治效果，评价其使用与推广价值的必要步骤，目的是为了选择、确定最经济有效的施药程序。根据试验目的可分为：①农药品种比较试验，为当地推广使用的农药品种提供依据；②剂型比较试验，为工厂生产农药和农田使用农药的适合剂型提供依据；此外还有施药方法、施药量、施药浓度、施药时期和次数比较试验等。田间药效试验可附加一些人为的控制条件，如人工接虫、接菌、播草种等，但应尽可能地符合实际。

化学防治的目的是使用最有效的药剂，以最低的剂量、最少的使用次数，采用最简便的施用方法，取得最佳效果。

二、病害或虫害防治任选一个进行

1. 田间药剂喷雾防治美洲斑潜蝇试验

（1）实验目的

比较 5 种药剂对美洲斑潜蝇的防治效果，为生产上筛选、提供高效杀虫剂；掌握杀虫剂的田间试验方法。

（2）材料与用具

供试药剂：50％灭蝇胺可溶性粉剂（江苏省农药研究所有限公司生产），20％虫酰肼悬浮剂（江苏宝灵化工股份有限公司生产），25％噻虫嗪水分散粒剂（先正达生物科技有限公司生产），1％甲氨基阿维菌素苯甲酸盐乳油、1.8％阿维菌素乳油（浙江海正集团有限公司生产）。

供试作物：豇豆或黄瓜。

用具：WS-16 背负式手动喷雾器喷雾、量杯、标志牌、皮尺等。

（3）实验内容与方法

① 试验设计　设 5 个处理：a. 50％灭蝇胺可溶性粉剂 2500 倍液；b. 20％虫酰肼悬浮剂 1500 倍液；c. 25％噻虫嗪水分散粒剂 3000 倍液；d. 1％甲氨基阿维菌素苯甲酸盐乳油 2500 倍液；e. 1.8％阿维菌素乳油 3000 倍液，设清水对照。每个处理重复 3 次，共 18 个小区，小区面积 15~50m²，温室中的不小于 8m²，小区内植株数不少于 20 株，周围设保护株。随机区组排列。

② 施药时间与方法　在美洲斑潜蝇幼虫 1 龄或 2 龄盛发期用喷雾器对各小区均匀喷雾。

③ 调查方法　每小区在中间行定株调查 10 株。每株选择中、上部叶片 1～3 张（根据虫口密度而定），要求叶片上有处于生长初期的虫道 3～5 条（虫道长 0.5～1cm，此时幼虫处于 1～2 龄期），并在每一虫道前段两侧约 1cm 处，用油性记号笔进行标记，使其与潜道前端在一条线上。有空虫道的叶片不宜选择。调查防效时，幼虫体色新鲜、饱满、有羽化孔的均按活虫计，而虫体干瘪、变色的按死虫计，虫道延长及新增虫道的均以活虫计。施药前调查标记叶上的虫道数，作为药前基数，施药后 3d、5d、7d 分别调查 1 次空虫道、死虫数和活虫数。最后两次幼虫调查的同时，对所调查叶片的受害程度按表 4-23 所示分级标准进行为害指数调查，计算保苗效果。

表 4-23　美洲斑潜蝇为害程度分级标准

分级	划分标准
0	叶片无虫道
1	为害面积占整个叶面 5% 以下
3	为害面积占整个叶面 6%～10%
5	为害面积占整个叶面 11%～20%
7	为害面积占整个叶面 21%～50%
9	为害面积占整个叶面 50% 以上

④ 药效计算方法　以 a、c、d 和（或）b、e 式计算虫口减退率、叶片被害指数、叶片被害指数增长率和防治效果；以邓肯氏新复极差（DMRT）法分析各处理间防治效果的差异显著性。

a. 虫口减退率（%）$= \dfrac{Tr_0 \text{虫数} - Tr_1 \text{虫数}}{Tr_0 \text{虫数}} \times 100$

b. 防治效果（%）$= \dfrac{CK_0 \text{虫数} - Tr_1 \text{虫数}}{CK_1 \text{虫数} \times Tr_0 \text{虫数}} \times 100$

也可用叶片被害指数计算

c. 叶片被害指数（%）$= \dfrac{\sum (\text{各级被害叶片数} \times \text{各级代表值})}{\text{调查总叶片数} \times \text{最高调查级数}} \times 100$

d. 叶片被害指数增长率（%）$= \dfrac{Tr_1 \text{被害指数} - Tr_0 \text{被害指数}}{Tr_0 \text{被害指数}} \times 100$

e. 防治效果（%）$= \left(1 - \dfrac{CK_0 \text{被害指数} - Tr_1 \text{被害指数}}{CK_1 \text{被害指数} \times Tr_0 \text{被害指数}} \right) \times 100$

注：CK_0、Tr_0 分别指施药前对照和处理的虫口调查情况，CK_1、Tr_1 分别指施药后对照和处理的虫口调查情况。

（4）作业

① 以小组为单位，每小组 5～6 人，进行田间试验，将数据填入表格，并计算各种药剂的防治效果。

② 完成试验报告，并对试验结果甲乙分析说明。

2. 速克灵防治番茄灰霉病药效试验

（1）实验目的

确定 50% 速克灵可湿性粉剂防治番茄灰霉病的最佳剂量，掌握杀菌剂田间试验方法。

（2）材料与用具

药剂：50% 速克灵可湿性粉剂（日本住友化学工业株式会社）。

用具：工农-16 型背负式手动喷雾器、药物天平、量杯、标志牌、皮尺等。

（3）实验内容与方法

① 试验设计：设每亩用量为20g、30g、40g（折纯品），并设喷清水为对照。重复3次，小区面积为0.1亩，采用随机区组排列。

② 调查方法：于番茄结果期，选择长势好的温室大棚施药。每亩用药液量为60kg，分别于施药前级施药后7d调查防治效果，主要以果实为调查对象。每小区采用5点取样，每点调查2~3株，每株调查3~5个果实，根据病斑有无级大小分级记载。病情分级标准如表4-24所示。

表4-24　番茄病果分级标准

分级	划分标准
0	果实无病斑
1	病斑直径小于1cm
3	病斑直径1~2cm
5	病斑直径2~3cm
7	病斑直径3~5cm
9	病斑直径大于5cm

③ 药效计算方法：以a、b、c、和（或）d式计算病情指数、病情指数增长率和防治效果，以邓肯氏新复极差（DMRT）法分析各处理间病情指数、病情指数增长率和防治效果差异显著性。

a. 病情指数（％）$= \dfrac{\sum（各级病果数×各级代表值）}{调查总果数×最高调查发病级数} \times 100$

b. 病情指数增长率（％）$= \dfrac{Tr_1 \text{病情指数}-Tr_0\text{病情指数}}{Tr_0\text{病情指数}} \times 100$

c. 防治效果（％）$= \dfrac{CK\text{病情指数增长率}-Tr\text{病情指数增长率}}{CK\text{病情指数增长率}} \times 100$

若施药前未发病（即病情指数为0），则按照下式计算相对防效：

d. 防治效果（％）$= \dfrac{CK\text{病情指数}-Tr\text{病情指数}}{CK\text{病情指数}} \times 100$

（4）作业

① 以小组为单位，每小组5~6人，进行田间试验，将数据填入表格，并计算药剂防效。

② 根据药效试验结果，分析50％速克灵可湿性粉剂防治番茄灰霉病的最佳剂量。

注：本实验可参考书后参考文献 [13]~[20]。

第二十三节　蔬菜的采收技能

一、概述

采收是园艺产品栽培上的最后环节，又是其商品化处理的开始。因此，对采收工作的重要性，必须引起足够的重视。采收的基本原则是适时、无损。适时就是在符合鲜食、储藏或加工的要求时采收；无损就是要避免机械损伤，保持完整性，以便充分利用其本身具有的耐贮性和抗病性。因此，采收环节最重要的技术要点有两个：确定适宜的采收时期，采取正确的采收方法。

1. 采收的适宜时期

园艺产品的采收时期在很大程度上影响着产量、品质和商品价值，影响着储藏和加工的效果。一般而言，采收时期取决于产品本身的生长发育程度，即所谓成熟度。而适宜的采收成熟度是个相对概念，依据产品本身的生物学特性和采后用途、市场远近、储运和加工条件而有所变化。采收过早，不仅果蔬和花卉未充分发育而不能达到最大产量或最佳观赏程度，而且内部物质也不丰富，色、香、味欠佳，不能充分显示该品种固有的优良性状和品质，在储藏期间容易失水，表皮易皱缩而失鲜，有时还会增加某些生理病害的发生，达不到鲜食、储藏、加工的要求。若采收过晚，有些种类或品种会大量落果，果肉松软，运输中易造成损伤，同时，果实成熟后衰老也快，不耐储藏。一般作为当地鲜销的产品，可以晚采一些，以达到最大产量和最佳品质。作为长期储藏的或长途运输的产品，可以早采一点，如番茄。有些果实和蔬菜并非以生理成熟作为食用或加工原料的采收标准，而往往以人们的食用习惯为依据，例如黄瓜、茄子等采收幼嫩果实；青椒多数在果实发育饱满尚未达到生理成熟的绿果时采收，也可在成熟后采收红色果。至于叶菜类则以其生长状态为采收标准。有些叶菜采收标准不严格，可根据市场需要及时采收。块茎、鳞茎等有休眠期的蔬菜，开始进入休眠时采收最耐储藏。

为了正确判断成熟度，以便确定适宜的采收时期，人们往往用到以下指标和方法。

（1）色泽　许多果实在成熟时都显示出它们固有的果皮颜色，在生产实践中果皮的颜色成了判断果实成熟度的重要指标之一。一般果实首先在果皮上积累叶绿素，随着果实成熟度的提高，叶绿素就逐渐分解，底色（如类胡萝卜素）逐渐呈现出来，如草莓、番茄呈现出黄色或红色。可以事先编制一套从绿色到黄色、红色等颜色变化的系列卡片，用感官比色法来确定成熟度，也可以用更为客观和准确的色差仪和分光光度计来测量判断。

（2）硬度　果实的硬度是指果肉抗压力的强弱，抗压力愈强果实的硬度愈大，抗压力愈弱果实的硬度愈小。一般未成熟的果实硬度较大，随着果实成熟度的提高，果肉变软，硬度下降。因此，根据果实的硬度变化，可以判断果实的成熟度。果实硬度的测定常用手持硬度计。对于一些蔬菜器官的描述，如甘蓝叶球、大白菜叶球常用紧实度的概念，而花椰菜的花球则用坚实度。

（3）主要化学物质含量的变化　果实中的主要化学物质如淀粉、糖、酸和总可溶性固形物等的变化与成熟度有关。一般果实在成熟过程中含糖量逐渐增加，酸度逐渐下降。总可溶性固形物的主要成分是糖，用手持折光仪测定比较方便，故人们常以总可溶性固形物的高低来判断成熟度，或以可溶性固形物与总酸之比作为采收的依据。一般来说，甜玉米、豌豆、菜豆等幼嫩食用组织，应在含糖最高、含淀粉少时采收，品质最好，而马铃薯、芋头等在淀粉含量高时采收为好。

此外，跃变型果实在开始成熟时乙烯含量急剧上升，可以通过测定果实中乙烯的含量来确定采收期。美国密执安州立大学已研究出便携式乙烯测定仪，使这种方法成为可能。

（4）植株生长状态　块茎、鳞茎等蔬菜如洋葱、大蒜、马铃薯、芋头、姜等，应在地上部分开始枯黄时收获，此时产品开始进入休眠，采后最耐储藏。

（5）果实的形状和大小　在某些情况下，果实形状和大小可用来确定成熟度。例如，黄瓜和茄子可以根据其形状和大小判断其是否可以作为商品采收。

（6）生长期　在正常的气候条件下，园艺作物需生长一定的时间才能达到成熟。栽种在同一条件下的果蔬，其果实从生长至成熟，大都有一定的天数。可用计算果实生长期的方法确定成熟状态和采收日期，例如有人以从雌花开花授粉到果实成熟所需要的时间确定西瓜的成熟度。

由于蔬菜产品种类繁杂，人类又收获其不同的组织器官，故很难有一个统一的判断标准。通常情况下，人们总是根据产品的自身生理特点及其采后用途，运用数种方法来综合判断其适宜的采收成熟度。

2. 采收的方法

蔬菜作物除了少数可用机械采收外，大多数都是人工采收，设施内的产品更是如此。很多果蔬鲜嫩多汁，用人工采收可以做到轻拿轻放，避免碰破擦伤。同时，果蔬生长情况复杂，成熟度一致的，可以一次采收，成熟度不一致的要分期采收。人工采收，可针对每个个体进行成熟度鉴定，既不影响质量又不致减少产量。

果蔬采收要由有熟练技术的采收工人进行精细的操作，采用合理的盛装容器，尽可能避免机械损伤。采收最好在晴天早晨露水干后开始。如在炎热的夏天，因中午气温和产品温度高，田间热不易散发，会促使产品衰老及腐烂，叶菜类还会迅速失水而萎蔫，故此时不宜采收。另外，阴雨、露水未干和浓雾天不宜采收。雨露天表皮脆嫩，水分多，容易造成机械损伤和病菌侵染。产品采后应放阴凉处，不能立即包装。采收人员要剪平指甲，最好戴手套，在采收过程中做到轻拿轻放，轻装轻卸，以免损伤产品。果蔬采收后不要日晒和雨淋，还应避免采收前灌水。在采收前，必须将所需的人力、果箱、果袋、果剪及运输工具等事先检查备足。自然环境中存在许多致病的微生物，绝大部分是通过伤口侵入果实体内的。因此，果实在采收过程中，还必须剔除受伤果实，不可直接包装入箱，并在运输装卸中要继续防止受伤所带来的损失。

二、技能训练目的

其一，针对不同的蔬菜作物，学习成熟度的判断方法；其二，学习各种蔬菜的正确采收方法。

三、技能训练所需条件

① 温室或大棚蔬菜；
② 果（菜）箱或菜篮等盛具；
③ 其它工具（根据实际情况确定）。

四、技能训练内容

① 各种蔬菜采收成熟度的判断方法；
② 各种蔬菜的正确采收方法。

五、技能训练方法

① 师生现场讨论；
② 向农技员请教；
③ 学生亲自动手操作。

第二十四节　蔬菜的净菜化处理

一、概述

有的蔬菜采收后还需要进行整修，即去掉根须、老叶、残叶、泥土等，避免将这些"垃圾"带入市场或城市，同时还能提高蔬菜产品的商品价值，这就是净菜化处理过程。经过处理的蔬菜即谓净菜。净菜上市是时代的要求和趋势。当然，有的蔬菜采收后很干净，无需这一过程，可以直接进入后续工序。

根茎类蔬菜还可以进行清洗。现在市场上有专门的蔬菜清洗设备，在清洗的同时还可加入一些药剂如二氧化氯、次氯酸钠或臭氧，进行消毒保鲜处理。

净菜处理的原则是在处理的过程中尽量不要造成蔬菜产品的机械损伤。

二、技能训练目的

① 了解净菜处理和净菜上市的现状与问题；
② 掌握各类蔬菜净菜处理的原则与方法。

三、技能训练所需条件

① 温室或大棚蔬菜；
② 果（菜）箱或菜篮等盛具；
③ 刀具或其它工具（根据实际情况确定）；
④ 蔬菜清洗设备。

四、技能训练内容

① 各类蔬菜净菜处理的要求与方法；
② 现实存在的问题与可能的解决途径。

五、技能训练方法

① 师生现场参观讨论；
② 向技术人员请教和调查；
③ 学生亲自动手操作。

第二十五节　蔬菜的包装

一、概述

包装对于园艺产品至少有三方面的意义：保护产品，使其在运输、储藏、销售过程中免受机械伤害；美化商品和便利储运、销售；减少产品失水，保持产品新鲜度。

1. 包装容器

包装容器的质地应坚固，可以承受重压而不致变形破裂，且无不良气味；规格大小适当，便于搬运和堆码，充分利用仓库容积；内部光滑平整，能保持清洁；外形美观，可以装潢，以增强对顾客的吸引力。从包装材料分，包装容器的类型有：

① 筐类　包括荆条筐、柳条筐、竹筐等。可就地取材、价格低廉，但规格不一致，质地粗糙，不牢固，易使果蔬在储运中造成伤害。

② 木箱　耐压、抗湿。但自重大、价格高，耗木材资源。

③ 瓦楞纸箱　当前全世界果蔬包装的主要容器。优点：能工业化生产；自重轻；不使用时可折叠平放，占有空间小；具有缓冲性、隔热性及较好的耐压强度，减少商品损伤；装卸作业中易于实现机械化，且能提高库和车、船的装载量；表面可以印刷各种颜色的图案和文字。缺点：抗压力较小；容易吸潮变形。

④ 塑料箱　果蔬储运和周转中使用较广泛的一种容器，可以用多种合成材料制成，最

常用的是高密度聚乙烯制成的多种规格的包装箱。它的强度大，箱体结实，能够承受一定的挤压和碰撞，外表光滑，易于清洗，能够重复使用。

⑤ 泡沫塑料箱　用聚苯乙烯发泡制成，具有良好的隔热性和缓冲性，重量轻。主要用于果品的保温运输，也用于储藏。

⑥ 小包装　草莓、桑葚、樱桃、蘑菇等易损产品在产地经过分级、挑选等处理，先装入小塑料盒中，然后再装入包装箱中运输和销售。这种小包装可以避免产品在大包装箱中受到挤压而破损，也便于零售。

⑦ 网袋　用天然或合成纤维编织而成的网状袋子，规格因包装产品的种类而异，多用于马铃薯、红薯、洋葱、大蒜、胡萝卜等量大而经济价值又较低的产品的包装。

从包装用途分，包装容器又可分为储藏、运输、鲜销、礼品等样式。

2. 包装的辅助材料

① 衬垫物　使用筐类容器包装时，应先在容器内铺设衬垫物，以免果蔬和花卉直接与容器接触摩擦而造成伤害，同时还有保湿的作用。常用的衬垫物有蒲包、茅草、纸张、化纤编织物和塑料薄膜等。

② 填充物　为了尽可能避免产品在容器内的振动摩擦和下沉现象的出现，包装时应在容器内产品的空隙间填加一些软质材料。常用的有稻壳、锯屑、刨花、干草、纸条、泡沫塑料等。

③ 包纸　单果包纸可以抑制产品体内水分的蒸腾损失，减少失重和萎蔫程度；减轻病害果蔬的传染；减轻产品在容器内的振动和相互挤压碰撞损伤。包果纸要求质地柔软、干净、光滑、无异味和有韧性。包纸在水果上有应用，蔬菜上很少见到。

④ 塑料薄膜　主要有低密聚乙烯塑料薄膜、高密聚乙烯塑料薄膜和聚丙烯塑料薄膜等，在保湿、调气、隔离病害等方面有显著的优于纸张的效果。常用于瓦楞纸箱等的内包装。

3. 包装方法

对于大多数园艺产品而言，理想的包装应该是容器装满但不隆起，承受堆垛负荷的是包装容器，而不是产品本身。在现代产品包装中，水果一般都采用定位放置法或制模放置法，即将果实按横径大小分为几个等级，逐果放在固定的位置上，使每个包装能有最紧密的排列和最大的净重量，包装的容量是按果实个数计量。还有一种定位包装法，即使用一种带有凹坑的特殊抗压垫，凹坑大小根据果实的大小设计，这样使一个果实占据一个凹坑，一层放满后在上层再放一个带凹坑的抗压垫，使果实逐个分层隔开。抗压垫常用纸浆或塑料制成。

蔬菜种类繁多，产品器官形态各异。对于蔬菜产品的包装，可依蔬菜种类、储藏及运输方法的不同，或包装目的的不同，采用各种包装容器和包装方法，尽量减少蔬菜产品的机械损伤或水分损失。

二、技能训练目的

① 了解各类蔬菜产品包装情况的现状与问题；

② 掌握蔬菜包装的原则与各类蔬菜的包装方法。

三、技能训练所需条件

① 温室或大棚蔬菜；

② 果（菜）箱或菜篮等盛具；

③ 刀具或其它整修工具（根据实际情况确定）；

④ 各种包装容器和必要的包装辅助材料。

四、技能训练内容

① 认识包装的意义和目的；
② 熟悉各类包装容器；
③ 掌握包装的原则和方法。

五、技能训练方法

① 蔬菜包装现场、蔬菜批发市场、超市、冷库等场所参观调查；
② 学生在包装现场亲自动手操作。

第五章　设施果树操作技能

第一节　果树设施栽培的类型调查

一、概述

果树设施栽培是果树栽培的一种特殊形式，也称果树保护地栽培，是指在不适宜或不完全适宜果树生长的自然生态条件下，将某些果树置于人工保护设施之内，创造适宜果树生长发育的小气候环境，使其不受或少受自然季节的影响而进行的果树生产方式。

果树保护地栽培按生产的性质可划分为以提早上市为目的的保护地促成栽培，以延迟上市为目的的保护地延迟栽培，为了消除不良环境条件、提高果实产量和品质、防止裂果、防治病虫害等为目的的防护栽培三大类，以提早或延迟上市为目的的果树设施栽培又称反季节栽培。

二、实验目的

通过果树设施栽培的参观，初步了解当地设施果树栽培情况，进一步认识设施栽培在果树产业发展中的意义。果树设施栽培不仅能调节果树成熟期、促进市场均衡供应、解决市场水果需求和短缺的矛盾，也是防治病虫害、自然灾害的有力措施，减少农药使用，方便管理，降低风险等而提高栽培效益，实现优质高产高效。通过实验，掌握果树设施栽培的主要形式，明确每种栽培形式的特点及利用情况，了解各种果树设施栽培技术。

三、材料与用具

① 工具：记录用具。
② 材料：果树设施栽培场地。

四、实验内容与方法

（1）参观桃、葡萄或草莓等设施栽培实例，听取栽培技术介绍。在提供的参观实例场地，听取现场设施栽培情况及栽培技术介绍。

（2）以组为单位进行果树设施栽培实地调查。

① 进行参观设施调查，了解设施各部结构、材料构成及建造成本。

② 对果树的栽培方法，土水肥管理状况、整形、修剪方法，花果管理及果实采收期等进行详细调查。

③ 对设施日常管理、技术管理、人员配备等进行调查，掌握设施栽培的经济效益。

④ 了解设施病虫害及其预防措施。

（3）广泛收集果树设施栽培资料。

在图书馆、书店、网上广泛收集果树设施栽培资料，归纳总结果树设施栽培的主要形式有<u>哪些</u>？果树设施栽培特点特点有哪些？同时与现场观察果树设施栽培进行对比归纳。

（4）掌握果树设施栽培的主要形式及特点。

① 果树设施栽培的设施的类型：日光温室、塑料大棚、小拱棚、避雨棚等。

② 果树设施栽培的主要经营特点：调节果树成熟上市时期，促进市场均衡供应；设施防灾，调节果树成熟期；提高栽培效益，实现优质高产高效；见效快，风险小。

③ 果树设施栽培的技术特点：果树品种选择技术；设施果树的栽植技术；设施果树扣棚时间的确定与人工破眠技术；设施果树环境调控技术；设施果树综合管理技术。

五、作业

以一种果树为例，说明主要设施栽培形式和特点。

六、思考题

通过设施栽培可以提早成熟，也可以推迟成熟，这样在一年中果树生长期很长，能否先进行促早栽培，后进行延迟栽培的一年二次果实生产？

注：本实验可参考书后参考文献［21］～［23］。

第二节　设施果树需冷量的测定

一、概述

需冷量是指落叶果树打破自然休眠所需的有效低温时数，又叫需寒量、低温需求量或需寒积温。它是植物在长期自然演变过程中形成的对休眠期低温量的要求，只有满足了需冷量，才能保证其顺利通过自然休眠，它是落叶果树设施栽培成功的关键之一。如果需冷量不足，植株不能完成正常自然休眠整过程，势必引起生长发育障碍，即使条件合适，也不会适期萌发或萌发不整齐，导致萌芽率降低、萌芽不整齐、花器发育不良，并引起花器官败育或畸形发育、生理障碍等，影响果实的品质和产量。影响果树设施栽培提前上市的主要因素是扣棚加温的时间，了解果树品种需冷量是确定扣棚加温时间的基础。需冷量的研究有助于生产者选择适于设施栽培的需冷量品种来提高栽培成功率。通过选择中低需冷量品种，无论自然解除休眠还是利用化学处理提前解除休眠，都大大提早了果实上市时间。同时，在南方温暖地区，由于冬季低温时间短，露地栽培也需要选择需冷量小而容易打破休眠的品种。

落叶果树的需冷量具有遗传性，因此不同的树种、同一树种不同的品种需冷量之间也存在差异；另外，需冷量也受外界因素的影响，即使是同一品种在不同年份间也存在差异，在不同地区间差异会更大，这说明需冷量与环境因子和植物自身的生态适应性都有关系。

目前，考察落叶果树能否顺利渡过自然休眠是以观察萌芽率等生物学发育状况为标准，因而需冷量的估算就是以树体物候表现为基础。测定一个品种在某地需冷量时，主要是确定其自然休眠结束期。果树自然休眠期结束的时间可用花枝水培法和盆栽法确定，目前测定方法基本是在不同时期从田间采枝，分别在室内或日光温室培养，确定休眠解除日期。培养的枝条若萌芽、开花速度快而整齐，则说明低温需求量得到满足，若萌芽但不开花或根本不萌动，则说明低温需求量末得到满足。

在确定自然休眠结束期此基础上，进一步通过不同数学模型来估算果树的需冷量。需冷量估算模型包括两部分：第一，低温累积起始时间的确定。大多数研究者将第 1 次发生致死霜冻（−2.2℃）、自然落叶、营养成熟、冷温单位的最大负累积或日均温稳定通过 7℃ 等作为低温累积的起始时间；第二，促进和抑制低温累积的温度的范围和温度的效率。

对于需冷量的度量一直倍受关注。目前还没有适合各个树种、品种的统一的有效方法。研究者对需冷量的量度常采用冷温小时数和冷温单位两种形式。冷温小时数一般是指经历 $0\sim7.2℃$ 的累积低温的小时数。冷温单位指对破眠效率最高的最适冷温，一个小时为一个冷温单位；而偏离适期适温的对破眠效率下降甚至具有负作用的温度，其冷温单位小于 1 或为负值。

基于 2 种需冷量的度量的基础上，现已经发展了许多模型来估计需冷量，如犹他模型、低于 $7.2℃$ 模型、低需冷量模型、"北卡罗来那"模型和动力学模型等。$0\sim7.2℃$ 低温模型和犹他模型是目前国内常用的计算落叶果树需冷量的方法。$0\sim7.2℃$ 低温模型以 $0\sim7.2℃$ 的温度作为解除休眠的有效温度，其时间的累加值作为该树种的低温需求量。落叶果树的低温需求量表现为"累加效应"和"记忆效应"，秋季进入休眠后，只要温度在 $0\sim7.2℃$ 范围内，即使只有数小时或几十分钟，也会被准确地记忆下来，按时间的进程累加。

本实验以 $0\sim7.2℃$ 低温模型和犹他模型估算落叶果树需冷量。

二、实验目的

了解落叶果树需冷量估算模型，掌握落叶果树需冷量的估算方法，了解常见果树需冷量。

三、材料与用具

1. 材料：不同品种葡萄或桃等果树一年生成熟枝条。
2. 用具：光照培养箱，修枝剪，广口瓶，温度自动记录仪。

四、实验内容与方法

1. 休眠结束日期的确定

试验从 11 月 15 日开始每隔 10d 采集一次，选取主蔓中部较为充实的枝条（葡萄主梢中部 4～9 节带芽枝条），将剪下的枝条带回实验室，剪成小段，每段 1 个芽，每处理 30 个芽以上，插入基质（蛭石），放入人工气候室进行萌芽观察。

人工气候室条件：温度 25℃，每天光照 10h，湿度 60%。每天观察一次萌芽情况，培养 30 天左右统计萌芽率。

观察标准：1 级（未萌动），2 级（绒球状），3 级（露绿），4 级（叶伸出），5 级（展叶）

统计与计算标准：萌芽率＝（露绿芽数/总芽数）×100%

萌芽率达到 50%～60% 之间批次样品的采样时期为休眠结束日期，即满足需冷量的计算日期。若萌芽率介于 60%～70% 之间，则本次采样培养和上次采样培养之间的中间日期即为生理休眠解除之日期。

2. 田间实际温度测量和稳定通过≤7.2℃初始日期的确定

果园 24h 温度变化记录利用放置于果园的温度自动记录仪，从 10 月下旬开始记录至第二年萌芽前。根据果园的实测温度计算日均温度，以日平均温度稳定低于 7.2℃ 的日期为有效低温累积的起点。也可以利用当地气象资料分析。

3. 需冷量的计算

需冷量的计算按照 3 种不同模型进行，分别是：

① $0\sim7.2℃$ 模型 以经历 $0\sim7.2℃$ 的小时数累加值，单位：h（小时）。

② 犹他模型　以破眠效率最高的最适冷温一个小时为一个冷温单位（C.U）（表 5-1），而偏离适温的对破眠效率下降甚至具有负作用的温度其冷温单位小于 1 或为负值，具体转换关系见表 5-1。

表 5-1　犹他模型中温度与冷温单位转换

温度/℃	冷温单位/C.U	温度/℃	冷温单位/C.U
<1.4	0	12.5～15.9	0
1.5～2.4	0.5	16.0～18.0	−0.5
2.5～9.1	1	18.1～21.0	−1.0
9.2～12.4	0.5	21.1～23.0	−2.0

五、作业

计算供试品种的需冷量，查阅文献比较同一树种不同品种在不同地区需冷量的差异。

六、思考题

分析两种需冷量模型的优缺点。

注：本实验可参考书后参考文献 [21]～[23]。

第三节　果树休眠和人工打破技术

一、概述

休眠是指任何含有分生组织的植物器官，其可见生长的暂时停止。休眠是一种相对现象，并非绝对的停止一切生命活动，它是植物发育中的一个周期性时期。落叶果树冬季休眠是在长期的系统发育进程中形成的，是对逆境的一种适应性。根据休眠的生理活性可分为自然休眠和被迫休眠。自然休眠指即使给予适宜生长的环境条件仍不能萌芽生长，需要经过一定的低温条件，解除休眠后才能正常萌芽生长的休眠。被迫休眠指由于不利环境条件（低温、干旱等）的胁迫而暂时停止生长的现象，逆境消除即恢复生长。

由于研究者对休眠认识程度以及侧重点的不同，休眠的概念和术语使用混乱。1987 年，Lang 等提出将休眠分为内休眠、相关休眠和生态休眠 3 种类型。内休眠又称自然休眠，是指休眠结构本身的因素控制的休眠，可分为早期、最深期、后期；相关休眠指的是休眠结构以外的生理因素控制的休眠；生态休眠又称为被迫休眠，是指环境因子引起的休眠。但在落叶果树的年生长周期中，春夏部分芽体自体抑制性休眠，在夏末秋初整个树体进入休眠诱导，秋冬休眠开始发育，冬季进入深度休眠期，冬末春初休眠开始解除。1995 年，Faust 等以能否接受催芽反应，将自然休眠（内休眠）进一步分为深内休眠和浅内休眠两个阶段。在发育过程中，休眠诱导期、休眠发育期和休眠解除后期合称浅休眠期。处于浅休眠期的落叶果树可人工打破休眠进程。

落叶果树一旦进入深度自然休眠，需满足需冷量完成自然休眠才能正常生长发育；如果需冷量得不到满足，植株不能正常完成自然休眠全过程，必然引起生长发育障碍，即使条件适宜，也不能适期萌发，或萌发不整齐，并引起花器官畸形或严重败育，影响果品的产量和品质，降低经济效益。

在设施果树生产中，自然休眠是限制花期调控及产品上市时间的主要因素，提早扣棚升温需要人工打破休眠。而随着果树跨区域引种及栽培范围的扩大，部分较温暖地区常出现冬季有效低温累积不能完成自然休眠而导致其生长发育异常问题，使生产受到严重影响，这也需要人工破眠技术。

当落叶果树处于浅休眠期时，有许多物理和化学方法可解除休眠。当处于深休眠时，尚没有解除休眠的有效措施。落叶果树只有在满足需冷量的条件下才能正常的开花结果。果树进入深休眠后，可采用物理方法解除休眠。主要采取简单经济的人工措施，创造解除休眠所需的低温环境。通过喷水蒸发冷却降低温度，促进休眠结束。白天盖膜覆草苫、夜间揭苫开膜的方法人为创造低温环境，使果树提前进入休眠期而启动低温需求的生理生化过程。在果树落叶后，随即采用冰块降温的办法为辅助，以促使温室内的果树尽快度过休眠期。利用冷库处理，可以补充已经花芽分化果树枝条低温的需求，然后可用于低纬度低温不足的地区或设施栽培中应用。

自 20 世纪 40 年代以来，人们已开始用外源化学物质替代低温处理以解除果树的休眠。已经发现一些化学药剂有利于芽的萌发生长。目前，生产上常用的破休眠的化学物质有下几种：含氮化合物、含硫化合物、矿物油类和植物生长调节剂类。其中实际生产中石灰氮和单氰胺应用较普遍。

二、实验目的

了解果树休眠现象，掌握人工反保温技术、单氰胺等处理破除休眠的方法。

三、材料与用具

1. 材料：葡萄、桃等，生产温室或塑料大棚一栋。
2. 用具：单氰胺，喷雾器，天平，记号笔，标签牌等。

四、操作方法

1. 利用温室的保温性能创造人工低温集中促眠技术

在秋末，外界稳定出现低于 7.2℃温度时扣棚，同时覆盖保温被或草苫。只是保温被的揭放与正常保护地栽培时正好相反，夜晚揭开草苫，开启棚内风口作低温处理，降低棚内温度，白天盖上草苫并关闭风口，保持夜晚所蓄积的冷量，尽可能创造 0~7.2℃的低温环境。大多数落叶果树按此种方法集中处理 20~30d，便可顺利通过自然休眠，以后进行保护栽培即可。这种方法简单有效、成本低，是生产上广泛采用的技术。

2. 单氰胺打破休眠技术

单氰胺的学名是氨基氰，简称氰胺，是设施栽培中应用普遍的破除休眠药剂。南方落叶果树一般施用时间在正常发芽前 45~50d。北方温室葡萄、大樱桃、油桃等可在扣棚升温后 1~2d 内使用。使用时注意晚霜，避免露地栽培过早发芽而受到晚霜危害。葡萄使用浓度为 1.5%~2.0%、桃和樱桃使用浓度为 1%。施用时严格把握施用时期和倍数，由于核果类果树为纯花芽，鳞片的保护能力差，喷药时如果施用浓度不当，可能会出现药害。将药液配好后，直接用喷雾器喷洒或用刷子或脱脂棉蘸取配制好的溶液，均匀涂抹在芽杆上，使用的原则是要求芽芽见药，均匀喷施，不得重复。低压喷涂，至枝条湿透。涂抹是以毛笔或小刷子蘸药液涂抹休眠枝条或蔓。蘸药液点芽以湿透芽眼为好。最好保留顶端 2 个芽眼不点以保持它的顶端优势。

单氰胺等化学药剂处理不能完全代替低温打破果树休眠，它是在低温打破休眠后期代替部分低温。另外，单氰胺是强碱性溶液，使用时注意安全。单氰胺本身也是一种落叶剂，使绿叶枯萎，使用时避免喷洒到相邻正在生长的作物上。

五、作业

制定一个日光温室葡萄打破休眠作业方案。

六、思考题

在秋季来临之前，如何阻止日光温室果树进入休眠？

注：本实验可参考书后参考文献 [21]～[23]。

第四节　设施果树花芽分化的观察

一、概念

① 花芽分化　由叶芽的生理和组织状态转化为花芽的生理和组织状态，果树的生长点内开始区分出花（或花序）原基时叫花的开始分化或花的发端。随后，花器各部分原基陆续分化和生长，叫花的发育。如果取花芽分化各时期的花芽，再用一些染色剂如刚果红或番红染色，则在显微镜下可以清楚地观察到花芽分化情况。

② 生理分化　在出现形态分化之前，生长点内部由叶芽的生理状态（代谢方式）转向形成花芽的生理状态（代谢方式）的过程。

③ 形态分化　芽内花器官出现。

④ 设施果树花芽分化的意义　每年稳定地形成数量适当、质量好的花芽，才能保证早果、高产、稳产和优质。因此，研究花芽分化的规律对设施果树栽培有十分重要的意义。

二、实验目的

① 通过对花芽分化不同阶段的花器分化情况的观察，以便加深和验证课堂讲授的内容。

② 要求初步掌握观察花芽分化的徒手切片及镜检技术。

三、实验材料与用具

① 材料　采取花芽分化各时期设施桃的结果枝，桃花芽分化各个时期的固定切片。

② 试剂　1%刚果红或番红。

③ 仪器用具　双目生物显微镜（或解剖镜），刀片，镊子，解剖针，烧杯，培养皿，载玻片，盖玻片。

四、实验内容与方法

1. 制作徒手切片

① 取设施桃的结果枝，用镊子由外及里剥去花芽的鳞片，露出花序原始体。

② 用刀片从花序原始体的左上方轻轻往右下方切割，切割的花序原始体小片，越薄越好。一个花序原始体可连续切割数片。

③ 将切下的薄片放在盛水的培养皿中。

④ 将培养皿中的小薄片依次排列于载玻片上，用1%的刚果红染色1～3min。

⑤ 将染好色的小薄片用清水洗净，加上盖玻片，镜检观察。

2. 镜检观察

将制成的切片置于双目生物显微镜或低倍显微镜下依次检查，并与标准固定切片相对照，以识别花芽分化所处的时期。

桃的花芽分化时期：

① 未分化期生长点平坦，四周凹陷不明显。

② 花芽分化期生长点突起肥大。

③ 花萼分化期生长点四周产生突起，出现花萼原始体。

④ 花瓣分化期萼片原始体内侧基部产生突起，出现花瓣原始体。

⑤ 雄蕊分化期花瓣原始体内侧出现雄蕊原始体。

⑥ 雌蕊分化期在中心部分产生突起，出现雌蕊原始体。

五、作业

绘制观察到设施桃的花芽分化切片图，并注明分化时期及花器各部分名称。

六、思考题

1. 设施栽培对桃花芽分化有何影响？

2. 如何促进或抑制设施果树花芽分化进程？

注：本实验可参考书后参考文献 [21]、[22]、[49]。

第五节　设施果树树体结构和枝芽类型观察

一、概述

果树树体结构和枝芽特性直接影响到果树生长结果习性、产量、品质和栽培管理技术。由于各种果树的枝芽特性和对环境条件的要求不同，因而不同果树的树体结构不同。同时，同一种果树在不同栽培密度和方式下的树体结构也不相同。芽的特性包括芽的异质性、芽的早熟性、萌芽率和成枝力等，枝条的特性主要包括顶端优势和层性等。

二、实验目的

① 明确果树地上部树体组成及各部分的名称。

② 熟悉主要果树枝芽的类型和特点。

三、材料与用具

① 材料　选择苹果及桃、杏、李子、樱桃、葡萄等常见设施果树生长正常的结果树2～3株。

② 用具　皮尺、钢卷尺、扩大镜、修枝剪、记载和绘图用具等。

四、实验内容与方法

1. 观察果树地上部的基本结构，明确各部分的名称

① 树干　树体的中轴，由主干和中心干组成。

② 主干　从地面至第一主枝的树干部分。

③ 中心干　又称中央领导干、中干，树冠中的主干垂直延长部分。

④ 主枝　着生在树干的中心干上永久性枝。

⑤ 侧枝　又称副主枝，着生在主枝上的永久性分枝。

⑥ 骨干枝　组成树冠骨架的永久性枝的统称。包括主干、中心干、主枝、侧枝等。骨干枝依分枝顺序可分为一级骨干枝、二级骨干枝、三级骨干枝……如主枝是一级枝，一级枝上的分枝是二级枝，依此类推。

⑦ 延长枝　各级骨干枝先端向外延长的一年生枝。

⑧ 结果枝组　着生在各级骨干枝上的小枝群，由结果枝和生长枝组成的一组枝条，是生长和结果的基本单位。

2. 果树枝条

（1）枝条类型　果树枝条根据分类方法不同，可分为不同的类型。根据枝条的年龄分：当年生枝、一年生枝、二年生枝、三年生枝。根据新梢生长的季节分：苹果一般分为春梢和秋梢。根据枝条的性质分：生长枝、结果枝。

1）二年生枝　一年生枝春季萌发后叫二年生枝。

2）一年生枝　落叶以后到萌芽以前的枝条叫一年生枝。

3）新梢　又叫当年生枝，落叶果树自春季萌芽以后发生的新枝到落叶前称为当年生枝或新梢。当年能发出二次枝的新梢亦称为一次枝。

4）副梢　二次枝以上的枝条的统称，由新梢叶腋发生的分枝。三次枝（又称二次副梢）由二次枝叶腋发生的分枝。

5）春梢　春季芽萌发至第一次停止生长形成的一段枝条。

6）秋梢　春梢停止生长或形成顶芽之后又继续萌发生长的一段枝条。

7）一次枝　春季萌芽后第一次生长的枝条。

8）二次枝　当年由一次枝上的副芽抽生的枝条。

9）营养枝（生长枝）　所有生长枝的总称。包括长、中，短三类生长枝，叶丛枝，徒长枝等。

10）长枝（长生长枝）　生长较健壮的一年生枝。仁果类一般指未形成花芽，长度在 15 厘米以上、中枝（中生长枝），长度 10～15cm。短枝长度在 5cm 以内。

11）徒长枝　树冠内萌发出来的垂直生长的枝条。生长快，节间长，组织多不充实，多由潜伏芽发出。

12）叶丛枝　节间短，叶片密集，常成莲座状的短枝，长度在 1～3cm。

13）结果枝　着生花芽的枝条。

14）果台　苹果、梨着生果实部位膨大的当年生枝。

15）果台副梢　结果枝开花结果后，由果台上抽出的新梢。

（2）结果枝类型　可分为长果枝、中果枝、短果枝、短果枝群、花束状果枝。

1）苹果和梨

① 长果枝　长度 15cm 以上。

② 中果枝　长度 5～15cm;

③ 短果枝　长度 5cm 以下。

④ 短果枝群　短果枝分枝后的名称。

2）桃、杏、李和樱桃

① 徒长性果枝　长度 60cm 以上。

② 长果枝　长度 30～60cm。

③ 中果枝　长度 15～30cm。

④ 短果枝　长度 5～15cm。

⑤ 花束状果枝　长度 5cm 以下，节间明显可见。

⑥ 花簇状果枝　长度在 2～3cm 以下，节间极短而不可分，花芽长成一簇。

3. 芽的类型

芽由于区分的依据不同而有不同的名称。根据芽在枝条上着生的位置分：顶芽，侧芽（又称腋芽）。根据芽的性质和内部构造分：叶芽、花芽，花芽又分为纯花芽和混合芽。根据芽在同一节上着生的数量分：单芽、复芽。根据芽在叶腋的位置及生长习性分为主芽、副芽。根据芽的萌发时期分：早熟芽、活动芽、休眠芽。

（1）花芽　萌发后开花结果的芽。

（2）叶芽　萌发后只抽生枝叶的芽。

（3）混合芽　一个芽内包括枝、叶和花的原始体。

（4）纯花芽　一个芽内只有花器原始体。

（5）腋花芽　在新梢叶腋间形成的花芽。

（6）单芽　在一个节位上着生一个芽。

（7）复芽　在一个节位上着生两个或两个以上的芽。

（8）主芽　着生于叶腋正中央，一般当年不萌发。

（9）副芽　着生于主芽两侧或上方、下方，有的当年萌发，如枣；有的当年和第二年不萌发，如苹果、梨。后者的副芽通常很小，成为休眠芽。

（10）早熟芽　芽在形成的当年就萌发的称早熟芽。

（11）活动芽　芽在形成的当年不萌发而第二年才萌发的称活动芽。

（12）休眠芽　芽在形成的当年、第二年都不萌发而潜伏下来的称为休眠芽（又称潜伏芽）。

4. 观察果树枝芽的生长特性，明确下列名词及其表现

（1）顶端优势　位于枝条顶端的芽或枝条，萌芽力和生长势最强，而向下依次减弱的现象，称为顶端优势。枝条越是直立，顶端优势表现越明显。水平或下垂的枝条，由于极性的变化，顶端优势减弱，被极性部位所取代。

（2）芽的异质性　在一个枝条上，芽的大小和饱满程度有很大差别，称为芽的异质性。在一个正常生长的生长枝上，一般基部芽的质量差，中上部芽的质量好，而近顶端的几个芽的质量也较差。在有春秋梢生长的枝条上，除有上述规律外，在春秋梢交界处，节部芽极小，质量很差或甚至无芽，叫做盲节。

（3）芽的早熟性　果树的芽形成的当年即能萌发者称芽的早熟性。具有早熟性芽的树种或品种一般萌芽率高，成枝力强，花芽形成快，结果早。

（4）萌芽率和成枝力　一年生枝条上芽的萌发数量以百分数表示叫萌芽率。而萌发的芽抽生长枝的能力叫成枝力。

（5）层性　果树树冠的中心干上，主枝分布的成层现象叫做层性。不同树种品种的果树，由于顶端优势强弱、萌芽率和成枝力的不同，层性的明显程度有很大差异。

（6）分枝角度　枝条抽出后与其着生枝条间的夹角称为分枝角度。由于树种品种不同，分枝角常有很大差异。在一年生枝上抽生枝条的部位距顶端越远，则分枝角度越大。

五、作业

1. 绘制所调查的桃树体结构图，并注明各部分名称。

2. 通过观察，说明桃、樱桃、杏的枝芽特性有何异同点。

六、思考题

果树枝条级次与开花结果关系。

注：本实验可参考书后参考文献 [21]～[23]。

第六节　设施果树生长结果习性观察

一、概念

① 树冠层性　由于顶端优势和芽的异质性共同作用，使树冠内大枝形成明显层次分布的现象称为层性。

② 萌芽率　一年生枝条上的芽萌发的能力称萌芽率，以萌芽占总芽数的百分率表示。

③ 成枝力　萌发的芽可生长为长度不等的枝条，把抽生长枝的能力称为成枝力，以长枝占总萌芽数的百分率表示。萌芽率与成枝力因树种和品种而异。柑橘、桃、杏的萌芽率和成枝力均强。梨的萌芽率强，但成枝力弱。富士苹果萌芽率和成枝力均较强，短枝型元帅系苹果萌芽率强，成枝力弱。

④ 芽的早熟性　一些果树新梢上芽，当年即可萌发的特性，称为芽的早熟性。具有早熟性芽的有桃、葡萄、枣、杏、柑橘等，一年可抽生多次新梢。树冠扩大快，幼树进入结果期早。另一类果树的芽子，当年形成以后第二年才能萌发，这称为芽的晚熟性。苹果、梨属于晚熟性芽。

⑤ 芽的异质性　芽在发育过程中，由于内部营养状况和外界环境条件的不同，同一枝条上的芽存在着形态和质量的差异，称为芽的异质性。

⑥ 结果枝　着生花芽能开花结果的枝条称为结果枝。根据枝条的长短和形态的不同，可分为长果枝、中果枝、短果枝和花束状果枝。仁果类的长果枝＞15cm，核果类长果枝＞30cm；仁果类中果枝长 5～15cm，核果类中果枝 15～30cm；仁果类短果枝＜5cm，核果类短果枝＜15cm。

⑦ 营养枝　只有叶芽而没有花芽的一年生枝叫营养枝。根据营养枝的生长情况可分为：发育枝，这类芽体饱满，生长健壮，是构成树冠和发生结果枝的主要枝条；徒长枝，由休眠芽或不定芽萌发而成，生长直立，长而粗，芽体瘦小；叶丛枝，节间极短，叶序排列呈丛状，腋芽不明显，苹果、梨叶丛枝易转变为结果枝。

⑧ 花芽　芽是由枝、叶、花的原始体以及生长点、过渡叶、苞片、鳞片构成的。只含花原基的称为纯花芽。芽肥大饱满，先端圆钝，芽鳞紧，萌发后能开花结果。桃、李子、杏、梅、樱桃为纯花芽；苹果、梨、葡萄、枣为混合花芽。

⑨ 叶芽　只含叶原基的称叶芽。叶芽较瘦长，先端尖锐、芽鳞松、萌芽后只抽枝长叶，不开花结果。

二、实验目的

果树的生长结果习性是制定栽培管理技术的主要依据。因此，了解和熟悉各种设施果树的生长结果习性是学习和研究设施果树栽培管理的基础。设施栽培的主要果树包括核果类与浆果类果树，二者的生长结果习性差异很大，主要体现在干性、萌芽率、成枝力、芽的早熟性、花芽的类型及着生部位、结果枝的类型等方面。同一类果树生长结果习性有相似之处，但也存在很大的区别。

通过实习，初步掌握观察设施果树生长结果习性的方法，并熟悉核果类和浆果类果树的生长结果习性，为制定栽培管理技术奠定基础。

三、材料、用具

① 材料　选择核果类（桃、樱桃）和浆果类（葡萄）的主要品种为代表，各选幼树、盛果期树和衰老更新树的正常植株进行观察。

② 用具　皮尺，钢卷尺，放大镜等。

四、实验内容与方法

设施果树的生长结果习性涉及内容很多，本实习进行重点观察。观察对比时应注意选择树龄、生长势等近似的植株。于休眠期或开花期进行 2～3 次，可与物候期观察实习结合进行。

1. 核果类（桃、樱桃）

（1）观察核果类果树的树形，干性强弱，分枝角度，中心干及层性明显程度等。找出核果类果树树体结构的特点。

（2）调查核果类果树的萌芽率和成枝力，一年分枝次数。观察其枝条疏密度及不同树龄植株的发枝情况，找出其生长及更新的规律。

（3）明确徒长性果枝，长中短果枝及花束状果枝的划分标准。观察各种果枝的着生部位及结果能力，不同树龄植株结果部位变动的规律，对比桃、杏、李子、樱桃不同结果枝的比例。

（4）观察核果类纯花芽的类型，每花芽内花数，叶芽和花芽排列的形式。对比桃、杏、李、樱桃的长中短果枝、花束状果枝和花簇状果枝上叶芽和花芽的排列形式。

（5）观察核果类花的类型和结构。对比杏退化花和正常花的区别。统计杏退化花的百分数。

2. 浆果类（葡萄）

（1）观察葡萄树体结构特点，明确各部位的名称：主干，主蔓，侧蔓，结果母枝，结果枝，营养枝，副梢。

① 主蔓和侧蔓　从主干上或地面直接分出一至几个蔓，形成植株的骨干叫主蔓。主蔓上的大分枝叫侧蔓。

② 结果母枝　着生结果新梢的枝条叫结果母枝。

③ 结果枝（结果新梢）　着生花序或果穗的新梢叫结果枝。

（2）观察葡萄芽眼的类型，形态特点，着生部位及萌发规律。识别冬芽、夏芽、主芽、后备芽、潜伏芽（隐芽）。

① 冬芽和夏芽　冬芽外被鳞片，在正常情况下越冬后萌发，抽生结果枝或发育枝。夏芽为裸芽，着生在冬芽侧旁，无鳞片包被，不能越冬，当年形成当年萌发成副梢。

② 主芽和后备芽　每个冬芽由 1 个主芽和 3～8 个以上的后备芽（副芽）组成。主芽发育完全，春季先萌发，如受到伤害则后备芽可陆续萌发。有些品种主芽和后备芽可同时萌发成双梢或三梢。

③ 潜伏芽　葡萄冬芽中的主芽或后备芽当年不萌发，而成为潜伏芽，在适宜条件下可陆续萌发。葡萄冬芽中后备芽数目很多，每年常有许多潜伏芽发出，所以很容易更新。

（3）调查葡萄的萌芽规律，双芽及三芽萌发情况，冬芽和夏芽的萌发特点。年生长次数，年生长量等，找出其生长规律和特点。

（4）观察葡萄的结果部位，结果母枝上不同部位抽生结果枝的能力，结果枝上果穗的着生部位，副梢结果情况。

（5）观察葡萄花的结构两性花，雌能花，雄能花；闭花受精现象。

五、作业

1. 比较核果类和浆果类设施果树生长结果习性的主要不同点。
2. 对观察记载表所得的结果进行分析。

六、思考题

1. 根据设施桃和葡萄生长结果习性特点，如何促进成熟或延迟成熟？
2. 从哪些观察说明葡萄的芽具有高度的早熟性？
注：本实验可参考书后参考文献 [21]～[23]。

第七节　果树设施育苗技术

　　培育品种纯正的健壮果苗，是设施栽培果树早果、优质、丰产的基础。苗木的质量对栽植成活率、整齐度、生长结果及经济寿命、果品质量、抗逆性影响很大。因此果树设施育苗对于果树生产十分重要。常用果树设施育苗技术包括：嫁接繁殖和自根繁殖。嫁接繁殖是指将优良品种植株上的枝或芽通过嫁接技术接到另一植株的枝干上，经过双方愈合而培育成果苗的技术。自根繁殖指利用植物器官的再生能力发根或者发芽后，形成新的独立植株的繁殖方式。枝段或芽称为接穗，承受接穗的部分称为砧木，砧木和接穗的共生体称为砧穗（穗/砧）嫁接苗。

一、目的

　　了解果树利用设施育苗的方法，并熟悉各种育苗方法的操作流程。

二、材料、用具

　　① 材料　野生苹果的种子或苹果、葡萄的枝条。
　　② 用具　塑料薄膜记录本，标本采集桶，标本夹，塑料袋，剪枝剪等。

三、操作方法

1. 实生苗及繁殖技术实施

　　实生苗繁殖具有技术简便、种子来源广、便于大量繁殖等优点。实生苗根系发达，适应性、抗性强、寿命长。种子不带病毒，在隔离的条件下育成无毒苗。同时，还具有后代变异性大、表现型差异大、优良性状难以保存、有童期、结果晚等缺点。实生苗通常用作栽培苗、砧木繁殖以及培育优良品种、杂交苗培育、育种等。

　　实生繁殖技术的要点：

　　（1）种子的采集和处理　①选择优良母本树；②适时采收；③选择果实，合理取种。
　　（2）取种方法　①堆沤腐烂法；②人工剥取；③结合加工取种（注意防止高温，低于45℃，清水漂洗）；④晾晒和分级，采用荫干法；⑤妥善储存。
　　（3）促进种子萌发的措施　①层积处理，层积温度27℃，有效最低温—5℃，最高温17℃，湿度50％～60％；②机械处理；③化学处理。
　　（4）生活力鉴定　①目测法：直接观察种子的外部形态，有生活力的饱满、种皮有光泽、粒重、有弹性、胚和胚乳乳白色；②染色法：0.5％四氮唑，25～30℃处理 3～24h；红墨水染色；③发芽试验。

（5）播种及播后管理　播种时期：春播、秋播、采后播；播种方式：畦播、垄播；点播、撒播、条播、营养钵穴播等。

2. 自根苗及繁殖技术实施

自根苗具有变异小、能保持母株优良性状、遗传稳定、无童期等特点。缺点则是根系浅、抗性差、适应性差、寿命短、繁殖系数较小等。自根苗主要用于果苗繁殖和砧木繁殖。

（1）扦插的种类、方法　扦插的方法有枝插、根插、叶插；硬枝插条的选择与贮藏：休眠期早剪取。

（2）插条的选择　成熟、健壮、无病虫害；插条的储藏：按 60～100cm 剪截，每 50 或 100 根进行捆扎，标签、标品种、数量、采集日期及采集地点；嫩枝插条的选择，随采随插；选用半木质化的新梢。

（3）扦插方式　①露地直插；②催根后露地扦插；扦插床内长成幼苗后移植；扦插时间：硬枝扦插主要在休眠解除后进行（春季）；绿枝扦插以夏插为主；冬季如果能在室内控制温度、湿度，也可在解除休眠后扦插；扦插基质：易于生根的树种如葡萄等对基质要求不很严格，一般圃地即可；对生根慢的树种及嫩枝扦插，对基质要求较高。可采用蛭石、珍珠岩、素砂等。

（4）插条的剪截　插条一般长 10～20cm，保留 2～3 个或 3～4 个芽，节间长的葡萄可单芽扦插；上剪口离芽眼 1.5～2.0cm 处平剪，下剪口的斜面与芽眼相对，离下端芽眼 1cm 处斜剪。

（5）促进生根的三种方法　①机械处理：剥皮、纵刻伤、环状剥皮；②黄化处理：扦插前用黑布或纸条等包裹枝条基部；加温处理：增加基质温度，促进发根；火炕、阳畦、薄膜覆盖或电热温等；③药剂处理：IBA、IAA、NAA、生根粉等；硬枝扦插：5～100μL/L，浸渍 12～24h；嫩枝扦插：5～25μL/L，浸渍 12～24h；浓度 500～1000μL/L 速蘸。

（6）几种催根的方法　①阳畦催根：露地扦插前一个月进行；阳畦建在背风向阳处，其北面搭好风障。沿东西向作宽 1.4m，深 60cm 的畦，畦长依插条数量而定；②火炕及电热催根：火炕上先铺 5cm 锯末，间隙塞锯末，芽眼露外面。充分喷水，生根处温度保持在 22～30℃；适宜树种：枣、柿、核桃、长山核桃、山核桃、李、山楂、樱桃、杜梨、秋子梨、山定子、海棠果、苹果营养系矮化砧等。根段以粗 0.3～1.5cm 为好。剪成 10cm 左右长，上剪口平剪，下口斜剪。直插为好。

（7）插后管理　管理的关键是水分和温度管理。尤其是绿枝扦插。土壤适度干旱，空气湿度饱和，土温略高于气温，苗木独立生长后，除水分管理外，还要追肥、除草，苗木进入硬化期，要停止浇水施肥，以免徒长。另及时病虫防治。

3. 嫁接繁殖技术的实施

嫁接苗可以保持品种优良性状，利用砧木的优良特性，便于大量繁殖。同时具备高接换优，救治病株，开始结果早等特点。其缺点是存在嫁接不亲和、技术要求较高、传播病毒病，多用于苗木繁殖、品种更新和树势恢复。

嫁接在选择砧木时要根据当地的生态环境条件，选择适宜的果树砧木，才能充分发挥果树的潜能，实现高产、优质、高效、低耗的效益。区域化砧木选择要具备如下条件：有良好的亲和力；风土适应性、抗性强，根系发达，生长健壮（包括对低温、干旱、水涝、盐碱、病虫害的适应和抵抗能力）；有利于品种接穗生长和结果，早果、优质；具有特殊的需要，矮化、集约化；砧木材料丰富，易于繁殖。

（1）检查成活和补接　大多数果树接后10～15d即可检查成活情况，如果芽片皮色鲜绿，接芽的叶柄用手指一触即落，则表示已经成活；如果叶柄不落，芽片干枯，说明没有成活，需马上补接，过迟砧木不能离皮，影响成活。

（2）解绑　夏季芽接后3周左右即可解绑，以免影响加粗生长和绑缚物嵌入皮层。秋季嫁接的，可于次年春季解绑。

（3）培土防寒　冬季严寒、干旱地区，为防止接芽受冻或抽条，在封冻前应培土防寒。培土以超过接芽6～10cm为宜。春季解冻后及时扒开，以免影响接芽的萌发。

（4）剪砧及补接　速生苗接后7～10d剪砧。秋季芽接的可于第二年春季发芽前剪砧。但剪砧不宜过早，以免剪口风干和受冻。剪砧时剪口应在接芽上部0.3～0.5cm处，剪口要平滑，并稍向接芽对面倾斜，不要留得太长，也不要向接芽一方倾斜，以免影响接口愈合。越冬后接芽未成活的，春季可用枝接法进行补接。

（5）枝接苗的管理要点　除萌、解绑（接后45～60d解绑）、立支柱（新梢长到30cm左右时立（绑）支柱）、补接、圃内整形、土肥水管理、病虫害防治。

四、作业

1. 比较几种育苗技术的优缺点。
2. 简述不同果树所应用到的育苗技术的原因。

第八节　设施果树栽植技术

一、概述

果树栽植技术直接影响果树定植成活率和幼树的生长发育，影响设施栽培第二年收入。因此，学会栽植技术是十分重要的。行向是根据架式、地形、风向、光照等因素来确定。设施栽培中大多采用南北行，架面受光量大，架面之间相互遮光量少，受光较为均匀，并且我国大部分地区南北风向较多，有利于通风透光和提高的产量及品质。密植是提高果树早期产量的重要措施，设施栽培密度较大。栽植的时期为从秋季苗木落叶前后一直到第二年春季萌芽以前，只要气温和土壤状况适宜都可进行栽植。北方冬季寒冷，多采用春栽，而我国中部和南部地区则多采用秋栽。秋栽苗木根系在当年即可恢复，并能长出部分新根，能及早吸收土壤中的水分和养分，第二年一开春，幼苗即可转入迅速生长，有利于早成形、早结果、早丰产。但冬季是设施栽培主要生产季节，为了增加棚体利用率，一般在春季栽植。

二、实验目的

要求通过实习，熟练掌握果苗栽植的技术，了解和掌握提高栽植成活率的关键。

三、材料与用具

材料：葡萄、桃等1～2年生嫁接苗。

用具：修枝剪，镐，铁锹，皮尺，测绳，标杆，石灰，木桩，土粪等。

四、操作方法

1.测定植点

按照要求的株行距，在测绳上做好记号，用拉绳法测定植点。首先在小区的四周定点，按测绳上的记号插木桩或撒石灰。如果小区较大，应在小区的中间定出一行定植点，然后拉绳的两端，依次定点。

2. 挖沟或挖穴

果树定植后要在固定位置生长结果多年，需要有较大的地下营养体积。挖沟或挖坑均可，株距小时，宜挖沟，通常挖深宽各 0.8～1.0m 的带状沟，株距较大时可挖坑，直径和深度为 0.8～1.0m。挖沟或挖坑时，挖土时注意表土和底土分开堆放。栽植沟要提早挖，使沟内土壤充分风化、熟化，栽植沟挖好后使土壤充分风化。回填土时，先将表土填入沟底，上面再放底土。为了增加土壤的通透性和有机质，可在沟底先铺 10～15cm 厚的粗有机物如秸秆和杂草等，然后再将腐熟的有机肥料和表土混匀填入沟内，或者采用一层肥料一层土的方法填土。快填到沟满时，可浇一次透水，以沉实土壤。设施栽培中，起垄栽植有利于扣棚升温后根系生长，所以回填沟时，做成高垄。

栽苗之前，按园区规划和株行距在定植行上用白灰标出定植点，以定植点为中心，挖40厘米的定植坑，如在挖沟时施肥不足，还应在苗坑底部施适量有机肥。

3. 苗木检查、消毒和处理

未经分级的苗木，栽植前应按苗木大小，根系的好坏进行分级，把相同等级的苗木栽在一起。以利栽后管理。在分级过程中，检查一下品种是否准确，有混杂的苗木必须剔出。对苗木根系要进行修剪，将断伤的、劈裂的、有病的、腐烂的和干死的根剪掉。

将已选好的苗木的根系浸在 20% 的石灰水中进行消毒半小时，浸后用清水冲洗。才从外地运来的苗木。由于运输过程中易于失水，最好在栽植前用清水浸泡根系半天至一天，或在栽植前把根系沾稀泥浆，可提高栽植成活率。

4. 栽植方法

栽植深度以苗木的根颈部与地面相平为准。在冬季严寒的东北和西北地区，根部有受冻的危险，采用深沟浅坑或深坑栽植是防止根部受冻的有效措施。如沈阳地区，土层 50cm 以下的最低温度不低于 −7℃，所以栽植深度以 60cm 为宜。在沙土地和沙砾地，因土壤干旱，土温变化剧烈，冬季结冻深而夏季表层温度过高，也应适当深栽。在地下水位高，特别是在盐渍化的土壤，则应适当浅栽。在旱地条件下，可采用"深坑浅埋"的栽植方法，如在葡萄栽植时挖 60～80cm 的深坑，定植当年填土至地面约 30cm 处，这样既有利于保蓄土壤水分，又使土温不至过低，以后 2～3 年内逐年培土，直到填平为止。嫁接苗的接口要高出地 3～5cm，以防接穗品种生根。

栽苗时，一人拿着苗将其立于定植坑中心，同时注意与前后、左右的苗木或标定点对直对齐。标定好位置后，另一人用锹培土，培土时注意使根向坑的四周舒展开。边填土边踩，填土一半时，要轻轻提苗，使根系周围不留空隙，再继续将坑填平，每行栽完修好畦埂，顺行开沟灌足水，立即灌水使土沉实，然后耙平畦面。如天气干旱，可连续灌水二次。干旱地区定植时，为防根系抽干，定植后充分灌水，并将苗茎培土全部埋在馒头形的土堆中，埋土高于顶芽 2cm。待 10～15d 再看其发芽程度逐渐扒开土壤。春栽时待水渗完后也应进行覆土，以防树盘土壤干裂跑墒，春季栽植时树盘覆盖地膜或覆草对促进苗木成活有很大作用，各地均应提倡采用。在北方秋栽时，应覆厚土防寒。栽植行内的苗木一定要成一条直线，以便耕作。

5. 栽后管理

在风大的地区，苗木栽后要设立支柱，把苗木绑在支柱旁，免使树身摇晃。栽后应立即灌水，以使根系与土壤密接，以利系恢复生长。成活后，芽萌动前，进行定干。

五、作业

提高栽植成活率的关键是什么？

六、思考题

在冬季较温暖地区，秋季栽植为什么成活率高？

注：本实验可参考书后参考文献 [21]～[23]。

第九节　设施果树花粉生活力的测定和贮藏

一、概念

花粉的生活力：在正常条件下花粉在雌蕊上萌发的能力。

二、实验目的

花粉生活力测定在杂交工作中很重要，尤其亲本花期不相同需要从外地采集花粉作父本时，花粉要经过一段较长时间的储藏运输过程，因此在杂交前应检验花粉的生活力，以免应用无生活力的花粉而造成杂交工作的失败。

从生产上来看，在选择相互授粉的品种时，也应考虑到品种的花粉发芽能力，凡是花粉发育不全的品种，其花粉的发芽率都很低。因此不适宜做授粉品种。

本实验的主要目的是掌握花粉储藏和花粉生活力测定的方法。

三、实验材料、用具

材料：设施果树的花粉。

用具：显微镜，天平，盖玻片，凹式载玻片，培养皿，干燥器，试管，滴瓶，蒸馏水，凡士林，蔗糖，氯化钙，琼脂，联苯胺，α-萘酚，碳酸钠，过氧化氢等。

四、实验内容与方法

1. 花粉贮藏

从发育良好的植株上采下将开的花朵、取出花药放在纸上或培养皿中，放于干燥的室内，令其开裂，花药裂开后将花粉倒入小玻璃瓶或指形管中，口上塞以棉花或橡皮塞，贴上写有品种名称的标签。再把花粉瓶放于干燥器内，使花粉在空气相对湿度较低的条件下（一般 0～40%）保存；为了减少呼吸作用，可以放在低温（0～4℃）黑暗的地方贮藏。

2. 花粉生活力试验

(1) 花粉发芽法　人为地创造适合于花粉发芽的环境条件，以花粉发芽的情况来鉴定花粉生活力的强弱，此法的缺点是花粉发芽条件与实际不完全相符，所得的结果与实际有一定的差异，但操作方便，能测定出相对发芽率来。

① 培养基的制作与接种　一般采用 5%～20% 蔗糖或葡萄糖加 1%～2% 琼脂，溶于蒸馏水中。加热煮沸即可，将已配制好的培养基保持在 40℃ 温度即不凝固，用玻璃棒点一点培养基敷在载玻片的凹坑内，然后用接种针或解剖针沾以少量花粉。轻轻振动，使花粉均匀地撒在培养基上，将载玻片放在垫有湿润棉花培养皿内或倒扣在培养皿上，并贴上标签写明处理、种类、播种日期，将培养皿放于 20℃ 的恒温箱中培养。

② 观察记数　在显微镜下隔一定时间检查一次（花粉发芽快的经过几个小时即可观察到已经发芽，慢的需 24h 以上）若发现花粉已发芽时，便按一定方向，就同一视野中用计数器记录花粉粒总数和发芽数，观察记录 3～5 个显微镜视野的数字，求其平均数，即得出花粉发芽百分率。花粉发芽的标准，以花粉管伸长超出花粉直径为准。

（2）染色法

① 过氧化物酶测定法　原理：具有生活力的花粉含有活跃的过氧化物酶。此酶能利用过氧化物使各种多酚及芳香族胺发生氧化而产生颜色，依据颜色可知花粉有无活力。

$$H_2O_2 \xrightarrow{\text{过氧化物酶}} H_2O + [O]$$

对二萘氧基联苯胺（紫红色）

a. 0.2g 联苯胺溶于 100mL 50% 的酒精溶液；

b. 0.15g α-萘酚溶于 100mL 50% 酒精溶液；

c. 0.25g 的碳酸钠溶解在 100mL 的蒸馏水中。

以上三种溶液分别放入棕色瓶中备用，使用时将这三种溶液等量配成试剂Ⅰ，放入棕色滴瓶中备用，在使用前准备好 0.3% 的过氧化氢水溶液作为试剂Ⅱ。

使用时，先在载玻片上加少量待测花粉，然后在花粉上滴试剂Ⅰ和试剂Ⅱ各一滴，仔细搅匀，盖上盖玻片，经 3～4min 后，再放在显微镜下检查，有生活力的花粉呈红色或玫瑰色，无生活力的花粉为黄色或无色，为了确定具有生活力的花粉百分率，要连续观察 3～5 个视野，求其平均值，将观察结果填入表内。

② 碘-碘化钾染色法　原理：正常的花粉积累淀粉较多，而不正常的花粉则少。据此，可用化学物质染色，根据呈色反应来间接测定花粉的正常与否和花粉生活力的差别。通常正常花粉用 I-KI 染色后呈蓝色，而发育不良畸形花粉则不积累淀粉，当 I-KI 染色时呈黄褐色。

步骤和方法：取花粉撒于载玻片上，加一滴蒸馏水，用镊子使花粉散开，再加一滴 I-KI 溶液，盖上盖玻片置于显微镜下观察，凡被染色呈蓝色表示具有生活力，呈黄褐色者为发育不良生活力弱的花粉。

③ 氯化三苯基四氮唑（TTC）法　原理：凡具有生活力的花粉，在其呼吸作用过程中都有氧化还原反应，而无生活力的花粉则无此反应，因此当 TTC 渗入有生活力的花粉时，花粉中的脱氢酶在催化去氢过程中与 TTC 结合，使无色的 TTC 变成红色 TTF。

试剂配制：

Ⅰ. 磷酸盐缓冲液　在 100mL 的蒸馏水中，溶解 0.832g $Na_2HPO_4 \cdot 2H_2O$ 和 0.273g KH_2PO_4，调整 pH 值为 7.17。

Ⅱ. TTC 溶液　称取 0.02～0.05g TTC，溶解在 10mL 的磷酸盐缓冲液中，放入橡色滴瓶内，置于暗处。TTC 为有毒物质，操作时应注意安全。

步骤和方法：取少量花粉放在载玻片上，在花粉上滴 1～2 滴 TTC 溶液，用镊子使其混匀后，盖上盖玻片。将此载玻片上置于恒温箱中（35～40℃）15～20min，在显微镜（100倍）下观察。凡有生活力的花粉粒呈红色，其次呈淡红色，失去生活力的和不育的花粉粒表现无色。

五、作业

1. 绘出花粉发芽前后形态图。
2. 统计几种测定方法花粉发芽率。
3. 将发芽法与染色法测定的结果作一比较，分析其差异原因。

六、思考题

1. 测定设施果树花粉生活力对指导设施果树生产有何意义？
2. 哪种测定方法更加简便实用？

注：本实验可参考书后参考文献［21］～［23］。

第十节　设施果树人工辅助授粉技术

一、概述

很多果树如苹果、梨、李子等有自花授粉不结实或结实率很低的特性，在实际生产中需要合理配置授粉树才能促进坐果，获得应有的产量和品质。桃树等尽管多数品种自花结实率高，但由于棚内湿度大，空气流动性小，无昆虫，有时出现花期不育。而在设施环境下，由于湿度很大，花药难以开裂，花粉粒容易粘在一起，为了保险，应采取人工辅助授粉和放蜂的方法。特别是花期连续阴雨天或低温天，人工授粉是必要的。人工辅助授粉能够确保坐果率（特别是春季低温阴雨天），稳定产量；坐果整齐，外形光洁圆整，提高品质；配合疏花疏果及套袋技术，优果率增加，价值提升，提高经济效益。

二、实验目的

通过对桃进行人工辅助授粉，达到提高坐果、改进品质、高产、稳产的目的。要求通过实际操作，掌握人工辅助授粉的方法。

三、材料与用具

材料：选择设施桃树盛果期树30～50株，划分二片，其中一片授粉，另一片为对照。
用具：花药烘干室，要有加温设备如烘干箱，喷雾器，喷粉器，毛笔，小玻璃瓶，橡皮，硫酸纸等。

四、操作方法

1. 采集花粉

一般以含苞待放的花蕾呈"气球期"为采集适期。将鲜花置于采集花药的手摇采药机内，用手摇动，使花药剥落，经过筛选，将花药放入干燥室内，薄薄地摊放在置有黑光纸的架子上，在常温20～25℃的条件下，经常搅拌，也可放在恒温箱内，使其干燥，花药裂开，再用细箩筐筛过，将花粉装在暗色纸瓶内。放冷凉干燥处备用。

如用量较少，亦可人工剥取花粉。用镊子剥去花萼、花瓣，取下花药；也可两手握住花柄，两花相对旋转，使花药脱落，再用镊子除去杂质。花药的处理方法与采药机相同。现也有商业化花粉出售。

2. 稀释花粉的方法

为了节约花粉用量，应根据花粉发芽率加以稀释。常用的稀释量因授粉方法而异。一般人工点授为1：10（花粉1份，稀释剂10份），机械喷粉为1：（250～500），机械喷雾为1：10000左右。

花粉具体的稀释方法，分粉剂与液剂两种。

① 粉剂的稀释　在人工点授或机械喷粉之前，按稀释比例分别称量花粉和稀释剂。稀释剂要就地取材（可用滑石粉、甘薯淀粉等）。先取花粉的几倍量稀释剂，与花粉充分混合搅拌均匀，作为母粉，再将母粉分成数份，与全部填充物分别混合均匀，放置一起，即可使用。

② 液剂的稀释　首先将100kg水、5kg白糖、0.3kg尿素、0.1kg硼砂配制成稀释溶剂，再将100～120g花粉放入磁盆或不锈钢盆内（切忌用塑料盆），加入少量稀释剂搅拌成粥状，加入一半左右稀释溶液混匀，再将其放入喷雾机带动的空水箱内，用稀释溶液冲刷磁盆多次，搅拌均匀，不能使花粉浮在水面，即可喷雾。

3. 人工辅助授粉的方法

各地采用的方法有人工点授（少量的可用花直接点授）、鸡毛掸子授粉、机械喷粉和机械喷雾等。

人工点授，可用毛笔、软橡皮、气门芯等用具进行。点授时每沾一次花粉可授5～10朵，每花序点授1～2朵。

机械喷粉，一般可用农用喷粉器或特制的授粉枪进行。要手持摇把摇动。用力要匀，不得过快、过慢、过猛。喷粉时要顺风进行，使花粉均匀地落在柱头上。喷粉机距花的距离，视其喷粉中不使花序摇摆，又稍有吹动为宜。

机械喷雾，小面积使用时可用手执喷雾器，或超低量喷雾器，大面积使用时可采用机动喷雾器。喷雾时，放入花粉水悬液内，进行搅拌；每株用花粉水悬液10～15kg。

五、作业

1. 调查不同品种，不同授粉方法的坐果率和落果率，提出进行人工辅助授粉效果的报告。

2. 通过进行人工辅助授粉工作的实践，比较不同方法的优缺点，提出改进意见。

六、思考题

机械喷雾授粉时，能否将花粉直接溶于水制成花粉溶液，为什么？

注：本实验可参考书后参考文献 [21]～[23]。

第十一节　设施果树疏花、疏果和套袋

花果管理是指为了保证和促进花果的生长发育，针对花果和树体实施相应的技术措施以及对环境条件进行调控。

设施果树花果管理是现代果实栽培中重要的技术措施，是果树连年丰产稳产、优质高效的保证。疏花疏果是指人为地去掉过多的花或果实，使树体保持合理负载量的栽培技术措施。疏花疏果对克服设施果树大小年，保证连年丰产稳产，提高果实品质，保证树体生长健壮等具有重要意义。设施果树套袋技术的作用包括：促进果实着色，改善果面光洁度，减少病虫害，降低农药残留量等。

一、目的

了解设施果树疏花疏果的原理，掌握设施果树疏花疏果及套袋的方法。

二、材料、用具

（1）材料　二年生以上设施桃或葡萄。

（2）用具　记录本，剪刀，纸袋等。

三、操作方法

1. 疏花疏果的原则

疏花疏果的对象：弱花弱果、病虫花果、畸形花果及多余的花果等。主要的原则为：一般先疏顶花芽，后疏腋花芽；先疏弱树，后疏强树；先疏花多树，后疏花少树；先疏开花早的树，后疏开花晚的树；先疏坐果率高的树，后疏坐果率低的树；先疏树冠内膛，后疏树冠外围；先疏树冠上部，后疏树冠下部。

2. 疏花疏果的时期

疏花比疏果好，早疏比晚疏好。人工疏花的时间为在果树花序（花朵）刚刚伸出时，一般宜在盛花初期至盛花末期进行。仁果类果树，可在蕾期用疏果剪剪除整个花序，也可在花序伸出到分离时疏去边花，留中心花。疏果的时间仁果类果树，一般宜在花后 10d 开始，1个月内疏完。疏花还是疏果，疏一次还是疏两次，要依据树种、品种、开花迟早和座果多少来决定。一般来说，开花早、易座果、坐果多的品种先疏、早定果；反之则晚疏、晚定果。

3. 疏花疏果的方法

（1）设施桃疏花疏果

设施桃的果期早，在花蕾期即可开始疏蕾，开花时又可疏花，到幼果期仍可疏果。从效果上看，疏果不如疏花。如当年花期气候条件不好，可适当晚疏，疏时从上到下，从里到外，从大枝到小枝，逐渐进行。对一个枝组来说，上部果枝多留，下部果少留；壮枝多留，弱枝少留。先疏双果、病虫果、畸形、后疏密果。各种果枝留果标准，一般长果枝留 3～4 个果，中果枝留 2～3 个果，并以侧果或下果为好；短果枝则留顶果。

① 疏花　疏花在开花前进行。一般升温后 30d 左右花芽开始膨大，此时抹除花蕾较为容易。疏除畸形花和预备枝上的花；长果枝疏枝条两端花蕾，多留中上部花蕾；中、短果枝疏基部花蕾，留前部花蕾。一般长果枝留 10～20 个花蕾，中果枝留 8～12 个花蕾；花量大时短果枝上可不留花，花量小时短果枝留 4～6 个壮花蕾。

② 疏果　幼果长到黄豆粒大时进行第 1 次疏果。由内到外，由上到下，疏除着生在枝条基部或内膛里的病果、伤果和畸形果，多保留枝条中上部和树冠外围的果，双果留质量好的 1 个果。幼果长到小枣大时进行第 2 次疏果，主要疏去发育不良、畸形、直立果和过大或过小的果，保留生长均匀一致的果。

③ 定果　当幼果长到鸽子蛋大小时定果。可根据树势、树龄和生产管理水平等确定留果量，一般长果枝留 2～4 个，中果枝留 1～3 个，壮短果枝留 1 个果。大果型品种少留，小果型品种适当多留。一般每 666.7m² （即 1 亩）产量控制在 1500～2000kg 为宜。

（2）设施葡萄疏花疏果

设施葡萄疏穗或掐穗尖能使果粒增大，饱满、色正，时间多在开花前进行，弱株或弱枝上的果穗太多时可疏去一部分，一般每结果蔓保留果穗1~2个。

在座果稳定后至黄豆粒大小时，先疏去小果、病果，保留大小均匀一致的果粒，再将影响穗形的过密果粒剪去，个别突出的大果粒也疏去，后采取"掏空"式对穗轴上的1级或2级小分枝相隔1~2个疏除一个，使其形成散穗果，以利果粒有足够的膨大空间和充分受光以利着色。（在疏去果粒时保留果梗的1/3于果轴上）一穗果一般留60~100粒。

4. 设施果树套袋技术（以葡萄为例）

设施果树套袋，可以促进果实着色，改善果面光洁度，减少病虫害，降低农药残留量。

① 果袋种类　单层葡萄专用纸袋。

② 套袋时间　葡萄在疏完果粒整形后即可套袋，一天中套袋的时间最好在下午16：00后，这段时间袋内温度低，葡萄能适应袋内的温度，不易产生日灼。

③ 套袋时要剪掉病果、小果，进行定果。

④ 套袋前要用广谱杀菌剂在下午17：00~18：00对全穗施，第二天即可套袋，套袋时，注意果粒不要紧贴南面的纸壁。

⑤ 套袋时把纸袋口吹开，小心将果穗装入袋中，并将纸袋口捏在穗轴基部，用细铁丝扎紧。

⑥ 定期检查，套袋后，每15~20d检查一次袋内果实着色及染病情况。

⑦ 去袋时间　袋内果面完全着色者，采前可以不去袋；采前半月，果实没有充分着色的，可以除袋促进快速着色，先将袋下部打开成灯罩状3~5d后全部去除。

四、作业

简述设施果树套袋的作用和技术要点。

第十二节　设施果树整形修剪——葡萄

一、概述

合理进行生长季修剪是葡萄设施栽培生产中的一项重要管理技术，能调节营养生长和生殖生长的矛盾，还能使树体透光，减少消耗树体的营养。培养合理的个体和群体结构，协调果树地上部分和地下部分、生长和结果、衰老和更新的关系，有助于果树达到早产、高产、稳产、优质、长寿和便于管理。在修剪实验中应熟练地掌握各种修剪方法。

二、实验目的

通过实际操作，学会葡萄各种整枝形式的冬季修剪方法。

三、材料与用具

材料：整形方式不同的葡萄幼年和成年树各若干株。

用具：修枝剪，手锯等。

四、操作方法

1. 葡萄的夏季修剪方法

（1）抹芽疏枝　葡萄嫩梢长到5~10cm时，可将多年生枝干上发出的隐芽枝和多余生长枝抹去。同芽眼中发出2个以上嫩梢，选留最健壮的主梢，其余梢去除。

新梢长到15～20cm时，可进行疏枝、定枝工作。一般篱架每隔10～15cm留1个新梢，棚架每平方米留15～20个新梢。原则上是留结果枝、去生长枝，留壮枝去弱枝。短梢或枝组上留下位枝去上位枝。

（2）摘心　结果枝于花前3～5d至始花期，花序以上留4～6片叶摘心较为适宜。发育枝留8～12片叶摘心。

（3）副梢处理　结果枝在花序以下各节萌发的副梢，全部疏去。花序以上各节萌发的副梢，每次留1叶反复摘心，最顶端一个副梢留2～4叶反复摘心。另一种方法是结果枝只保留最顶端一个副梢，每次留2～3叶反复摘心，其余副梢全部抹除。

发育枝在5节以下萌发的副梢，全部疏去，5节以上的副梢，也留1叶摘心，处理同结果枝。

（4）疏花序及掐花序尖　根据树势及结果枝的强弱，在开花前10～15d适当疏去部分过多花序可使生长与结果得到平衡。在开花前一周左右将花序顶端掐去其全长的1/4或1/5左右，可以促进果粒的发育，保证果穗紧凑。

（5）除卷须与新梢引缚　除卷须可节约养分，避免卷须木质化后给管理工作造成不便。

（6）留萌蘖　老树需要更新时，应有计划地在多年生枝干或根干上选留一定数量的萌蘖，以作更新时的预备枝。

2. 冬季整形修剪

（1）葡萄的整形

葡萄的架式有棚架和篱架两种。棚架多采用多主蔓扇形和龙干式整形，篱架多采用双臂水平式和多主蔓扇形整形。

① 双臂水平式

第一年定植时，在地面上留3～4个饱满芽短截，培养2～3个壮梢，秋季落叶后从一年生枝中选择一个壮枝作为主干，在第一道铅丝处短截。其余枝条按结果母枝修剪。

第二年冬剪时，在主干上选出两个一年生壮枝，左右分开绑于第一道铁丝上，培养成两个臂枝，根据株距大小和臂枝强弱，进行长梢或中梢修剪，其余壮枝按20～30cm的距离作为结果母枝修剪或培养枝组。

第三年以后，臂枝继续延长，若已布满株间，则短截控制其长度。在臂枝上每隔20～30cm，选留壮枝，行中梢或短梢修剪，作为结果母枝或培养枝组。

埋土防寒地区，应使主干倾斜，便于下架埋土。

② 无干多主蔓扇形

第一年：定植时，在地面以上留4～5芽短截。萌发后培养4根新梢作为主蔓。如新梢数不足，可在新梢长到20cm左右时留2～3节摘心，促使萌发副梢。叶腋间发出的副梢留2～3叶摘心。培养作为主蔓的新梢，在8月下旬前进行摘心。秋季落叶后，根据新梢粗度进行短截。如粗度达0.7cm以上可留50～80cm短截，粗度较细则可留2～3芽短截，使之下一年能发出较粗壮的新梢，以便培养作为主蔓。

第二年：去年长留的2～4个主蔓，当年可发生几个新梢，选留顶端粗壮的作为主蔓延长蔓，在第三道铁丝附近短截，其余的留2～3个芽短截，以培养枝组，弱枝完全疏除。去年短留的主蔓，当年可发出1～2个新梢，冬剪时选留一个粗壮的作为主蔓剪截。主蔓呈扇形分布于架面。主蔓间的距离约50cm。

第三年：按上述原则继续培养主蔓与枝组。主蔓高度达到第三道铁丝，并且每隔20～30cm有1枝组时，树形基本完成。

在冬季埋土防寒地区，应采用无干扇形，从地面培养主蔓，便于下架埋土。

③ 小棚架无干双主蔓整枝

第一年：定植时，留2～3个饱满芽短截。从靠近地面处选留两个新梢作为主蔓，并设支架引缚。新梢叶腋发出的副梢留2～3叶摘心，以后发出的2～3次副梢均齐根抹去。冬剪时，充分成熟的新梢，粗度在0.8cm以上可留1m左右进行短截如新梢细弱、成熟不良，可靠近地面可算留2～3节。

第二年：每一主蔓选留一壮梢继续延长，延长梢处理同上年。主蔓在架面上分布相距约50cm。秋季落叶后，主蔓延长梢粗度在0.8cm时，可留1～2m短截。其它新梢留2～3芽短截。主蔓上每隔20～25cm留一枝组，每个枝组上留1～2个短梢或中梢。应选留背上或两侧斜生的新梢培养成枝组。

第三年以后：根据主蔓强弱，继续培养主蔓，直至达到棚架对边。注意培养枝组和健壮的结果母枝。一般定植后3～5年即可完成整个过程。

（2）修剪方法

① 确定留枝量　根据树势强弱、萌芽率和果枝率高低，确定留枝数量。一般篱架式或棚架式整枝者，在同一平面的主蔓上，每隔25～30cm，留一个结果枝组。在生长季节每一米长的主蔓，可留7～8个（最多不超过10个）新梢，即每隔10～15cm左右留一个新梢。以此计算每株的留枝数。

② 枝蔓去留原则　根据留枝数量，挑选位置适宜的健壮枝蔓，作结果母枝，多余的疏去。其去留原则，可概括为"五去五留"。即去高（远）留低（近），去密留稀，去弱留强，去徒长留健壮去老留新。

③ 结果母枝的修剪　花芽分化部位较高的品种、生长势较强的植株及需要填补空间的母枝，用长梢修剪，一般剪留8芽以上。生长势中庸的植株和母枝，行中梢修剪，一般剪留5～7芽。花芽分化部位较低的品种、生长势较弱的植株及弱枝，则行短梢修剪，一般剪留1～4芽。在具体修剪时，很少用单一的修剪方式，往往是以某种修剪方式为主，适当配合其它方式。如玫瑰香、金皇后等品种，常以短梢修剪为主，配合中梢和长梢修剪。

冬季埋土防寒地区，留芽量应适当多些，以防埋土和出土时遭受损伤。

④ 预备枝的选留和修剪　为了防止结果部位上升太高或延伸太远，及主、侧蔓更新的需要，采用中、长梢修剪时，通常在中、长梢的下位留一个具有2芽的预备枝。当中长梢结完果后，冬剪时在预备枝上发出的2个新梢，靠近上位的仍按中、长梢进行短截，下位的仍剪留2芽作为预备枝。

⑤ 主、侧蔓和枝组的更新修剪　葡萄的结果部位易于外移和衰老，故需要经常进行更新修剪。每年都应保留一定数量的萌蘖，做为轮流更新主侧蔓之用。如从基部更新主枝，应提前1～3年（根据架形大小）培养更新枝，以便及时补上空间，保持产量稳定。侧枝与枝组的更新可有计划的留预备枝，也可以回缩到下部生长较好的一年生枝处。

⑥ 其它枝蔓　凡不作结果母枝和预备枝用的枝条，无论是一年生枝、多年生枝或徒长枝、瘦弱枝等，都应疏去。

五、作业

归纳总结保护地葡萄修剪常用的修剪方法及修剪技术。

六、思考题

冬季修剪时如何确定葡萄短截留枝长度？

注：本实验可参考书后参考文献［21］～［23］。

第十三节　设施果树整形修剪——桃树

一、概述

设施桃树栽培整形修剪技术主要在果树生长期中进行，生长期修剪和冬季修剪同等重要，而在生长期修剪会剪去有叶的枝，对果树生长影响较大。整形、疏枝对树体控制通风透光、平衡树体营养分配起着决定性作用。另外，夏期修剪是冬期修剪的辅助工作，对萌芽初生的新梢及时留优去劣，调节所留新梢的生长发育并矫正其生长姿势与方向。这样将来冬期修剪轻而易举，可免大剪大砍，而导致过多损伤树体和多花劳力。

二、实验目的

通过实验了解桃设施栽培修剪意义，掌握桃设施栽培修剪的时期，掌握不同品种、不同树龄、不同设施的修剪方法。

三、材料与用具

工具：修枝剪，手锯，高梯或高凳，保护剂等。

材料：桃设施果树植株。

四、操作方法

1. 生长季修剪

（1）修剪原则　生长季修剪的目的要因树龄不同有所侧重：幼树期间，主要完成整形；初果期，主要培养结果枝组；盛果期，主要是调整花、叶芽比例，维持和复壮树体长势。各种果树都有自己的生理特点，修剪时要区别对待。

桃树设施栽培生长季修剪要根据树形状况、各个时期来掌握修剪程度和修剪量，一般要遵循如下内容。

桃树设施栽培常用的有4种树形，即圆柱形、"Y"字形、一边倒形和自然开心形，以圆柱形和"Y"字形应用最多。

（2）桃生长季的各时期的修剪技术要求

① 修剪在花后一周进行，抹去双生芽中的弱芽，对背生的新梢短截至5～10cm；对徒长枝进行疏剪。另外，对树势强的可进行早期扭枝，有利于控制树势。

② 修剪在生理落果前进行。此时若树势过强、枝条过密，会影响光照，造成果实变小和裂果等现象。因此，在这次修剪时应注意开张主枝的角度。对主枝延长枝剪口下背上所长出的竞争枝，必须给予控制，密而直立的可疏除。对内膛萌发的徒长枝，一般的均应疏除；如有空间生长的，可在下部留1～2个副梢进行缩剪，培养成结果枝组。此时对生长势弱的树可以扭枝，而对树势强的树扭枝已无效果。

③ 在采收前10～15d进行。此时除了对过密的新梢进行疏剪，并控制徒长枝外，主要任务是摘心。对于仍在生长的长果枝，剪去1/4左右，控制其生长。对第二次夏剪控制的徒长枝和竞争枝上的副梢也应进行摘心，促其枝条组织充实。

④ 采收后重修剪是在果实采收以后20d内，对新萌发的过密枝、双枝、背上徒长枝进行疏除。要注意抑制"上强"。

⑤ 是在7月中旬，以缓和树势为目的，对骨干枝实行拿枝、摘心、扭梢等处理，以促

进花芽形成。

（3）桃的夏季修剪方法

① 抹芽　萌芽后到新梢生长初期抹除剪锯口丛生梢及枝干上无用嫩梢。对整形期幼树在骨干枝上选留方向和开张角度适当的新梢作延长枝。

② 摘心　在新梢迅速生长期进行。主侧枝延长梢在 40~50cm 时摘心，可促发副梢，选其方向、角度适宜的作延长枝以加速整形。

对未发副梢的竞争枝亦应进行摘心，已发副梢的竞争枝可留 1~2 个副梢剪截。

内膛无用直立旺枝在有空间时可摘心或留 1~2 个弱副梢剪截。

③ 剪截　在副梢大量发生时进行。为加大骨干枝的角度，可利用延长枝背下的副梢换头。在新梢缓慢生长期（7 月下旬~8 月中旬）对徒长性果枝和强旺枝进行剪截，可控制其生长。一般剪去未木质化部分。

④ 疏枝　在生长期对树冠内膛无用的直立旺梢、过密和细弱枝，可进行疏除，以利通风透光。

2. 冬季修剪

以结果树为主（以 Y 字形为例）

（1）Y 字形树形特点　该形是密植桃园（每公顷栽 660~1665 株）和设施栽培的主要树形，是桃树标准化栽培的首选树形。这种树形的干高为 30~50cm，全身只有 2 个主枝，主枝间的夹角为 45°。每个主枝上配置 5~7 个大、中型结果枝组，树高 2.5~3.0m。这种树形，树冠透光均匀，果实分布合理，利于优质丰产。

（2）幼龄整形　此阶段一般为 1~2 年，主要栽培任务是：促进主枝侧芽萌发快速生长并合理控制枝干比。

定干定干高度 40cm，保证嫁接口以上 20cm 有 2~3 个好芽子。

主侧枝除萌蘖，4 月上中旬萌芽后及时抹去嫁接口萌蘖，以集中养分，供上部芽子萌发生长。当新梢长达 35~40cm 时进行摘心，促发副梢，然后再选留 2 个长势健壮、着生匀称、延伸方向适宜的副梢，作为预备主枝，任其自由生长，通过拉枝等措施，使主枝的角度保持 40°~50°，主枝背上的直立或斜上生长的副梢，一般不保留，而对其余副梢，则通过扭梢等措施进行控制，不能超过主枝，以保持主枝的生长优势。

结果枝　非骨干枝的枝条，应尽量多留少疏，使之形成中、长果枝、或副梢果枝，争取早期产量。

外围枝和上层枝　适当疏除过密枝、旺枝，然后缓放，以缓和先端优势。

枝组　利用位置适宜的结果枝、发育枝，培养枝组。培养方法可以先截后缓放，去旺留壮，或先放后缩徒长枝一般应疏除。必要时，也可重短截，培养枝组。

（3）盛果期树的修剪

① 修剪原则

a. 修剪次序：先观察树势强弱，主枝间是否平衡，枝条疏密情况，对植株有一个整体概念之后，再动剪。修剪时，先疏枝，后短截或回缩。

b. 疏枝：大枝与小枝发生矛盾时，疏大枝，留小枝。三叉分枝疏去中间枝。树冠上层和外围枝多疏，下层和内膛枝少疏。疏徒长的、衰弱的、受病虫危害的，保留健壮的。

c. 结果枝的修剪：短截时，剪口芽必须留叶芽。剪截程度既要照顾当年的产量，又要控制结果部位外移。对北方品种群应着重培养短果枝和充分利用短果枝结果。而对南方品种群，则应注意培养和利用长果枝。

② 修剪方法

a. 主侧枝的延长枝：盛果初期的主、侧枝的延长技，可适当轻截或缓放，北方品种群更应缓放，当其后部形成中、短果枝后，再回缩。盛果末期，则应适当短截。主枝的延长枝一般留45cm左右；侧枝的延长枝留30cm左右。当树冠扩大到最大范围时，可适当回缩枝头，控制树冠。

b. 结果枝组：桃树的小枝组易枯死。应培养利用大、中型枝组。当枝组扩大到一定范围，不需再继续扩展时，先端枝可采用先放后缩，疏放结合的剪法，以缓前扶后。中下部注意选留预备枝，防止结果部位外移。前强后弱的枝组，要及时回缩，并注意利用剪口枝的角度，调节其生长势。

c. 结果枝

ⅰ. 徒长性结果枝：对北方品种群的徒长性结果枝，可缓放，以便培养短果枝；对南方品种群的徒长性结果枝，则可剪留20cm左右，培养结果枝组，或重短截，作为预备枝。过密的可以疏去。

ⅱ. 长果枝：对南方品种群的长果枝，应充分利用，使之结果。一般留8～10节花芽短截。位于树冠上层、外围组先端的，或在其附近有优良的预备枝者，也可轻截或缓放。对北方品种群，一般应轻剪或缓放，以培养枝组。但当其中、下部已形成短果枝或已结过果者，则应及时回缩。

ⅲ. 中果枝：对南方品种群的中果枝，多剪留3～6节花芽。对北方品种群者，则不截或剪留5～7节花芽。当其结果之后，只要枝的中、下都有单芽枝者，则应及时回缩。尤其是北方品种群者，更应如此。

ⅳ. 短果枝和花束状果枝：一般不短截，过密的可以疏除。

d. 预备枝：凡发育枝、长果枝和中果枝等，都可作预备枝。但为了有效地控制结果部位外移和维持下年的产量，应优先保证预备枝的数量和质量。预备枝的数量随树龄的增长而增加。一般可占果枝的30%～50%。树冠上层和外围，可不留或少除中下层应多留剪接长度为2～4个饱满叶芽。枝条粗壮、空间较大的剪留长些；反之，则短些。

e. 其它：对徒长枝可以疏除，或用之培养枝组。培养枝组的可留5～7芽短截。病虫枝、干枯枝、瘦弱枝等均应蔬除。

五、作业

1. 桃树夏季修剪和冬季修剪可采用哪些修剪方法？
2. 观察自己已修剪树的反应，写出自己的体会。

六、思考题

桃树上强下弱或外强内弱及结果部位外移等现象的产生与修剪方法有无关系？

注：本实验可参考书后参考文献 [21]～[23]。

第十四节　设施果树整形修剪——樱桃

夏季修剪是根据果树的枝芽特性（芽的异质性、早熟性和晚熟性、萌芽率和成枝力、顶端优势、分枝角度、干性、层性等），结果习性（花芽形成时间、开花坐果、结果枝类型等）和树种、树龄、树势等，在不同的生长时期采用不同的修剪技术，以调节果树与环境的关系，树体各部分的均衡关系和树体的生理活动，从而达到丰产优质的目的。

一、目的

果树的夏季修剪指落叶果树春季萌芽后至秋冬落叶前进行的修剪，因主要修剪时间在夏季，故常称夏季修剪。通过实习掌握樱桃等主要果树夏季修剪的时期和基本技术措施。

二、材料、用具

材料：樱桃，拉枝绳。

用具：修枝剪，环剥刀（或芽接刀），塑料薄膜带。

三、操作方法

樱桃的修剪方法包括冬季和夏季。其内容主要有短截、缓放、回缩、疏枝、摘心、扭梢、刻芽、拉枝、环割等。不同生育时期、不同目标树形、不同立地条件，在修剪方法上有所不同，要综合使用。

（1）刻芽　在芽或叶丛枝上方横切一刀，深达木质部，促生枝梢，刻芽时间以芽尖露绿时进行，且刻的深度要较苹果重，否则发枝不旺。刻芽的作用是提高侧芽或叶丛枝的萌发质量，增加中长果枝的比例，有利于整形和防止光秃。刻芽仅限于幼旺树，主枝缺枝部分和强旺枝上进行，刻芽部位应在芽体上方 0.5cm 处，这样抽生的枝开展角度较大，否则易抽生角度小的夹皮枝。另外，刻芽早，刻芽深，发枝强；刻芽晚，刻芽轻，发枝弱，这要根据需要来定。

（2）拉枝　这是大樱桃非常重要的夏剪工作。有利于改善光照，防止结果部位外移，有利于削弱顶端优势，缓和树势枝势，增加短枝量，促进花芽形成。拉枝应提早拉，利于形成结果枝，早结果，在主枝长至 20cm 左右时，用牙签撑开新梢基角至水平，30～40cm 时，拉枝至水平甚至到 120°左右，配合摘心、扭梢等不同措施，主枝抬头即拉，这项工作一直可持续到 9 月份，但每年最少两次。注意拉枝时，应确定拉枝部位，不可拉枝成"弓"形，另外拉枝绳应用较柔软塑料捆扎绳并应常调整绑缚部位，以免溢伤树干，引起流胶死树。拉枝应在春季树液流动后至萌芽前和樱桃生长季节这段时间拉枝。

（3）摘心　是在新梢木质化前，摘除先端部分。摘心主要用于增加幼树或旺树的枝量或整形。通过摘心可控制新梢旺长，增加分枝级次和枝叶量，加速扩大树冠，促进营养生长向生殖生长转化，促生花芽，有利于幼树早结果，并减轻冬季修剪量。

摘心可分为轻度摘心、中度摘心和重度摘心。轻度摘心一般在花后 7～8d 进行，当新梢长至 15cm 左右时，只摘除顶端 5cm 左右的新梢。摘心后，除顶端发生 1～2 条中枝外，其余各芽可形成短枝和腋花芽，一般应用于"V"字形树、纺锤形树主枝的小侧枝及柱形树体主枝的修剪，主要目的是控制树冠和培养小型结果枝，减少幼果发育与新梢生长对养分的竞争，提高坐果率，连续轻摘心，且生长量在 10～20cm，可形成结果枝。中度摘心是当新梢长至 40cm 以上时，摘去新梢 20cm 左右，能萌发 3～4 个分枝，主要应用于改良纺锤形树主枝头和小冠疏层形主枝头的修剪。重度摘心是当枝条长到 30cm 以上，留枝 10cm 左右摘心，能形成果枝，主要应用于小冠疏层形和改良纺锤形主干枝的侧枝未及时摘心时使用。一般中度和重度摘心在 5 月下旬至 7 月下旬以前进行。7 月下旬后摘心，发出的新梢多不充实，易受冻害和抽干，所以进入八月份不再摘心。

（4）扭梢：在新梢木质化时，于基部4～5片叶处轻轻扭转180°并伤及木质部但不折断，使新梢下垂或水平生长，主要应用于背上直立枝、内向枝和旺枝，能有效削弱生长势，增加小枝量，利于花芽形成，扭梢时注意把握好时间，过早过晚都易使枝条折断死亡，必须在枝条半木质化时进行。

（5）短截　剪去一年生枝的一部分的修剪方法。依据短截程度，可分为轻短截、中短截、重短截、极重短截四种。

① 轻短截　剪去枝条全长1/3以下叫轻短截。轻短截有利于削弱枝条顶端优势，提高萌芽率，降低成枝率，能够形成较多的花束状果枝。在幼树上对水平斜生枝条轻短截，有利于提高结果。

② 中短截　剪去枝条全长1/2左右叫中短截。常用于大樱桃骨干枝的修剪。中短截有利于维持顶端优势。枝条中短截后，萌芽力一般，成枝力较高，生长健壮。在大樱桃幼树上，对骨干枝、延长枝和外围发育枝进行中短截，一般可抽生3～5个中长枝条。在结果大树上，特别是成枝力弱的品种上，经常利用中短截培养结果枝组，有利于增加分枝量，也能促化枝组后部的果枝。

③ 重短截　剪去枝条全长2/3左右叫重短截。重短截能加强顶端优势，促进新梢生长，提高营养枝和中长枝比例。重短截在平衡树势上应用较多，在骨干枝先端背上培养结果枝组时也应用多。

④ 极重短截　只留基部瘪芽或花芽叫极重短截。这种方法只是在准备疏除的一年生枝上应用。瘪芽发育不良，抽生的新梢长势也弱，从而达到控制树冠和培养花束状果枝的目的。当基部只有腋花芽时，先在最上面1个花芽处短截，待结果后再从基部疏除。

要特别注意的是极重短截在夏剪时应慎重使用。当枝条基部已形成腋花芽，而且时间已到7月中下旬，就不要用极重短截的方法，否则易形成二次开花现象，严重削弱树势，影响来年结果。

（6）疏枝　把一年生枝从基部剪除或多年生枝从基部锯除叫疏枝。主要应用于疏除树冠外围的过旺过密枝条，以利通风透光和平衡树势。一般在采果后进行最适宜。

（7）缩剪　剪去或锯去多年生枝的一段叫缩剪。适当缩剪，能促进枝条转化，复壮长势促使潜伏萌芽，回缩主要应用于老树、衰弱树或主枝的更新复壮。

四、作业

根据所进行的不同树种夏季修剪方法，总结其技术要点及效应。

第十五节　设施果树营养外观诊断与施肥技术

植物生长必需的营养元素不仅是构成其有机体的物质基础，而且具有复杂的生理代谢功能，任何一种营养元素的特殊作用都不能被其它元素所代替。因此，缺少某种营养元素供应，果树体内某些生理代谢就会失调，果树的器官生长发育就会受到影响，就会出现不良表现，称之为缺素症。施肥方法与时期直接影响果树对肥料的吸收及对果树生长发育的效应，适当并及时地为果树补充所需要的营养元素，会促进果树正常的生长发育，进而获得优质高产的果实。

一、目的

通过对主要设施果树缺素症表现的调查，了解各种缺素症外观诊断的方法与标准，为果树施肥提供依据。通过实际操作，掌握土壤施肥和根外施肥方法，进而了解施肥方法与肥效的关系。

二、材料、用具

1. 材料：选定典型果园，或在某地区管理不良果园进行普查，重点是缺氮、磷、钾、铁、锌、硼、钙等症状的果树。选用下列肥料：腐熟有机肥（猪、牛、羊粪等），尿素，过磷酸钙，硫酸钾，硼砂、硫酸亚铁、磷酸二氢钾。

2. 用具：缺素症原色图谱，照相机，镐，锹，喷雾器等。

三、操作方法

1. 设施果树缺素症观察

对照缺素症原色图谱，依据缺素症检索表，在田间观察设施果树缺素症发病时期和发病器官及变化特征。结合果园调查，确认外观诊断结论。

选择典型样本，照相保留资料，对照几种缺素症检索表。

（1）初期症状表现在老叶上。

① 在新稍下部叶片显著出现变色和变形症状。

1）叶黄绿色，先从老叶开始褪色，渐及幼叶。叶片变紫红色，再发展则枝硬化变细，叶变小。……………………………………………………………………………………………… 缺氮

2）老叶青铜色或暗赭色，叶脉间出现淡绿色斑，叶绿呈褐色坏死，幼叶（及其附近叶）仍暗绿色，茎和叶柄带紫色，再发展则新梢变细，叶形小（苹果）叶舌状（桃）。………………… 缺磷

② 在新梢下部叶片出现斑纹、斑点、黄化、烧边和枯死症状。

1）叶组织枯死，先是出现斑点，严重时烧边，桃叶扭曲，茎常变细。………………… 缺钾

2）先从老叶上出现黄褐色斑纹，由基部向上逐渐发展成花叶，严重时落叶。………… 缺镁

3）叶小而窄，茎细，节间变短，从新梢基部向先端逐渐落叶。………………………… 缺锌

（2）最初在幼叶上表现症状，从枝梢先端也开始枯死。

① 无老叶时，先端的嫩叶叶尖、叶缘和叶脉开始枯死，再发展则先端叶和茎枯死。……… 缺钙

② 叶黄化而卷缩，渐变厚而脆，再发展枝梢和短枝枯死，果实出现缩果症状。……… 缺硼

③ 幼叶先变淡，叶脉仍绿色，多"花叶"状，再发展呈黄叶乃至白叶，最后叶缘先变褐乃至枯死落叶。…………………………………………………………………………………………… 缺铁

2. 施肥方法

（1）土壤施肥

① 树盘施肥：在树盘内撒施肥料，然后用锹或锄刨树盘，将肥料埋入土中。幼树或成树追肥多用此法。

② 环状施肥：树冠略往外，挖宽 40～60cm，深 40～80cm 环状沟。将肥料与土混合回填沟内。此法适于幼树期土壤改良和施基肥采用。

③ 条沟施肥：果树行间或株间开沟，宽 60～100cm，深 40～80cm。将肥料与土混合回填、覆土。幼树期可在 3～4 年内，使全园土壤改良；成年果园施基肥时可采用隔行开沟。

④ 放射状施肥：树冠下距树干 1m，以树干为中心向外呈放射状挖 4～6 条沟，宽、深各 30～60cm。距树干越远，沟逐渐加宽加深，将肥料与土混合后回填。适宜土壤改良不佳

的成年果园。

⑤ 全园撒施：将肥料撒于全园中，再用机械或人工把肥料翻入土壤中，一般深度20cm左右。土壤改良较好的成年果园用此法较好。

（2）根外追肥　配制一定浓度的肥料溶液，喷布在果树叶片上，利用叶面吸收，补充果树所需营养元素的方法。

根外追肥要依据果树种类、生长发育情况，天气情况等，选追肥种类，使用浓度，喷施时间。

四、作业

1. 选择果区典型果园，观察果树缺素情况，并对照主要缺素症确定种类。
2. 选择幼树和成年果树，根据实际情况，设计施肥方案，实践土肥和根外追肥环节。并在施肥后观察施肥效果。

第十六节　设施果树主要病虫害调查及防治

一、概念

① 病虫害综合治理　对有害物的一种管理系统。它按照有害生物的种群动态及其与环境的关系，尽可能协调运用适当的技术和方法，使其种群密度保持在经济允许的危害水平以下。

② 无公害果品　是指来自无公害生产基地（指果树生长的周围环境如土壤、水和大气等无污染的地区），按照无公害果品生产技术规程生产（指在栽培管理中按照特定的技术操作规程生产，不施或少施农药和化学肥料），符合无公害果品质量要求并经检测合格后允许使用无公害农产品标志的安全、营养、优质的果品。

③ 设施果树绿色防控技术　在设施果树中为了促进农作物安全生产，减少化学农药使用量为目标，采取生态控制、生物防治、物理防治等环境友好型措施来控制有害生物的行为。实施绿色防控是贯彻"公共植保"和"绿色植保"理念的重大举措，是发展现代农业、建设"资源节约、环境友好"两型农业，促进农业生产安全、农产品质量安全、农业生态安全和农业贸易安全的有效途径。

二、实验目的

栽培果树的设施（如温室或大棚）是一种人工系统，其光、温、水、肥、气均可调控，且设施之间相互隔离，外部病虫难以传入，每个设施的面积相对较小，为病虫害综合治理提供了有利条件。如封闭的环境有利于进行生物防治，可控的生态条件有利于预测预报及提高测报精确度等。但是，由于设施覆盖物的作用，设施内温湿度较高，果树生长发育时期发生了较大变化，同时也为病虫的繁衍和危害创造了条件。总之，设施果树病害发生严重，虫害发生相对较轻。

通过实地调查设施果树的病虫害发生种类及情况，掌握设施果树病虫害的一般调查方法，为科学合理制定设施果树绿色防控提供依据。

三、用具

放大镜，记录本，标本采集桶，标本夹，塑料袋，剪枝剪等。

四、实验内容与方法

（1）调查内容　调查设施果园中各种果树病害，同时由同学自己采集典型病害标本，带回后经过压制、晾干或保湿培养。于下次实验时带到实验室内，自己制片、镜检，鉴定病害种类及名称。

（2）调查时间　视具体情况而定。

（3）调查中的取样方法　调查时，取样方法很重要，它直接关系到调查结果的准确性。对一个果园进行病害调查，首先要巡视果园的基本情况，根据果园的面积大小、地形、地势、品种分布及栽培条件等因素和病害的发生传播等特点决定选点方式。常用的取样方式有以下几种。

① 对角线式：在地势平坦、地形偏正方形、土质肥力、品种及栽培条件基本相同的地块，对由气流传播的病害，可用对角线式进行调查。调查时在对角线上或单对角线上取5～9个点进行调查，点的数量根据人力而进行增减。一般点内抽查株数应不低于全园总株数的5%。

② 顺行式：顺行调查是果树病害中最常用的调查方法。对于分布不很均匀的病害，尤其是对检疫性病害和病害种类的调查，为防止遗漏，可用顺行调查法。根据需要和可能，可以逐行逐株调查或隔行隔株调查。

③ "Z"形式：对于地形较为狭长而地形地势较为复杂的梯田式果园，可按"Z"字形排列或螺旋式取样法进行调查。

④ 五点取样：在较方正的果园内，离边缘一定距离的四角和中央各取一点，每点视其树龄大小取1～3株进行调查。

⑤ 随机取样：在病害分布均匀的果园，根据调查目的，随机选取5%左右的样的作为调查样本。但应注意随机取样不等于随意取样或随便取样，样点不要过于集中或有意挑选，应适当地分散在整块地中。

无论采取何种方式进行调查，都要避免在果园的边行取样，注意选点均匀、有代表性，使调查结果能正确反映田间实际病情。样点的分布和取样数量应根据病害特点和果园具体情况决定，通常由气流、风雨和昆虫传播的病害，发病情况比较一致，取样数量可以少一些；而由土壤、苗木和接穗传带的病害，在果园病情分布差异较大，则取样要注意均匀，样点数量应适当多一些。果园条件比较单纯一致，取样数量可少；反之，果园条件比较复杂，取样数量应适当增多。

样点内各部位发病情况的调查。在该点内取一定的样树，然后在每一样树的树冠上梢、内堂、外围和下部等部位，及东、南、西、北各方向，根据病害特点。各取若干枝条、叶片或果实等进行调查。一般情况下，叶部病害调查每样树取300～500张叶片，果实病害调查每样树取100～200个果实，若采收后或贮藏期，可在果堆中分上、中、下三层共取500个果进行调查。枝干病害则应调查样点树的全部枝干发病情况。

五、常见设施果树病虫害及防治

1. 核果类（设施桃）

（1）穿孔病　分为细菌性穿孔病、褐斑穿孔病、霉斑穿孔病等。叶、果、枝梢均可发病，叶片发病形成斑点，以后病斑干枯形成穿孔，严重时引起早期落叶。穿孔病发生与气候、树势、管理及品种有关。温暖阴湿、通风透光差、偏施氮肥或树势弱均有利于病菌侵染，发病重。

防治该病，一是结合修剪及时剪除病枝，清除病叶；二是花芽膨大期喷施3～5波美度石硫合剂，落花后喷施农用链霉素，展叶后至发病前喷施代森锌、苯菌灵等防治。

(2) 桃褐腐病　桃褐腐病危害桃树的花、叶、枝梢及果实，以果实受害最重。开花期及幼果期低温高湿，果实成熟期温暖高湿发病严重。树势衰弱、管理不良和土壤积水或枝叶过于茂密，通风透光差的果园发病较重。

防治该病，一是结合修剪做好清园工作，彻底清除病果、病枝，集中烧毁；二是及时防治害虫，减少虫害和虫伤；三是发芽前喷3～5波美度石硫合剂，落花后10～15d喷代森锌、甲基硫菌灵。褐腐病发生严重的果园，可在花前、花后各喷1次腐霉利或苯菌灵。

(3) 桃炭疽病　该病主要危害果实，也可危害叶片和新梢。幼果于硬核前开始染病，病斑红褐色，中间凹陷。被害果除少数残留于枝梢外，绝大多数脱落。成熟期果实发病，病斑凹陷，具明显的同心环纹和粉红色稠状分泌物，并常融合成不规则大斑，最后果实软腐，多数脱落。桃品种间的抗病性有很大差异，早熟、中熟品种发病较重，晚熟品种发病较轻。开花及幼果期低温、潮湿易发病。果实成熟期，以温暖高湿环境发病较重。管理粗放、留枝过密、土壤黏重、排水不良以及树势衰弱的果园发病较重。

防治该病，一是清除僵果、病果、病枝、病叶；二是萌芽前喷3～5波美度石硫合剂，花前和落花后喷甲基硫菌灵、多菌灵、代森锰锌等药剂防治。

(4) 疮痂病　该病又称黑星病、黑斑病、黑点病。主要危害果实，也能危害枝梢和叶片。果实初发病时病斑呈绿色水渍状小点，然后病斑逐渐扩大呈墨绿色，一些病斑合在一起。病斑周围的果皮着色，但常带绿色。病斑只限于果皮，不深入果肉。后期病斑木栓化，龟裂。

防治该病，一是清除病枝、病果，消灭病原；二是萌芽前喷3～5波美度石硫合剂；三是落花后1周至采前半个月，每隔15d喷布1次多菌灵、代森锌等杀菌剂。

(5) 蚜虫　为害桃树的蚜虫主要有桃蚜、桃粉蚜和桃瘤蚜3种。蚜虫1年发生10～20代。新梢展叶后开始为害，有些在盛花期为害花器，刺吸子房，影响坐果。

桃蚜对白色和黄色有趋性，可设置黄色器皿或挂黄色黏胶板诱杀。萌芽期和虫害发生期，除施用烟雾剂外，还可喷吡虫啉、苦参碱、烟碱乳油等防治。

(6) 桃小食心虫　该虫以幼虫蛀果为害。幼虫孵化后蛀入果实，蛀果孔常有流胶点。幼虫在果内串食果肉，形成"豆沙果"，并在果实上留蛀果孔。

防治该虫，一是成虫羽化前，在树冠下覆盖地膜，以阻止成虫羽化后飞出。二是成虫羽化出土前翻树盘并用杀虫剂处理土壤，杀死羽化成虫。三是在成虫羽化产卵和幼虫孵化期及时喷药，可喷灭幼脲、杀铃脲等药剂。

(7) 螨类　螨类主要有山楂红蜘蛛和二斑叶螨，以幼螨、成螨群集在叶背取食和繁殖。严重时造成大量落叶，影响花芽分化。

防治螨的危害，一是在越冬雌成虫进入越冬前，树干绑草把，翌年春出蛰前解除绑草并烧毁；二是发芽前喷3～5波美度石硫合剂，发生时喷阿维菌素、苦参碱、浏阳霉素等防治。

(8) 桑白蚧　桑白蚧以若虫和成虫刺吸寄主汁液，虫量特别大时，完全覆盖住树皮，甚至相互叠压在一起，形成凸凹不平的灰色蜡质物。为害严重时可造成整株死亡。

防治该虫，一是休眠期用硬毛刷刷掉枝条上的越冬雌虫，并剪除受害枝条集中烧毁；二是萌芽前喷3～5波美度石硫合剂，严重的可于休眠期喷3%～5%柴油乳剂，注意一定要在幼虫出壳、尚未分泌蜡粉之前的1周内用药效果较好，可喷施溴氰菊酯、噻嗪酮等药剂。

2. 浆果类（设施葡萄）

(1) 灰霉病　葡萄灰霉病主要危害花序、幼果和将要成熟的果实，也可侵染果梗、新梢与幼嫩叶片。过去露地葡萄很少发生，但是目前灰霉病已发展成为葡萄的主要病害，不但危害花序、幼果，成熟果实也常因该病菌的潜伏存在，已成为储藏、运输、销售期间引起果实腐烂的主要病害。特别是保护地设施栽培葡萄，发生更为严重。

防治方法：花前和果实成熟期各喷1～2次杀菌剂，50%多菌灵750倍液，或60%杀毒矾可湿性粉剂500倍液、75%达科宁可湿性粉剂600倍液，每隔15d1次，连续3～4次。

（2）炭疽病 葡萄炭疽病又称晚腐病或苦腐病，是葡萄产区的重要病害。果园地势低洼，排水透气不良，氮肥过多，枝叶郁闭时发病重。危害：主要侵害果实、穗轴和果梗。浆果成熟期发病最盛。发病产生轮纹状褐色圆斑，潮湿时病斑上出现橙红色黏液，即分生孢子团。在欧美杂交种葡萄上，并过多软腐脱离；在欧洲种葡萄上，一般干缩成黑色僵果。

防治方法：①抓好设施内的水分管理和清洁工作，改善通风透光条件。②其次是用药物防治。可以在幼果期开始至采收前半个月，用50%退菌特800倍液喷雾防治。一旦发病要间隔10～15d喷1次，连喷3次。

（3）霜霉病 葡萄霜霉病是我国葡萄产区的主要病害之一。在高温多湿的条件下发病较重。危害：主要危害叶片，也危害新梢、卷须、花蕾和幼果。

防治方法：①清除病原。冬、夏剪时，将剪掉或脱落的病枝、病果、病叶清扫干净并烧毁，以减少越冬病源。②加强栽培管理。生长期注意通风换气控湿，并适当增施磷钾肥和微肥，健壮枝叶。③发病期用58%瑞毒锰锌可湿粉剂700倍液，或64%杀毒矾可湿粉剂500倍液、75%达科宁可湿性粉剂600倍液，每隔10d左右喷1次，全生长季喷2～3次。

（4）白腐病 葡萄白腐病如遇高温多湿天气，发病严重。接近地面的枝蔓和果实易发病。土壤黏重、排水不良、地下水位高的地区发病严重。

防治方法：①发病期及时剪除病叶、病果，冬剪时彻底清扫，将枯枝、病叶烧毁或深埋。②合理修剪，调整好叶幕厚度，改善通风透光条件；果实膨大后期，喷药加入0.2%的磷酸二氢钾等微肥。③发病初期用50%退菌特800倍液喷雾防治，或50%福美双可湿性粉剂700倍液，70%代森锰锌或70%百菌灵600倍液，连用2～3次，间隔10～15d，效果较好。

（5）葡萄二星叶蝉 危害：成虫或若虫聚集在葡萄叶背刺吸汁液，被害叶正面出现退绿的小白斑，严重时连成大白斑，甚至全叶失绿焦枯引起早期落叶，影响光合作用、花芽分化和枝条成熟，降低果实含糖量。成虫体长2～2.6mm，黄白色或褐色，小盾片前缘左右各有1个较大的近三角形黑斑。一般4月份即开始发生，1年可发生3代。

防治方法：①休眠期应及时清理园地，把残枝、落叶、残果清除干净。生长期加强管理，促使枝叶分布均匀、通风透光。②一般用10%氯氰菊酯乳油3000倍液细致喷雾，或用5%烟碱水剂1000倍液均匀喷雾。为提高药效还可再药液中加入0.2%中性皂。

（6）葡萄透翅蛾 危害：该虫以幼虫再葡萄蔓内蛀食为害，导致被害部增大增粗，叶片发黄，果实生长不良，枝蔓容易折断枯死。成虫体长18～20mm，翅展30～36mm，全体蓝色至黑色，触角紫黑色，头顶、胸部两侧及腹部各节相连处橙黄色，腹部有3条黄色横带，前翅紫褐色，后翅透明。雄虫腹部末端又各有长毛丛一束。成虫静止时，外形似马蜂。

防治方法：①及时剪除被害枝蔓并集中烧毁，生长期内如发现枝蔓有瘤状突起或虫粪排出，可用铁丝钩杀。②用敌敌畏10倍液灌注毒杀；在成虫产卵期，可用敌杀死3000倍液喷洒防治。

（7）葡萄白粉虱 危害：在温室中1年可以发生多代，主要以成虫和若虫群集在叶片背面吸食汁液，使叶片失绿呈黄白色，甚至萎蔫枯死。成虫会排出大量蜜露，污染叶片和果实，引起煤污病或霜霉病的发生。成虫还能传播病毒病。

防治方法：①在设施内人工繁殖释放丽蚜小蜂能有效防治白粉虱，也可利用白粉虱成虫的趋黄性，在黄板上涂油诱杀。②药剂可用 25％虱灵可湿性粉剂 2000 倍液或 10％大功臣可湿性粉剂 2500 倍液，以上两种药液交替使用，每隔 10d 喷 1 次。

六、思考题

1. 简要说明无公害生产的环境标准。
2. 无公害果树病虫害综合防治的具体措施有哪些？

注：本实验可参考书后参考文献 [21]、[23]、[49]。

第六章　设施花卉实践与技能

第一节　花卉种子的识别与分类

一、概述

1. 种子的概念

种子为裸子植物和被子植物特有的繁殖体，它由胚珠经过传粉受精形成。

种子一般由种皮、胚和胚乳三部分组成，称为有胚乳种子，有的植物成熟的种子只有种皮和胚两部分组成，称为无胚乳种子。

种子的形成使幼小的孢子体胚珠得到母体的保护，并像哺乳动物的胎儿那样得到充足的养料。种子还有种种适于传播或抵抗不良条件的结构，为植物的种族延续创造了良好的条件。

2. 种子的形状和特征

种子的大小形状，颜色因种类不同而异。如椰子的种子很大，油菜、芝麻的种子较小，而烟草、马齿苋、兰科植物的种子则更小。蚕豆、菜豆为肾脏形，豌豆、龙眼为圆球状；花生为椭圆形；瓜类的种子多为扁圆形。

种子的颜色以褐色和黑色较多，但也有其它颜色，例如豆类种子就有黑、红、绿、黄、白等颜色。

种子表面有的光滑发亮，也有的暗淡或粗糙。造成表面粗糙的原因是由于表面有穴、沟、网纹、条纹、突起、棱脊等雕纹的结果。有些还可看到种子成熟后自珠柄上脱落留下的斑痕即种脐和珠孔。有的种子还具有翅、冠毛、刺、芒和毛等附属物，这些附属物都有助于种子的传播。

3. 常见草花种子形态特征

鸡冠花：种子具光泽，黑色，直径 1.2~1.7mm，圆形，圆肾形，少数为圆三角形。在放大镜下可见细的网状花纹。

虞美人：种子深褐、褐色，少数为淡黄色。长 0.6~0.9mm，宽 0.5~0.8mm，肾脏形，少数为圆三角形。表面具四角或五角形的网眼。

半支莲：种子直径 0.5~0.7mm，圆肾形，蜗牛状弯曲。具光泽，有刺状小突起。黑色或深灰色。

荷包花：种子椭圆形至长椭圆变化较大，大小相差大。长 0.3~0.7mm，宽 0.2~0.4mm。褐色，表面有纵列的小圆筒和小沟，小圆筒和小沟相同排列，并带有横而小的纵纹。

石竹：种子黄色，长 2.5~3mm，宽 2.0~2.2mm，平稍有起伏，呈杯形，有波状式的边。背面突出，腹面收缩，中部呈鸡冠状隆起。

三色堇：种子褐至深褐。长 1.8~2.2mm，宽 0.9~1mm，倒卵形，上端具明显的黑色圆形斑点，斑点以下有纵向略高的黑线条，纵贯整个种子。

凤仙花：种子褐色，长 2.5～4mm，宽 2～3mm，长椭圆形或近球形，表面有黄褐色高低不平的疣状小突起，突起间有金黄色或近黄色的凸起短线条。

金鱼草：种子黑褐或深灰色，长 0.8～1mm，宽 0.6～0.9mm，广卵形或窄卵形，上下端呈平截面，少数呈钝圆形，表面粗糙，覆盖着 5～6 角形的小网眼，排列不规则。

百日草：瘦果深灰色，灰褐色，长 8～14mm，宽 2～6mm，扁平，外形相差大，楔形，广卵形或至瓶形。上部连缘入呈马鞍形或相反的出为瓶颈形，侧边有的具粗糙的厚边，在背部稍为隆起。

蜀葵：分果淡黄色，毛为金黄色，长 5～6mm，宽 45～55mm 圆形，向下尖锐呈双齿形，侧面扁平。沿分果的外缘有鸡冠状的边，其上有辐射状小肋条。

香豌豆：种子直径 4～5mm，球形或稍揉皱的球形，表面高低不平。

球根海棠：种子橙黄色，很小，长 0.4～0.5mm，宽 0.25～0.5mm，椭圆形，上端广而钝圆，下端大部为斜截面，先伸出小突起，略具光泽。

二、实验目的

通过花卉种子外部形态的观察，了解花卉种子的类型及形态特征，掌握花卉种子的识别方法。

三、材料与用具

材料：各种花卉的种子，百日草、飞燕草、千日红、一串红、地肤、孔雀草、万寿菊、金盏菊、紫罗兰、三色堇、金鱼草、雏菊、虞美人、蜀葵、羽衣甘蓝等。

用具：放大镜，游标卡尺，坐标纸。

四、实验内容与方法

1. 种子大小分类

（1）按粒径大小分类

大粒（粒径≥5.0mm）；

中粒（粒径为 2.0～5.0mm）；

小粒（粒径为 1.0～2.0mm）；

极小粒（粒径＜0.9mm）。

（2）用千粒重表示　可任选几种数量较多的花卉种子进行千粒重称量，以此确定种子大小。

（3）用一克种子或百克种子所含粒数表示　称取 1g 或 100g 重量的种子，然后通过计数的方法数出种子的个数，以此来确定种子的大小。

2. 种子的形状观察

种子的形状有球状、卵形、椭圆形、镰刀形等多种形状，可借助放大镜对材料进行详细观察。

3. 种皮表面附属物观察

用肉眼或借助放大镜观察种子表面不同的附属物，如茸毛、翅、钩、突起、沟、槽等，并参考教材中对不同种皮附属物的描述，对照实物进行仔细观察并记录观察结果。

五、作业

1. 将实验用的花卉种子依种子依据观察到的形态学指标，填入表 6-1。

表 6-1 形态学指标

序号	名称	粒径	种子形状	种皮附属物	其它

2. 绘制 1～2 个典型的种子图形。

六、思考题

1. 简述植物产生种子的意义。

2. 为什么种子表皮附属物的形状多种多样？这些附属物对种子传播和扩散有什么作用？

第二节 花卉的种类与品种识别

一、概述

1. 露地花卉

凡整个生长发育周期可以在露地进行，或主要生长发育时期能在露地进行的花卉均称为露地花卉。主要包括一些露地春播、秋播或早春需用温床、冷床育苗的一、二年生草本花卉、多年生宿根花卉、球根花卉及花木类植物。

（1）一年生花卉 指在一个生长季内完成其生活史的花卉植物，又叫春播花卉。常见的花卉有翠菊、鸡冠花、一串红、矮牵牛、百日草、万寿菊、麦秆菊、波斯菊、银边菊、凤仙花、千日红和半枝莲等。

（2）二年生花卉 指在两个生长季节内完成生活史的花卉植物。播种当年只进行营养生长，越冬后开花结果死亡，又叫秋播花卉。如金鱼草、美女樱、金盏菊、雏菊、三色堇、紫罗兰、石竹、矢车菊、月见草和虞美人等。

（3）宿根花卉 指地下茎和地下根正常生长的多年生草本植物，如芍药、鸢尾、萱草、蜀葵、锦葵、景天类、菊花、天人菊、射干、玉簪、桔梗、剪秋萝、金鸡菊和荷兰菊等。

（4）球根花卉 指地下茎和地下根发生变态成球状或块状的多年生草本植物。常见春植球根花卉有：唐菖蒲、晚香玉、美人蕉、大丽花和葱兰等；常见秋植球根花卉有：郁金香、风信子、百合等。

（5）花木类 指茎干木质化而坚硬的植物，包括灌木和小乔木。如连翘、玉兰、碧桃、榆叶梅、丁香、紫荆、西府海棠、牡丹、木香、蔷薇、紫薇、金银花、忍冬、木槿、凌霄、月季、珍珠梅和铁线莲等。

2. 温室花卉

指产生于热带或亚热带及南方温暖地区的花卉，在北方寒冷地区需在温室中培养或冬季需在温室中保护越冬。包括一、二年生花卉，如瓜叶菊、蒲包花、彩叶草等；宿根花卉，如万年青、君子兰、非洲菊和报春花等；球根花卉，如仙客来、朱顶红、大岩桐、球根秋海棠、马蹄莲和小苍兰等。

（1）按温度分类 温室花卉种类繁多，对温度的要求各有不同，根据温度高低，又可分为冷室花卉、低温温室花卉、中温温室花卉和高温温室花卉。

冷室花卉：室内温度保持在 2～5℃，如棕竹等观叶植物。

低温温室花卉：这类花卉属半耐寒花卉，室温通常保持在 5～8℃，如报春类。

中温温室花卉：这类花卉不耐寒，原产地多半为亚热带。室温通常保持在 8～15℃，如蒲包花、倒挂金钟等。

高温温室花卉：这类花卉原产地为热带，室温通常保持在 15～25℃，如变叶木等。

（2）按生长特性分类

一年生草花：如瓜叶菊、蒲包花、彩叶草等。

宿根花卉：如万年青、君子兰、非洲菊和报春花等。

球根花卉：如仙客来、朱顶红、大岩桐、球根秋海棠、马蹄莲和小苍兰等。

兰科植物：如春兰、惠兰、墨兰、建兰、寒兰和石斛等。

多浆植物：也叫多肉植物，茎、叶肥厚而多浆，具有发达的贮水组织，如仙人掌类、大叶落地生根、石莲花、霸王鞭和金边龙舌兰等。

蕨类植物：如铁线蕨和蜈蚣草等。

半灌木花卉：如香石竹、倒挂金钟、天竺葵和秋海棠等。

花木类：如一品红、变叶木、扶桑、叶子花、山茶花、杜鹃、茉莉、米兰、含笑、桂花、广玉兰、柑橘类、棕榈类和龟背竹等。

花卉种属繁多，由于原产地和遗传基础的不同，形成了不同的生态习性和生长发育特点，但从生活型、栽培方式或应用特点等不同角度来看，某些花卉有共同的特性或相似的用途，这是对花卉进行各种不同分类的基础。

二、实验目的

1. 掌握花卉的识别方法，能够准确对常见温室花卉和露地花卉进行识别和分类。

2. 了解常见花卉的生长习性、繁殖方法和一般管理方法。

三、材料与用具

花卉图片（多媒体形式）、实地种植的露地或温室花卉。

四、实验内容与方法

① 教师现场教学讲解每种花卉的名称、科属、生态习性、繁殖方法、栽培要点、观赏用途。学生做好记录。

② 学生分组进行课外活动，复习花卉名称、科属及生态习性、繁殖方法、栽培要点、观赏用途。

③ 利用数码相机记录典型标本。

④ 将所见花卉分类，按表 6-2 记录。

表 6-2 花卉分类记录表

中文名	学名	科属	识别要点	观赏用途

五、作业

完成上面的表格，要求花卉种类不少于 80 种。尽量包含各种不同的花卉类型，如一二年生、宿根、球根、观叶植物、木本花卉等都应包括。形态描述时只要求写主要识别特征。

六、思考题

1. 花卉的繁殖方法有哪些？
2. 罗列几种校园内常见的地被植物。

第三节　花卉种子处理及发芽实验观察

一、概述

1. 种子萌发的概念

指种子从吸胀作用开始的一系列有序的生理过程和形态发生过程。种子的萌发需要适宜的温度，一定的水分和充足的空气。

种子萌发时，首先是吸水。种子浸水后使种皮膨胀、软化，可以使更多的氧透过种皮进入种子内部，同时二氧化碳透过种皮排出，里面的物理状态发生变化；其次是空气，种子在萌发过程中所进行的一系列复杂的生命活动，只有种子不断地进行呼吸，得到能量，才能保证生命活动的正常进行；最后是温度，温度过低，呼吸作用受到抑制，种子内部营养物质的分解和其它一系列生理活动，都需要在适宜的温度下进行的。

种子繁殖的优点是：繁殖数量大，方法简便，短期内能获得大量植株；所得苗株根系完整，生长健壮；种子繁殖的后代生命力强，寿命长；种子便于携带、贮藏、流通、保存和交换。

但种子繁殖也有其缺点，一些异花授粉的花卉若用播种繁殖，其后代容易发生变异，不易保持原品种的优良性状，而出现不同程度的退化。另外，从播种到采收种子时间长，部分木本花卉采用种子繁殖，开花结实慢，移栽不易成活。

2. 不同类型种子的处理

花卉种子各异，有些种子容易发芽，而有些种子不易发芽。对于容易发芽的种子，如万寿菊、羽叶茑萝及一些仙人掌类种子等都很容易发芽，均可直接进行播种。而对于一些发芽困难的种子，在播种前可采取以下措施进行处理，以促进种子发芽。不同种类的种子应采取不同的方法进行处理。

(1) 浸种催芽　对于容易发芽但发芽迟缓的种子，播前需浸种催芽，用 30～40℃的温水浸泡，待种子吸水膨胀后去掉多余的水，用湿纱布包裹放入 25℃的环境中催芽。催芽过程中需每天用温水冲洗一次，待种子萌动露白后即可播种。如文竹、君子兰、仙客来、天门冬、冬珊瑚等。也可用冷水、温水处理。冷水浸种（0～30℃）12～24h，温水浸种（30～40℃）6～12h，以缩短种子膨胀时间，加快出苗速度。

(2) 剥壳　在果实坚硬干枯的情况下，应将干燥的果壳剥除，然后再播种，以利种子吸水、发芽、出苗，如黄花夹竹桃等。

(3) 挫伤种皮　对种皮坚硬，透水、透气性都较差，幼胚很难突破种皮的种子，播种前可在靠近种脐处将种皮略加挫伤，再用温水浸泡，种子吸水膨胀，可促进发芽。如紫藤、荷花、美人蕉、凤凰木等。

（4）拌种　对于一些小粒种子，不易播种均匀，如鸡冠花、半支莲、虞美人、四季海棠等，播种时可用颗粒与种子相近的细土或沙拌和，以利均匀播种。对外壳有油蜡的种子，如玉兰等，可用草木灰加水成糊状拌种，借草木灰的碱性脱去蜡质，以利种子吸水发芽。

（5）药剂处理　用稀硫酸等药物浸泡种子，可软化种皮，改善种皮的透性，再用清水洗净后播种。用稀硫酸浸泡，用前一定要做好实验，要掌握好时间，种皮刚一变软，立即用清水将种皮的硫酸冲洗干净，防止硫酸烧伤种胚。

（6）低温层积处理　有些种子在休眠时即使给予适宜的水分、温度、氧气等条件，也不能正常发芽，它们必须在低温下度过春化阶段才能发芽开花结果，如桃、杏、荷花、月季、杜鹃、白玉兰等。低温层积处理即把休眠的花卉种子分层埋入湿润的素沙里，然后放在 $0\sim7℃$ 环境下，层积时间因种类而异。如杜鹃、榆叶梅需 $30\sim40d$，海棠需 $50\sim60d$，桃、李、梅等需 $70\sim90d$，蜡梅、白玉兰需 3 个月以上，红松等则在 6 个月以上。

二、实验目的

1. 了解不同类型的花卉种子播种前的处理方法。
2. 掌握不同花卉种子萌发所需要的温度和时间。

三、材料与用具

材料：鸡冠花、一串红、美人蕉等花卉的种子。

用具：培养箱，冰箱，烧杯，培养皿，吸水纸，纱布，镊子，脱脂棉，滤纸，干燥箱，0.15％福尔马林，0.2％高锰酸钾，35％过氧化氢。

四、实验内容与方法

1. 提取试验样品

将经过净度分析的纯净种子，倒在玻璃板上，充分混合后，随机选取 100 粒为一组，共 4 组，每组可多数 $1\sim2$ 粒，以防丢失。

2. 消毒处理

（1）用具消毒　培养皿、镊子、砂布仔细洗净，用沸水煮 10min，脱脂棉、滤纸装在盒中用沸水煮 30min 左右，也可在干燥箱 105℃消毒 30min（滤纸、脱脂棉、纱布要装在有盖的盒内）。发芽培养箱用 0.15％的福尔马林喷洒后密闭 $2\sim3d$，然后使用。

（2）种子消毒　可用高锰酸钾、福尔马林、过氧化氢等。处理方法如下。

高锰酸钾：将试验样品倒入小烧杯中，注入 0.2％高锰酸钾，消毒 30min，倒出药液，不必用清水洗，直接置床。

福尔马林：将装有实验样品的纱布袋，置于小烧杯中，注入 0.15％的福尔马林，以浸没种子为度，随即盖好烧杯，闷 $15\sim20min$，取出后用清水冲洗数次。

过氧化氢：将装有试验样品的小纱布袋置于小烧杯中，注入 35％的过氧化氢，浸没种子为度，随即盖好烧杯，种皮厚的处理 2h，一般种子处理 1h，种皮薄的处理半小时，取出后直接置床。

3. 浸种

将随机挑选的 100 粒鸡冠花或一串红的种子，用 0.15％的福尔马林消毒处理后，一般用 $45\sim50℃$ 温水浸种 24h，也可用沸水煮 $10\sim15s$，立即转入 70℃热水中，自然冷却浸种 24h。浸种处理时每天换水 $1\sim2$ 次。

4. 置床

一般大、中粒种子用沙床或土床，小细粒种子用纸床（图6-1）。

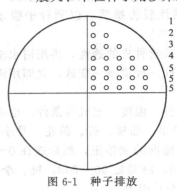

图6-1　种子排放

（1）用培养皿垫0.5cm厚的脱脂棉，上盖一张滤纸作床，加蒸馏水或冷开水湿润发芽床，用镊子轻压床面，四周不出现水膜为宜。

（2）将四组种子分别置床，按图6-1的序列用镊子逐粒安放在发芽床上。每个培养皿放置100粒种子，种粒之间的距离相当于种粒本身的1～4倍。

（3）用铅笔在标签上注明组号、试验样品号、日期、姓名，贴在培养皿外缘以示区别。

（4）将发芽皿盖好，放入25～28℃的恒温培养箱内。如室温在此范围，也可利用室温。

（5）观察记载：以种子置床的一天作为发芽试验的第一天，以后第三天、第五天、第七天、第十天往后每隔5d观察统计发芽数，直至规定日期为止，并将记录观察结果。

长出正常胚根，大、中粒种子胚根长度大于种粒1/2，小粒种子胚根不短于种粒全长，算为发芽粒数，随即捡出。

种粒内含物腐烂成胶状体无生命的种粒称为腐烂粒，及时剔除。

5. 发芽试验管理

（1）经常加水，使发芽皿保持一定的含水量，加水后种粒四周不出现水膜为宜。

（2）将感染发霉的种粒捡出，用蒸馏水或冷开水冲洗数次，再用0.15%高锰酸钾消毒后放回原处，如果有5%以上种粒发霉，则应更换发芽皿。

（3）检查发芽培养箱的温度，24h内变幅不得超过±1℃。

（4）应该经常揭开发芽皿的盖子片刻，以利通气。

6. 观察和记录

到达发芽终止日期，分组用切开法，对未发芽的种粒，进行补充鉴定，分别按下列几类统计：①新鲜健全粒；②腐烂粒；③空粒；④瘪粒。

7. 计算发芽试验结果

统计观察实验结果，并根据公式计算发芽率。

$$发芽率 = (发芽种子数/供试验种子数) \times 100$$

五、作业

1. 将观察到的数据和结果填入表6-3。

表6-3　数据记录表

序号	名称	处理方法	萌发温度	萌发时间	发芽率

2. 对观察记载表所得的结果进行分析。

六、思考题

1. 种子发芽试验的意义如何？

2. 简述不同种子进行发芽处理时的注意事项。

第四节　花卉花期调控实验

一、概述

1. 花期调控意义

在花卉生产中，为配合市场和用花需要，经常使用人为手段或技术措施，来改变花卉的自然花期，使花卉在自然花期之外，按照人们的意愿，定时开放，这种栽培方式就叫花期调控。使花卉提前开花的栽培方式，称为促成栽培；延迟开花的栽培方式称为抑制栽培。应用花期调控技术，可以增加节日期间观赏植物开花的种类，延长花期，满足人们对花卉消费的需求；提高观赏植物的商品价值，对调整产业结构、增加种植者收入有着重要的意义。

目前，栽培生产上多采用温度处理法、光照处理法、药剂处理法以及栽培管理法来调控花卉的花期。

2. 温度处理法

温度处理法就是人为地创造出满足花卉花芽分化、花芽成熟和花蕾发育对温度的需求，达到控制花期的目的。

（1）增温法　主要用于促成栽培。

① 打破休眠提前开花　多数花卉在冬季加温后都能提早开花，如温室花卉中的瓜叶菊、大岩桐、石竹、雏菊等。冬季处于休眠状态的木本花卉及露地草本花卉加温后也能提早开花，如牡丹、落叶杜鹃、金盏菊等。人为给予较高的温度（15～25℃），并经常喷水，增加湿度，就能提早开花。

② 延长花期　一些原产温暖地区的花卉，开花阶段要求的温度较高，在适宜的温度下，有不断生长、连续开花的习性。但在我国北方秋冬季节气温降低时，就停止生长和开花。若能在8月下旬开花停止前，人为给予增温处理（18～25℃），使其不受低温影响，就能不断生长开花，延长花期。例如，要使非洲菊、美人蕉、君子兰、茉莉花、大丽花等采用此法，可确保其延长花期。

（2）降温法　既可用于抑制栽培，也可用于促成栽培。

① 低温推迟花期　延长休眠期以延迟开花。凡以花芽越冬休眠及耐寒的花卉均可采用此法。耐冷耐寒花木在早春气温上升之前还处于休眠状态，此时将其移入冷室，可使其继续休眠而延迟开花。室温以1～4℃为宜，控制水分供给，避免过湿。减缓生长以延迟开花。较低的温度能减缓植物的新陈代谢，延迟开花。此法多用在含苞待放或初开的花卉上，如菊花、唐菖蒲、月季、水仙、八仙花等，当花蕾形成尚未展开时，放入低温（3～5℃）条件下，可使花蕾展开进程停滞或迟缓，在需要开花时即可移到正常温度下进行管理，很快就会开花。

② 低温提前花期　低温打破休眠而提早开花。某些冬季休眠春天开花的花木类，如果提前给其一定的低温处理，可使其提前通过休眠阶段，再给予适宜的温度即可提前开花。如牡丹提前50天左右给予为其两周0℃以下的低温处理后，再移至生长开花所需要的适宜温度下，即可于国庆节前后开花。低温促进春化作用而提早开花。某些一、二年生花卉和部分宿根类花卉，在其生长发育的某一阶段给其一定的低温处理，即可完成春化作用而提前开花。如凤仙花、百日草、万寿菊等。低温促进花芽发育，使开花提前。某些花卉在一定温度下完成花芽分化后，还必须在一定的低温下进行花芽的伸长发育。如郁金香，花芽分化最适温度20℃，花芽伸长的温度为9℃；杜鹃花花芽分化适宜温度为18～23℃，而花芽伸长的

适宜温度为 2～10℃。

3. 光照处理法

根据花卉花芽分化与发育对光周期的要求，在长日季节给短日性花卉进行遮光处理，在短日季节给长日性花卉人工补光处理，均可使之提前开花，反之则可抑制或推迟开花。

（1）补光处理　即长日照处理，如需长日性花卉在秋冬季自然光照短的季节开花，应给予人工补光。可以在夜间给予 3～4h 光照，进行夜间光照，亦可于傍晚加光，延长光照时数。对短日性花卉除自然光照时数外，给予人工增加光照时数，则可推迟花期。如菊花，在 9 月花芽分化前每日给予 6h 人工辅助光，则可推迟花期，至元旦开花。

（2）遮光处理　即短日照处理，在长日照季节里，如需要求短日性花卉开花，则可采取遮光办法，可用于短日照处理的花卉有菊花、一品红等。在长日照季节里可将此类花卉用黑布、黑纸或草帘等遮暗一定时数，使其有一个较长的暗期，一般多遮去傍晚和早上的光，遮光处理一定要严密连续，每天遮光时数与遮光天数因花卉种类与品种不同。如一品红于 7 月下旬开始遮光，每天只给 8～9h 光照，处理 1 个月后可形成花蕾，经 45～55d 即可开花。

（3）昼夜颠倒处理　采用白天遮光夜间照光的方法，可使在晚上开花的花卉白天开花。如昙花。

4. 药剂处理法

应用植物生长调节剂是控制盆栽花卉生长发育的一种有效方法。不同植物生长调节剂具有解除休眠、加速生长、抑制生长、促进开花、延迟开花等作用，用以提高花卉的产量和品质。目前常用药剂包括促进植物生长的调节剂：生长素类如吲哚乙酸（IAA）、吲哚丁酸（IBA）、萘乙酸（NAA）、2,4-D 等；赤霉素类如赤霉素（GA）等；细胞分裂素类如细胞分裂素（CTK）等。抑制植物生长的调节剂如脱落酸（ABA）、乙烯利等；延缓植物生长的调节剂如多效唑（PP333）、缩节胺（Pix）、矮壮素（CCC）、丁酰肼（B9）等。

5. 栽培管理法

（1）调节播种期或栽植期　例如需国庆节开放的花卉，一串红可在 4 月上旬播种，鸡冠花可在 6 月上旬播种，万寿菊、旱金莲可在 6 月中旬播种，百日菊、千日红、可在 7 月上旬播种。若"五一"用一串红，应头年播种或三月下旬、四月上旬进行扦插。

（2）摘心或其它修剪手段　一般生产上通过摘心可以推迟花期 25～30d。例如重要节日用花矮串红、荷兰菊、大串红等，如任其自然开放，不按期摘心控制，常在节日前开败，若使其适时开放，一般需在节日前 20～30d 进行摘心处理。其它修剪手段亦可以控制花期，例如月季从一次开花修剪到下次开花一般需 45d，欲使其在国庆节开放，可在 8 月中旬将当年发生的粗壮枝叶从分枝点以上 4～6cm 处剪截，同时将零乱分布的细弱侧枝从基部剪下，并给予充足的水肥和光照，就能适时盛开。

（3）控制肥水　有些花卉在营养生长后期或春季开花后，就会积累养分形成花芽，准备在秋季或翌年开花。在此期间如果控制浇水，通过施用磷、钾肥和控制施用氮肥就能促进花芽分化，使日后开花更加繁茂。如梅花、四季海棠、连翘等，春季过后就应尽早修剪、追肥，促进新枝健壮生长，夏季形成花芽应增施磷肥，适当控水，花芽形成后先降温和疏叶，再放在更低一些的温度下使其休眠，到计划开花前 1 个月时，将其放在 15～25℃ 的环境下，正常肥水管理，就能适时开花。

二、实验目的

1. 通过本次实验，使学生进一步了解影响植物开花的因素。
2. 掌握对这些因素进行调节的常用手段，达到花期控制与调节的目的，并了解各种调控技术在生产上的应用。

三、材料与用具

1. 材料：一品红、多菊花品种、月季、大丽花、荷包花、一串红等。
2. 用具：光照培养箱、照明灯泡、黑布、盆具、各种工具。乙烯利、GA3、过磷酸钙、磷酸二氢钾、尿素、NAA等药品。

四、实验内容与方法

1. 温度处理法

以大丽花为实验材料，全班分成三个组别：一组置于昼夜温度为 25℃ 和 15℃，每天 12h 光照的光照培养箱中；一组置于昼夜恒温为 25℃，每天 12h 光照的光照培养箱中；一组于自然条件下生长。比较不同处理植物的始花日期，花期天数和花数变化。

2. 光照控制法

全班分成 5～6 组，每组取一个不同的菊花品种 15 盆，分成三个组别，进行不同的光照处理。一组给予自然光照；一组 7:30 开始延长照灯 4h；一组从下午 17:00 起用黑布遮光至翌日早上 8:00，持续六周后，将三组不同处理的菊花均恢复到自然光照，比较同一品种不同处理开花时间，质量变化，最后将全班数据合起比较品种间的差异。

3. 温度与药物控制

以一品红为试验材料，每组选 15 盆，分成三个不同的处理。一组置于昼夜温度为 20℃ 和 10℃，每天 12h 光照的光照培养箱中；一组于自然条件下每 10d 喷 50μL/L 乙烯利一次，共 3 次；一组在自然条件下作对照，比较每种处理植株始花日期，花数变化。

4. 摘心控制

以一串红或月季作供试材料，各 10 株分成两组。一组不作摘心或修剪任其自然生长；一组摘心或修剪一次，分别记录始花时间或修剪至始花时间，比较其差异。

五、作业

1. 可根据具体情况，选择其中 1～2 种方法进行试验。
2. 记录实验结果，并对结果加以分析说明。

六、思考题

1. 花期调控对生产上的意义是什么？
2. 如果国庆期间用花，何时采用何种方法进行花期调控？

第五节　花卉种子的采收和贮藏实验

一、概述

1. 种子

裸子植物和被子植物特有的繁殖体，它由胚珠经过传粉受精形成。种子一般由种皮、胚和胚乳 3 部分组成，有的植物成熟的种子只有种皮和胚两部分。种子的形成使幼小的孢子体胚珠得到母体的保护，并像哺乳动物的胎儿那样得到充足的养料。种子还有种种适于传播或抵抗不良条件的结构，为植物的种族延续创造了良好的条件。

2．花卉种子的概念

栽培学上对"种子"的定义与植物学上不同。植物学上的"种子"是指由胚珠经过受精后发育成具有胚、胚乳和种皮等结构的幼小生命体。

而花卉栽培学上的"种子"则泛指所有可用于繁殖的播种材料，主要包括：①种子：包括十字花科、豆科、百合科等花卉的种子。②果实：如伞形花科、菊科、藜科等花卉的种子。

3．种子采收时间

种子成熟有形态成熟和生理成熟之分，不同成熟阶段的采收对发芽有一定影响。种子形态成熟时应及时采收和处理，可防散落、霉烂或丧失发芽力，过早或过晚都有不利影响。

4．种子的贮藏

常见园林花木种子的储藏方法，分为两种：分为干藏法和湿藏法。

（1）干藏法　适合于含水量低的种子。常用有普通干藏法和密封干藏法。

① 普通干藏法　适用大多数乔灌木及草花种子。贮藏前种子应充分干燥，然后将种子装入种子袋或装桶，置于阴凉、通风干燥的室内。并视贮藏时间长短和贮藏条件，适当利用通风和吸湿设备或干燥剂。

② 密封干藏法　普通干藏不适于长期种子贮藏，尤其对一些容易丧失发芽力的种子，则可采用密封干藏法。即将干燥的种子置于无毒、密闭的容器中，并在容器中加入适量干燥剂，并定期检查，更换干燥剂。密封干藏法可有效延长种子寿命，如结合低温条件，效果更好。

（2）湿藏法　适用于含水量较高的种子。常多限于越冬贮藏，并往往和催芽结合。

选用干净、无杂质的河沙（湿度一般为饱和含水量的60%），按种子：沙＝1：3的比例混合。小粒种子直接与沙混合均匀后放置在贮藏坑中；大粒种子可一层沙一层种子分层放置。种子层不能太厚，是沙层的1/3，以每粒种子都能接触沙子为好。

如果采用堆藏或坑藏，要注意选择背风向阳，雨淋不进、水浸不到的地方，坑藏应在地下水位线以上，种子层一般放在冻土层以上，贮藏坑自下而上要插上通气孔，地面以上要防止雨（雪）水进入贮藏坑，并且要注意经常检查防止湿度、温度剧烈变化。这类方法可有效保持种子生命力，并具催芽作用，提高种子出芽的整齐度。

此外，有些水生花卉的种子，如，睡莲、玉莲等必须贮藏于水中才能保持其发芽力。

二、实验目的

1．掌握花卉种子的采收方法，防止不同种类（或不同品种）种子混杂。

2．掌握不同花卉种子的贮藏方法，以保证品种种性和栽培计划的顺利实施。

三、材料与用具

1．材料：花圃或校园内常见的花卉种子，如凤仙花、三色堇、万寿花、鸡冠花、矮牵牛等。

2．用具：枝剪，标签，采集箱，布袋，纸袋。

四、实验内容与方法

在花圃或校园内选取优良采种母株，适时采收，并及时选优去劣、除杂，晒干贮藏，才能保证种子的发芽率。采收和贮藏时应根据不同种类的种子特点分别进行。

1．干果类种子的采收

干果类种子，如蒴果、蓇葖果、荚果、角果、坚果等，果实成熟时自然干燥，易干裂散出；应在充分成熟前，即将开裂或脱落前采收。

（1）鸡冠花

① 采种　鸡冠花胞果成熟期为 9～10 月，果实卵形，种子黑色有光泽。采种时，选择生长健壮植株，且要求其花大，花冠形态端庄，每冠采收花冠中部的十几粒种子。

② 处理　采回来的种子，晒干后净种，用纸袋或玻璃瓶盛装贮藏，并做好种子的登记工作。通常鸡冠花种子可贮藏 3～4 年。

（2）矮牵牛

① 采收　矮牵牛蒴果成熟期为 7～10 月，果实成熟后极易开裂，种子散落在地上，若采收不及时会造成种子大量损失，因此应采用分批采收的采收方法。种子成熟的标志为：蒴果尖端发黄，皮质变硬且脆；籽粒变硬，呈现黑褐色时即为种子成熟的标志，此时即可采收。

② 处理　采后的成熟果实，将其晒干，搓碎果皮，清选出种子，用纸袋或玻璃瓶盛装贮藏，并做好种子的登记工作。通常矮牵牛种子可贮藏 4～5 年。

（3）百日红

① 采种　百日红的花期达 100 天左右。种子在 10～11 月成熟，成熟后花果宿存，花色与花形经久不变。可将整个花序剪下，扎成一束。

② 处理　将扎成束的百日红花序悬吊于通风干燥凉爽处，留待次年播种用。

2. 肉质果实种子的采收

肉质果实成熟时果皮含水多，一般不开裂，成熟后自母体脱落或逐渐腐烂，如浆果、核果、梨果等，待果实变色、变软时及时采收。若过熟会自动从母株上脱落腐烂或遭鸟虫啄食，若待果皮干后才采收，会加深种子的休眠或受霉菌感染，如君子兰、石榴等。

（1）火棘

① 采收　火棘果实 10 月成熟，可在树上宿存到次年 2 月，采收果实以 10～12 月为宜。采收时，选择生长健壮，果实成熟度好的果实进行采收。

② 处理　采收后，首先除去叶片、枝刺、果柄等杂物。由于火棘果实为梨果，含有大量的果肉。应在塑料盆或桶，放入适量 40℃ 的温水，再把果实放入容器中浸泡 2h，使果皮松软，用手挤压，使种子从果肉中挤出，再用清水漂洗 4～5 次，除去果皮、果肉及瘪种子等杂物，即获得纯度较高成熟饱满的黑色种子。

将种子与细沙按 1∶3 比例进行混合，细沙要经过 200 目的筛子筛过，湿度为手握成团，松手即散为宜。在室内墙角下层铺 3cm 厚细沙置入种子，上层覆 5cm 厚细沙进行贮藏，并经常检查湿度，防止冻害。

（2）冬珊瑚

① 采收　冬珊瑚的果实为浆果，通常在每年 10～11 月间，集中将已经成熟的果实摘下。在株形端庄健壮，结果多的植株上，采收红色成熟的浆果。

② 处理　采收后的果实，放置数天后浸入水中，搓破果肉，在水中淘洗干净，除去果皮、果肉和干瘪的种子，捞起饱满的种子，晒干贮藏备用。冬珊瑚种子粒径中等，用纸袋或玻璃瓶盛装贮藏，并做好种子的登记工作。通常冬珊瑚的种子能够存放 6～8 个月而不致影响育苗。

五、作业

1. 种子采收的依据是什么？如何确定不同类型花卉的种子采收期？

2. 将采收后的种子贴上标签做好记录，并定期观察种子的贮藏情况。

六、思考题

1. 种子和果实的区别是什么？
2. 不同类型种子采收和贮藏的注意事项是什么？

第六节　花卉花芽分化的观察实验

一、概述

1. 花芽分化

植物由营养生长向生殖生长转化的过程。花芽分化是指植物茎生长点由分生出叶片、腋芽转变为分化出花序或花朵的过程。花芽分化是由营养生长向生殖生长转变的生理和形态标志。这一全过程由花芽分化前的诱导阶段及之后的花序与花分化的具体进程所组成。

花芽分化分为生理分化期和形态分化期。生理分化期先于形态分化期1个月左右。花芽生理分化主要是积累组建花芽的营养物质以及激素调节物质、遗传物质等共同协调作用的过程和结果，是各种物质在生长点细胞群中，从量变到质变的过程，这是为形态分化奠定的物质基础。但是这时的叶芽生长点组织，尚未发生形态变化。

生理分化完成后，在植株体内的激素和外界条件调节影响下，叶原基的物质代谢及生长点组织形态开始发生变化，逐渐可区分出花芽和叶芽，这就进入了花芽的形态分化期，并逐渐发育形成花萼、花瓣、雄蕊、雌蕊，直到开花前才完成整个花器的发育。

2. 花芽分化的类型

（1）夏秋分化类型　如牡丹、丁香、梅花、榆叶梅等等，花芽分化一年一次，于6～9月高温季节进行，至秋末花器官的主要部分已经完成，第二年早春或春天开花，但其性细胞的形成必须经过低温。许多木本类的花卉，如球根类花卉也在夏季较高温度下进行花芽分化，而秋植球根在进入夏季后，地上部分全部枯死，进入休眠状态停止生长，花芽分化却在夏季休眠期间进行，此时温度不宜过高，超过20℃，花芽分化则受阻，通常最适温度为17～18℃，但也视种类而异。春植球根则在夏季生长期进行分化。

（2）冬春分化类型　原产温暖地区的某些木本花卉及一些园林树种。如柑橘类从12月到次年3月完成，特点是分化时间短并连续进行。一些二年生花卉和春季开花的宿根花卉仅在春季温度较低时期进行。

（3）当年一次分化的开花类型　一些当年夏秋开花的种类，在当年枝的新梢上或花茎顶端形成花芽：如紫薇、木槿、木芙蓉等以及夏秋开花的宿根花卉，如萱草、菊花、芙蓉葵等，基本属此类型。

（4）多次分化类型　一年中多次发枝，每次枝顶均能形成花芽并开花。如茉莉、月季、倒挂金钟、香石竹、四季桂、四季石榴等四季性开花的花木及宿根花卉，在一年中都可继续分化花芽，当主茎生长达一定高度时。顶端营养生长停止，花芽逐渐形成，养分即集中于顶花芽。在顶花芽形成过程中，其它花芽又继续在基部生出的侧枝上形成，如此在四季中可以开花不绝。这些花卉通常在花芽分化和开花过程中，其营养生长仍继续进行。一年生花卉的花芽分化时期较长，只要在营养生长达到一定大小时，即可分化花芽而开花，并且在整个夏秋季节气温较高时期，继续形成花蕾而开花。决定开花的迟早依播种出苗时期和苗木的生长速度而定。

（5）不定期分化类型　每年只分化一次花芽，但无一定时期，只要达到一定的叶面积就能开花，主要视植物体自身养分的积累程度而异，如凤梨科和芭蕉科的某些种类。

二、实验目的

1. 通过实验使学生掌握花芽分化的观察方法。
2. 了解花芽分化形态变化的过程及花的发育规律，从而为花卉的控制栽培打下基础。

三、材料与用具

1. 材料：月季、大丽花或菊花。
2. 用具：显微镜，切片机，解剖针，镊子，染色缸，玻片等。药品主要有酒精，福尔马林，醋酸，石蜡，染色剂，中性树胶等。

四、实验内容与方法

1. 取样期确定

植物经过一定时间的营养生长后，营养芽开始向生殖芽转变，一般都会有一定的特征。如月季当顶芽变成柱状体（无叶原基）时即出现生殖锥；大丽花是最上两叶成柳叶状时；秋菊芽体变成缉毛状（或停灯 5d 后）即开始出现生长锥，这个时期应为取样开始日期，以后每隔 10d 取样一次，每次取三个芽，以枝条顶芽为好，每次应做好记录。

2. 样品固定与保存

每次取回样品后，先用清水冲洗干净，再用 FAA 固定液进行固定和保存，如要长时间保存，固定后改用 10％的福尔马林溶液。

FAA 的配制如下：福尔马林溶液 5mL＋70％酒精 90mL＋醋酸 5mL。

3. 制片与观察

将各次样品从固定液或保存液中取出，用清水冲洗干净，用石蜡包埋或直接用切片机进行纵向及横向切片，每次制作的样品选最好的三片进行脱色、染色、封片，然后用显微镜进行观察。

五、作业

1. 绘制花芽分化过程的解剖图，画面要清楚、准确。
2. 总结花芽分化的完成时间。

六、思考题

1. 花芽开始分化的形态学标志是什么？
2. 总结花芽分化与发育的规律。

第七节　球根花卉球根的形态构造观察

一、概述

多年生草花中地下器官变态（包括根和地下茎），膨大成块状、根状、球状，这类花卉总称为球根花卉，球根花卉依据适宜的栽植时间可以分为春植球根花卉和秋植球根花卉两大类，而依地下变态器官的结构划分，则可以分为鳞茎、球茎、块茎、根茎和块根五大类。

二、实验目的

通过对球根花卉地下器官的观察和解剖，熟悉球根花卉各类球根的基本形态特征，了解其内部结构，从而掌握常用球根花卉的分球习性，为球根花卉的繁殖、栽培管理、花期调控及其园林应用打下良好的基础。

三、材料与工具

1. 材料：百合（无皮鳞茎），唐菖蒲（球茎），马铃薯（块茎类，在花卉中仙客来，大岩桐属于此类），大丽花（块根），美人蕉（根茎）。

2. 工具：镊子，小刀，解剖针，放大镜，尺子，铅笔，橡皮等。

四、实验内容与方法

（1）球茎　为茎轴基部膨大的地下变态茎，短缩肥厚呈球形，为植物的贮藏营养器官。球茎上有节、退化叶片和侧芽。老球茎萌发后在基部形成新球，新球旁再形成子球。新球、子球和老球都可作为繁殖体另行种植。常见的球茎类球根花卉有唐菖蒲、小菖兰、番红花、秋水仙、马蹄莲等。

（2）鳞茎　由一个短的肉质的直立茎轴（鳞茎盘）组成，茎轴顶端为生长点或花原基，四周被厚的肉质鳞片所包裹。鳞茎发生在单子叶植物，通常植物发生结构变态后成为贮藏器官。有皮的鳞茎称为有皮鳞茎，如郁金香、风信子等，无皮的鳞茎称之为无皮鳞茎，如百合。鳞茎由小鳞片组成，鳞茎中心的营养分生组织在鳞片腋部发育，产生小鳞茎。鳞茎、小鳞茎、鳞片都可以作为繁殖材料。郁金香、水仙常用小鳞茎繁殖。百合常用小鳞茎和珠芽繁殖，也可用鳞片叶繁殖。

（3）块茎　也是地下的变态茎的一种类型。外形不一，多近于块状，贮藏一定的营养物质。根系自块茎底部发生，块茎顶端通常具有几个发芽点，块茎有面也分布一些芽眼可以生长成为侧芽。如仙客来、马蹄莲、彩叶芋、大岩桐、球根秋海棠等。

（4）根茎　用根茎繁殖时要待地上部分生长停止后，把根茎挖出，从连接点分开，每一块根茎上面应具有2～3个芽才易成活，易繁殖种类具隐芽也可成株。如鸢尾、蜘蛛抱蛋、香蒲、紫菀、萱草、铁线蕨等。

（5）块根　块根叶芽都着生在接近地表的根茎上。在繁殖时应将整个块根栽入土内进行催芽，然后再按芽分割进行繁殖。如大丽花、银莲花、花毛茛等。

观察各类球根代表种的形状、大小、色泽等特征，以及根、茎、叶、芽、节等各部分的形态变化等，借助解剖针、刀片和放大镜等工具，对球根的各部分进行进一步的解剖和观察，记录各类球根的特点，描绘各类球根的形态特征。特别注意以下几点：

① 百合　鳞茎盘的形状、鳞片、基生根、茎生根、腋芽（即小鳞茎）的位置和形状、零余子的位置和形状。

② 唐菖蒲　老球、新球和子球的位置、大小和形状，球茎上的节、退化的膜质叶片和侧芽的位置。

③ 马铃薯　块茎的形状、芽眼。

④ 美人蕉　地下茎的节和节间，根的位置，芽的位置，地下茎延伸的方式。

⑤ 大丽花　块根的形状、颜色，着生的方式，根颈附近的芽眼。

五、作业

描绘百合、唐菖蒲和美人蕉的外部形态特征简图（或球根的纵切图），并且用铅笔注明各个部位的名称（表6-4）。

表6-4　花卉球根观察记载表

花卉名称	大小高×直径	色泽	形状	芽着生部位	球根类型	备注

第八节　一、二年生花卉的种子繁殖

一、概述

穴盘育苗技术是采用草炭、蛭石等轻基质无土材料做育苗基质，一穴一粒，一次性成苗的现代化育苗技术；穴盘育苗的突出优点是：节能省工省力、效率高。因此该实训项目是现代高技术人才所必须掌握的一项技术。

在实际操作过程中，穴盘育苗技术的步骤必需要求正确；学生初次练习，操作要准确，动作要放慢，过程要精细。另外，在播种和覆盖环节，学生要根据种子自身的特点及大小选择合适的播种深度和覆盖厚度，以保证种子的发芽率。

生产上常用的播种方法有：撒播、点播和条播三种（图6-2）。

撒播是将种子均匀地播于苗床上，要求均匀，防止苗稀密不均。对于有绒毛的种子或种粒过于细小的，播时可均匀混合适量细沙。

点播是指按一定株行距开穴，将种子播入穴内的播种法。此法多用于大粒种子，一般按行距30cm开沟，株距约15cm点播。

条播是指按一定的行距，将种子均匀地播到播种沟内，播种行宽度一般为3～5cm，播种行之间的距离一般为10～25cm。

撒播　　　　　　　　　　条播　　　　　　　　　点播

图6-2　三种播种方法

二、实验目的

1. 通过对一、二年生花卉的穴盘播种，以及对花卉种子发芽的观察和分析，掌握花卉有性繁殖的特点，程序和方法。

2. 了解穴盘播种的优缺点，了解花卉种子发芽的生物学特性。

三、材料与用具

花卉种子，穴盘或苗床，喷雾器，洒水壶，基质（泥炭，腐叶土，河沙等），消毒剂（高锰酸钾、多菌灵等），肥料，标签等。

四、实验内容与方法

1. 育苗容器和播种基质的准备与消毒

选用富含腐殖的沙质土等播种基质，播种前 3d 左右用 0.1% 的高锰酸钾对基质消毒。播种当天向容器装入基质（若容器是瓦盆，新盆需泡水退火），根据种粒大小和苗期根系的发育情况，调整基质的深度，按实抹平后，上面留出沿口 2cm。

2. 种子的准备与处理

实验室内测定供试种子的品种品质和播种品质后，根据种粒萌发和生长习性，选择适当的播种时间，采取相应的消毒和催芽处理。

3. 确定播种量

根据种子的千粒重（克粒数）、发芽力、幼苗是否移栽、苗期生长速度、分苗时间、设计播种密度等确定单位面积的播种量，依据计划出苗量，计算播种量。

4. 播种

依据种子大小和播种的环境条件，采用适当的方式如点播或撒播将种子播入基质。一般中粒和大粒种子播种时，采用点播法，可按一定间距把种子逐粒按入基质内，深度为种子直径的 2~3 倍，或按一定间距把种子逐粒放于基质表面，覆盖土，厚度为种子直径的 2~3 倍左右；细小种宜采用撒播法，可在种子中掺入细沙，与种子一起播入，播后用细筛筛过的土覆盖，以不见种子为度，有些微粒种子播后或好光性种子不覆土（如秋海棠类）。

5. 播后管理

播种完毕后，播后立即用喷雾器等均匀地洒足水分，在容器上方盖上塑料薄膜等（应留有空隙，以利气体交换），放于蔽荫处。此后应加强管理，随时观察，作好水分、温度、光照、病虫害等因子的调控，尽量保持盆土表面在出苗前不干，花苗出齐后可去掉塑料薄膜并逐渐移于日光照射充足之处。在第一次间苗前如果基质发干，用喷雾器给水，间苗后再用细眼喷壶洒水浇灌。

五、作业

记录播种育苗的整个操作过程，将种子发芽情况和苗期生长情况数据填入表 6-5 和表 6-6，整理数据，分析影响种子发芽率、出苗率和幼苗质量的因素。

六、思考题

提出提高萌发率、出苗率和幼苗质量的可能途径与措施。

七、注意事项

根据播种地的环境条件选择适宜花卉播种育苗的最佳时间。

表 6-5　种子发芽情况记录

花种

产地或来源

采种时间_____年_____月_____日

置休时间_____年_____月_____日

播种日期_____年_____月_____日

组别	腐烂粒	空粒	异状发芽粒	初芽天	盛芽天	发芽率	发芽势	备注
1								
2								
3								

表 6-6　苗期生长情况记录表

花种

产地或来源

采种时间_____年_____月_____日

置休时间_____年_____月_____日

播种日期_____年_____月_____日

组别	检查时间	长势	整齐与否	病虫害情况	成活株数	成活率	备注
1							
2							
3							

2. 根据花卉而异选择最适合、最简便有效的播种方案。

3. 播种完毕后，应经常观察，注意苗床水分、温度、光照、病虫害、肥水等因子的调控，培养壮苗。

第九节　花卉的上盆、换盆

一、概述

上盆是指将苗床中繁殖的幼苗（不论是播种苗还是扦插苗）栽植到花盆中的操作。上盆是盆花栽培与欣赏的第一步，是盆花养护管理中的基本环节。

换盆是指把盆栽的植物换到另一盆中去的操作。当植物在花盆中长到一定的阶段时，需要换盆以满足植物根系不断伸展的需要；植物生长一定阶段后，盆土物理性质变劣，养分丧失或为老根所充满，故必须换盆以维持正常的生长发育。

翻盆是将盆栽植株从盆中倒出，剪除部分老根、弱根和去掉部分培养土，然后将植株入原盆中，增加一部分新培养土。

二、实验目的

在了解花卉生长基本规律的基础上，通过实验熟练掌握盆花管理中上盆与换盆的操作技术。

三、材料与用具

草花幼苗，盆花，不同型号的花盆，喷壶，各类营养土等。

四、实验内容与方法

1. 上盆

① 选择与幼苗规格相应的花盆，用一块碎盆片盖于盆底的排水孔上，将凹面朝下，盆底可用粗粒或碎盆片、碎砖块，以利排水，上面再填入一层培养土，以待植苗。本次实验由于苗木较小，且用塑料盆和泥炭土栽培，可以不用填碎盆片，直接填入培养土即可。

② 用手指将播种苗从穴盘中顶起，用左手拿苗放于盆口中央深浅适当位置，填培养土于苗根周围，用手指压紧，土面与盆口留有适当高度（3～5cm）。

③ 栽植完毕，喷足水，暂置阴处数日缓苗。待苗恢复生长后，逐渐移于光照充足处，进行常规管理。

2. 换盆

① 选择生长拥挤的花苗。

② 分开左手手指，按置于盆面植株基部，将盆提起倒置，并以右手轻扣盆边，土球即可取出。（不易取出时，将盆边向他物轻扣）。

③ 土球取出后，对部分老根、枯根、卷曲根进行修剪。宿根花卉可结合分株，并刮去部分旧土；木本花卉可依种类不同将土球适当切除一部分；一、二年生草花按原土球栽植即可。

④ 换盆后第一次浇足水，置阴处缓苗数日，保持土壤湿润；直至新根长出后，再逐渐增加浇水量。

3. 翻盆

① 脱盆 让原盆稍干燥后，两手反挟盆沿，把盆翻转，让身体对面的盆沿在台边或柜上轻扣，让盆土松离并用棍棒从出水孔向上捅一下；同时用手掌护住盆泥，防止植株下跌而损伤，扣松后，左手托住植株和盆泥，右手把盆拿开，再把植株翻转过来。

② 修剪与减泥 剔除泥球外沿泥尾达 1/3～1/2，并修剪部分烂根弱根。

③ 上盆 将植株栽入原盆中，可在新培养土中掺入肥料。

④ 浇水、缓苗 浇透水后，置于荫蔽处缓苗。

五、作业

上盆与换盆后应该加强植株的栽培管理，应注意哪些方面？观察其生长表现并做相关记录。

六、思考题

1. 什么叫上盆？描述上盆的操作过程，操作中应注意哪些关键环节？

2. 什么叫换盆？描述换盆的操作过程，操作中应注意哪些关键环节？

3. 翻盆操作过程中需要注意哪些细节？

第十节 花卉的扦插繁殖

一、概述

扦插繁殖是指植物的营养器官脱离母体后，再生出根和芽，发育成新个体，扦插所用的一段营养体称为插条（穗）。在扦插过程中，茎段上都带有芽，而茎段的下部可发生不定根，茎上的不定根起源于某些尚处于分裂阶段的细胞或分化程度很低的薄壁组织，不同植物产生不定根的来源不尽相同，可产生于表皮、皮层、维管束鞘、形成层或射线等。

扦插繁殖的优点是能保持原有品种的优良特性，比播种苗生长快，开花时间早，苗木整齐一致。缺点是扦插苗无主根，根系较播种苗弱，常为浅根。

在实际操作过程中，扦插繁殖最为关键的是促进插条生根。因此，在扦插前应根据不同植物种类选择合适的促进插条生根的方法，如环割、黄化处理、生根剂处理等。另外，在实际扦插操作中，一定要保证插条下部不被损伤，否则将影响插条的生根率，同时还要根据外界温度情况决定是否对插条进行简单的保温处理，以保证插条的成活率。

二、实验目的

掌握木本花卉和草本花卉的扦插繁殖的技术及操作方法。

三、材料与用具

1. 材料：虎皮兰、菊花、矮牵牛、玉树、长寿花、月季等植物材料。
2. 用具：修枝剪，花盆，培养土，喷壶。

四、实验内容与方法

1. 草本花卉的扦插繁殖

叶插：叶插利用叶脉处人为造成的伤口部分产生愈伤组织，然后萌发出的不定根或不定芽，从而形成一棵新的植株。

① 平置法：取秋海棠的一枚成熟叶片，把叶柄剪掉，叶片边缘过薄处亦可适当剪去一部分，以减少水分蒸发，将叶片上的主脉、支脉间隔切断数处，平铺在插床面上，使叶片与基质密切接触，同时保持湿度，经 1 个月左右，根自切口处萌发而出，新叶亦由该处抽出而老叶则逐渐枯萎。落地生根可由叶缘处生根发芽，可将叶缘与基质紧密接触 [图 6-3(a)]。

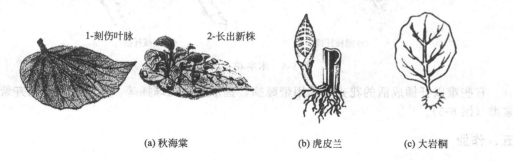

1-刻伤叶脉　　2-长出新株

(a) 秋海棠　　　　　　(b) 虎皮兰　　　　　　(c) 大岩桐

图 6-3 草本花卉的扦插繁殖

② 直插法：将虎皮兰的叶片切成小段，每段 5～6cm（每段上应具有一段主脉和侧脉），

然后浅浅地插入素沙土中，经一段时间，基部伤口即发生须根，并长出地下根状茎，由根状茎的顶芽长出一颗新的植株［图6-3(b)］。

③ 叶柄插：如非洲紫罗兰、大岩桐可取带叶柄的叶片插入基质中，并保持适当湿度，由叶柄基部发根；也可将半张叶片剪除，将叶柄斜插于基质中；橡皮树叶柄插时，将肥厚叶片卷成筒状，插竹签固定于基质中；大岩桐叶插时，叶柄基部先发生小球茎，再形成新个体［图6-3(c)］。豆瓣绿、非洲紫罗兰等也可采用此法繁殖。此法发根快，新株由叶柄处长出，用此法长出的幼苗比平置法健壮。

④ 叶芽插：叶芽插是在腋芽成熟饱满而尚未萌动前，连同节部的一小段枝条一同剪取下来，然后浅浅地插入沙床内，并将腋芽的尖端露出沙面，当叶柄基部产生不定根后，腋芽开始萌动，然后长成新苗。

2. 木本花卉的扦插繁殖

① 嫩枝扦插　又叫绿枝扦插用半木质化带叶枝条进行扦插，多用于常绿木本花卉。扦插时间多在植物生长旺盛时期的夏秋季进行。插穗选取当年生长发育充实的嫩枝或木本花卉的半木质化枝条，长约5～6cm，保留上端2～3片叶，将下部叶片从叶柄基部全部剪掉。如果上部保留的叶片过大，如扶桑、一品红等，可将叶片剪去1/2～1/3。下端剪口在节下2～3mm处。扦插深度为插穗长度的1/3～1/2［图6-4(a)］。在扦插前，先用比插穗稍粗的竹签在基质上扎孔，然后将插穗顺扎孔插入，以免损伤插穗基部的剪口。插完一组后，即用细眼喷壶洒一次水，使基质与插穗密接，并遮阳网遮阳。如用盆扦插，应放置在通风庇荫处，插完后盖上塑料薄膜，每天中午打开一角略加通风。木本花卉如木兰属、蔷薇属、绣线菊属、火棘属、连翘属和夹竹桃等，均可用此法进行。

② 硬枝扦插　又称老枝扦插，多用于落叶木本花卉。扦插时间多在秋冬落叶后至翌年早春萌芽前的休眠期进行。插条应选择一、二年生充分木质化的枝条，带3～4个芽，将枝条截成10～15cm长的插穗。上端切口离芽0.5～1cm，以保护顶芽不致失水干枯，切口呈斜面。下端切口应在近节处，切口呈斜面。插前先用木棍或竹签在基质上扎孔，以免损伤插穗基部剪口表面。扦插深度为插穗长度的1/2～1/3，直插或斜插［图6-4(b)］。

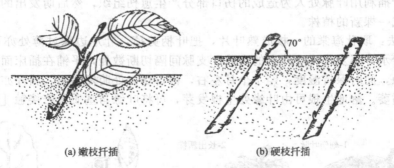

(a) 嫩枝扦插　　　　　　　　(b) 硬枝扦插

图6-4　木本花卉的扦插繁殖

有些难以扦插成活的花卉可采用带踵插、锤形插、泥球插等。适用于木本花卉紫荆、海棠类（图6-5）。

五、作业

记录扦插繁殖的整个操作过程，记录插穗生根的时间、生根质量，统计生根率，将数据填入表6-7。整理数据并分析影响生根率和生根效果的因素，并提出提高生根率的可能途径与措施。

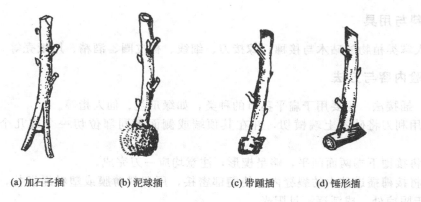

(a) 加石子插　　　(b) 泥球插　　　(c) 带踵插　　　(d) 锤形插

图 6-5　嫩枝插

表 6-7　扦插检查记录表

花种	扦插时间	检查时间	根长	根数	成活数	成活率	发根部位

六、思考题

影响扦插成活的主要因素是什么？

七、注意事项

1. 插穗的选取因花卉种类而异，需选择最容易生根的部位作插穗。
2. 扦插的季节需选取最适合插穗生根的季节。
3. 扦插完毕后，应经常观察，注意苗床水分、温度、光照等环境因子的调控。

第十一节　花卉的嫁接繁殖

嫁接是利用植物的再生能力的繁殖方法，而植物的再生能力最旺盛的地方是形成层，它位于植物的木质部和韧皮部之间。可从外侧的韧皮部和内侧的木质部吸收水分和矿物质，使自身不断分裂，向内产生木质部，向外产生韧皮部，使植株的枝干不断增粗。嫁接就是使接穗和砧木各自削伤面形成层相互密接，因创伤而分化愈伤组织，发育的愈伤组织相互结合，填补接穗和砧木间的空隙，沟通疏导组织，使营养物质能够相互传导，形成一个新的植株。

在实际操作过程中，嫁接繁殖最为关键的是要保证接穗和母株的形成层对齐，同时接穗切口要平滑，接穗包扎要紧密，以保持充足的水分，从而提高接穗的成活率。

第一部分　仙人掌的嫁接

一、实验目的

通过实验认识仙人掌类植物的结构特点，掌握多肉多浆类植物的嫁接技术。

二、材料与用具

仙人掌类植物的砧木与接穗、嫁接刀、细线、橡皮圈、酒精、厚纸壳等。

三、实验内容与方法

（1）插接法　主要用于扁平茎节的种类，如绿爪兰、仙人指等。

①用利刀将砧木上端横切，并在其顶端或侧面不同部位切一个或几个楔形裂口，达髓部。

②将接穗下端两面削平，略呈楔形，注意均应一刀完成。

③将接穗播进砧木的裂缝内，使髓部密接，用塑料薄膜或塑料绳绑扎，并罩口小塑料袋，放于阴凉处，成活逐渐见阳光。

（2）平接法　主要用于球形、柱形的接穗和砧木

①先用快刀将砧木顶部削平、削面直径一定要超过接穗削面的直径，然后把切面的四周向下方呈30°角削掉一小部分。

②将接穗下部切掉1/3左右，切口要平整，边缘切法与砧木一样（接穗与砧木都要这样切的原因，大家可以观察，思考）。

③接穗立即放在砧木上，髓部对齐，然后用尼龙绳等绑扎固定牢固，再套上塑料袋或玻璃钟罩保湿。

四、作业

记录嫁接的整个操作过程，记录嫁接砧木和接穗的萌动时间、成活率等（表6-8），将数据填入附表。整理数据并分析嫁接成活及接后生长效果的因素，并提出提高嫁接成活率和接后质量的可能途径与措施。

表 6-8　嫁接检查记录表

株号	嫁接时间	萌动时间	成活天数	成活率	备注

五、思考题

1. 结合实际操作简述仙人球嫁接繁殖的方法及其注意事项。
2. 简述仙人球嫁接后的管理和养护措施。
3. 检查仙人球嫁接的成活情况，并分析原因。

第二部分　菊花的嫁接繁殖

一、实验目的

通过对菊花的嫁接实验，学会草本花卉的一般嫁接方法，掌握菊花嫁接繁殖各环节操作

要点、管理措施，大立菊、菊花盆景的主要生产技术。

二、材料与用具

株高 1m 以上的黄花蒿几株，各品种菊花顶芽 70 个，剪枝剪，单、双刀片，栽培容器，遮阳网、喷水壶、药棉、酒精等。

三、实验内容与方法

用两株黄花蒿为砧木，采用劈接法嫁接，嫁接成活 50 个以上的接穗，养护至大立菊基本成型。

（1）选取砧木黄花蒿　黄花蒿以植株健壮，分枝量适度，枝条粗，幼嫩，枝顶不白心为适。

（2）选取接穗菊花顶芽　菊花顶芽的选取，首先根据大立菊菊花盆景设计要求选取规定的品种菊花顶芽，具体的顶芽大小根据砧木的粗细采摘适合的接穗。

（3）修剪砧木　利用黄花蒿做砧木嫁接菊花是多次完成的，砧木的修剪以每次能进行嫁接的枝条为宜，余枝留待今后修剪，以利砧木继续生长形成足够的枝条以满足设计要求，剪除待嫁接枝条的全部叶片，修去枝顶芽备用。

（4）皮套　菊花嫁接的包扎物为树皮，主要材料来自冬青卫矛，也可用栀子，选取粗细适中、节间长的一、二年生冬青卫矛枝条，剪去茎节，用单面刀片旋割皮层，切到形成层不伤及木质部，用手轻捻树皮，旋转枝条取出皮套备用，皮套长度为 1.5～2.5cm 之间。

（5）嫁接　用 75％的酒精药棉球擦拭单、双刀片，让其自然风干，同时将手消毒，用刀片将黄花蒿枝修光，去除全部叶片，横切至能嫁接部位，套上皮套，用刀片纵剖枝条，深度 0.5～0.8cm，取一菊花接穗，修去叶片，将枝条两侧修成楔形，要求切面光滑，长度 0.5～0.8cm，修好后将接穗插入黄花蒿纵切口对准形成层，将皮套向回拖，固定好接穗，小心将较大的菊叶修去，待本次全部嫁枝嫁接好后将花盆搬到阴凉处，下次嫁接当黄花蒿长出一定数量的可接枝条后进行，黄花蒿的嫁接宜在 4 月末～6 月初之间，最佳天气为阴雨天。

（6）养护　嫁接后的菊花需要在阴凉处养护 5～8d，晴天日间多次喷水保持较高的湿度和枝叶湿润，待接穗成活后移到阳光下继续培养，当接穗长至 5～6 片叶时开始打顶，经多次打顶至设计所需的枝条数，当枝条不能自主直立时，竖立竹枝等物支撑，肥水光照需要量要多于一般菊花盆栽，后期支柱、表扎、抹芽同多头菊。

四、作业

用实验报告的形式报告实验过程，分析比较影响菊花嫁接成活率的原因及改进方法。

第三部分　木本花卉的嫁接

一、实验目的

掌握木本花卉嫁接的基本方法。

二、材料与用具

供嫁接用的砧木和接穗，嫁接刀，枝剪，塑料薄膜条，磨石等。

三、实验内容与方法

1. 枝接法

用植物的一段枝条作为接穗进行嫁接繁殖，称为枝接。方法有切接法、劈接法、靠接法等。

只要条件具备，一年四季都可进行枝接，但以春季萌芽前后至展叶期进行较为普遍。

（1）切接法　一般在春季顶芽刚刚萌动而新梢尚未抽生时进行。

① 选择一年生充实健壮的枝条，将其剪成长为 8cm 左右的茎段，每段必须有腋芽 2 个以上。用刀在接穗基部两侧削成一长一短的两个削面，长削面长 2.5cm 左右、短削面 1.0cm 左右，每一削面最好一刀削成。

② 将砧木从距地面 20cm 处短剪，削平断面，再按照接穗的粗度，选砧木平整光滑面由截口稍带木质部处向下纵切，切口长度与接穗长削面长度相适应（深约 2.5cm）。

③ 把接穗的长削面向里，插入砧木的切口内，并将两侧或一侧的形成层对齐，最后小塑料条将接口包严绑紧。对于一些比较幼嫩的花卉接穗，为了防止接口亲合前接穗抽干，常用一个小的塑料袋把接穗和切接口一起套住，待接穗抽生新梢后再把它去掉。

（2）劈接法　常在利用大型母株作砧木时使用，这时的砧木粗度常比接穗粗得多，落叶花木的劈接时间与切接一样，常绿花木多在立秋后进行。

① 在接穗基部削成长度相等的两个对称削面，长约 2cm，切面应平滑整齐。

② 将砧木截去上部，削平断面，用刀在砧木断面中心处垂直劈下，深度略长于接穗的削面。

③ 将砧木切口撬开，把接穗插入，为提高成活率，常用 2 根接穗插入砧木切口的两侧，仅将接穗外侧的形成层和砧木一侧的形成层对齐，然后用塑料薄膜绑紧包严。

（3）芽苗砧嫁接　属切接的一种，此法方法简单，成活率较高。

① 接穗削法同切接，但需选择与砧木粗度相当，带 1～2 个芽的接穗。

② 砧木采用播种小苗，即在实生苗的真叶长出一片或未长出真叶时，在真叶处以下，子叶以上的地方平剪，然后用刀片将砧木从截面中央垂直向下切，深度与接穗削面相一致。

③ 将接穗小心地插入砧木切口，用牙膏皮（小片）将砧木切口扣紧，然后用塑料薄膜罩住。

由于砧木是实生小苗，非常细小，嫩脆，因而操作过程中应小心谨慎，细致操作。

2. 芽接法

用植物的芽作接穗来进行嫁接繁殖，称芽接。一般来说，7～9 月份是主要的芽接时期，当然，只要皮层能够剥离，在生长季的其它时间也可进行。芽接的方法有"T 字形芽接法"、"门形芽接法"及"嵌芽接法"等。

（1）"T"字形芽接法

① 接穗芽的削取　在所选择作接芽的上方 0.3～0.5cm 处横切一刀，深入木质部达 0.1cm 左右，再在该腋芽下方 0.5～0.8cm 处，深达木质部向上推削，直至横切口，取下接芽，用指甲把接芽里侧的木质部剥掉，立即含入口中。

② 切砧木　在砧木离地面 3～5cm 处或 10～15cm 处（根据植物种类不同而异）选择光滑的部位作为芽接处，用刀将共韧皮部切一"T"字形切口，其大小应和接芽一致。

③ 接芽和绑缚　用刀轻撬纵切口，将芽片顺砧木"T"字切口插入，芽片的上边对齐砧木横切口（注意使两者切口紧密吻合），然后用塑料条从上向下绑紧，但要求芽眼露出。

（2）嵌芽接

① 削芽片　先在接穗芽上方 0.8～1cm 处向下斜切一刀，长约 1.5cm，再在芽下方0.5～0.8cm 处，斜切成 80°角到第一刀刀口底部，取下带木质部的芽片。芽片长约1.5～2cm。

② 切砧木　按照芽片的大小，相应在砧木上由上而下切一切口，长度应比芽片略长。

③ 接芽和绑缚　将芽片插入砧木切口中，注意芽片上端必须露出一线砧木皮支，以利愈合，然后用塑料条绑紧。

芽接后 10d 左右进行成活率检查，凡接芽呈新鲜状态，叶柄一触即落者表明已成活；而芽和叶柄干枯不易脱落者说明未活。

四、作业

用月季作为实验材料完成嫁接实验。

五、注意事项

1. 砧木与接穗需选择二者亲和力好的种类。
2. 嫁接时的温度处于植物生长的最适温度时期。
3. 接后接口部必须保湿、遮光和通气。
4. 要求嫁接的操作技术熟练，操作过程流畅，砧木和接穗接口有较大的接触面。
5. 嫁接后，经常观察，及时除去砧木上的萌枝。

第十二节　花卉的修剪整形

一、概述

整形修剪是指修整花卉的整体外表，剪去不必要的杂枝、病虫枝或为新芽的萌发而适当处理枝条。整形修剪，是花卉日常栽培管理中的一项重要技术措施。通过整形修剪，不仅可以使株形整齐，高低适中，形态优美，提高观赏价值，而且可以及时剪掉不必要的枝条，节省养分，调整树势，改善透光条件，借以调节与控制花卉生长发育，促使生长健壮，花多果硕。

整形的形式多种多样，一般有单干式，如独本菊、单干大丽花等；多干式，如海棠、石榴等；丛生式，如棕竹、南天竹等；攀援式，如羽叶茑萝、牵牛花等；垂枝式，如常春藤等。总之，整形要根据需要和爱好通过艺术加工处理，细心琢磨，精心养护，以达到预想的目的。

修剪在休眠期和生长期都可以进行，但在具体掌握时，应根据不同花卉的开花习性、耐寒程度和修剪目的决定。凡春季开花的植物，如梅花、四季海棠、白玉兰等，它们的花芽是在前一年枝条上形成的，如果在早春发芽前修剪会剪掉花枝，应在花后 1～2 周内进行修剪，既可促使萌发新梢，又可形成来年的花枝。如果等到秋、冬季修剪，夏季已形成有花芽的枝条就会受到损伤，影响第二年开花，因此冬季不宜修剪。凡是在当年生枝条上开花的花卉，如月季、扶桑、一品红、金橘、佛手等，应在冬季休眠期进行修剪，促其多发新梢、多开花、多结果。藤本花卉，一般不需要修剪，只剪除过老和密生枝条即可。以观叶为主的花卉，亦可在休眠期进行修剪。

二、实验目的

通过本次实验使学生加深了解修剪整形在生产中的作用，掌握各种修剪整形技术与方法。

三、材料与用具

材料：菊花，千日红，彩叶草，杜鹃，月季等。

用具：手枝剪，手锯，剪刀等。

四、实验内容与方法

(1) 摘心和剪梢　摘心和剪梢是将正在生长的枝梢去掉顶部的工作。枝条已硬化需要用剪刀剪除的称剪梢；枝条柔嫩，用手指即可摘去嫩梢的为摘心。其目的是为了解除顶端优势，使枝条组织充实，压缩植株的高度和幅度，促使它们发生更多的侧枝，从而增加着花的部位和数量，使树冠更加丰满。做法是将新梢顶端摘除 2～5cm，抑制新梢生长，使养分转移到生殖生长。当新梢上部的芽萌生二次梢时，可以等它长出几个叶片时再进行一次摘心。在生产中摘心也常用于调整花期。

(2) 疏枝　为了调整树型，利于通风透光，一般常将枯枝、病虫枝、纤细枝、平行枝、徒长枝、密生枝等剪除掉。疏枝时残桩不能过长，也不能切入下一级枝干，上切口在分枝点起，按 45°斜角剪截，切口要平滑，萌芽力弱的花木，如广玉兰、白玉兰等，疏枝量宜少。

(3) 除芽　除芽包括摘除侧芽和挖掉脚芽，前者多用于观花和观果类花卉，后者多用于球根或宿根类草花和一些多年生木本花卉。除芽的目的是为集中养分，促使主干挺直健壮，花朵大而艳丽，果实丰硕饱满。

(4) 折枝　为了防止枝条生长过旺，或为了形成一定的艺术造型，常在早春芽刚萌动时进行折枝处理。粗放的做法是用手将枝条折裂；精细的做法是先用刀切割，然后小心将枝条弯折，并要在切口处涂泥，防止伤口水分蒸发过多和病害入侵。

(5) 捻梢　即将新梢扭转但不使其断离母枝，多在新梢生长过长时应用。捻梢的目的是阻止水分、养分向生长点运输，削弱枝条生长势，有利于花枝的形成。

(6) 曲枝　为了调控花卉的生长发育，常对枝条或新梢施行弯曲、缚扎或扶立等措施，控制枝梢或其上芽的萌发，也可用来将花木塑造成各种艺术造型。

(7) 摘叶　通过适当摘除过多的叶片来改善通风透光条件，降低温室、湿度。

(8) 摘蕾　摘除叶腋间生出的侧蕾，使营养集中供养顶蕾开花，以保证花朵的质量，从而获得大而艳的花朵，许多多年生宿根草本花卉都需要进行摘蕾。

(9) 摘果　有时为了使枝条生长充实，避免养分消耗过多，常常将幼果摘除；有时为了获得大而品质好的果实，进行疏果；有时为了使花朵能连续开放，常将果实摘除。

(10) 剪根　剪根工作多在移植，换盆（翻盆）时进行，例如，苗木移植时，剪短过长的主根，促使长出侧根，花卉上盆或换盆时适度剪根，可抑制枝叶徒长，而促花蕾之形成。剪根一般在休眠期进行，但在植株过分徒长时，在生长期也可以行切根作业。

(11) 整形　通常是采用整剪接合的方法进行，剪的方法如上，整的方法主要有绑扎、引诱等方法，主要根据造形的目的要求进行整形，使到植株能形成理想的株形。在木本植物中，整形是一项长期的工作，并非一朝一夕可以完成。

五、作业

1. 盆花造型有哪些方法与途径？比较其优缺点。
2. 选择一种植物，对其进行整修修剪。

　　附：月季的几种修剪形式

1. 矮干月季冬季强剪　将植株所有枝干在距基部 3～6cm 处全部剪去，只在头年生的壮枝上保留5～15个发芽点，每个发芽点可长成一个花枝，此法适用于小型盆栽。

2. 多干月季冬季修剪 使植株保留3～5枝头年生的强壮枝干，每个枝干上留5～7个壮芽，其余全部除去，此法适用于大面积的花坛或地栽。

3. 高干式月季冬季修剪 要形成独干的树状月季，需经过三年以上的培养和修剪，当壮株发出一个健壮的基部芽时，可通过修剪及施肥等促进，有意识地促使它生长得挺直粗状，待下一年早春，可剪掉其它所有的枝条，仅保留这个强壮的独干，并把它剪至60～100cm高，除去下部腋芽，只保留顶端3～4个腋芽，让它萌发生长至10～12cm时去顶，使其再发分枝，通过这样反复修剪，控制它的生长形式，至第三年，植株就能长成较为满意的伞状枝冠。

4. 生长期去芽、摘蕾及剪除残花 植株基部萌芽多产生于春天第一次花后，可结合花后修剪进行处理。一种是让它长到30cm左右，摘去顶端，促使两侧的枝发育，形成花蕾，花后再修剪；另一种是让它充分生长，开花后修剪，促使其侧枝生长发育。

第十三节 花卉的组织培养

一、概述

植物的组织培养是根据植物细胞具有全能性这个理论，近几十年来发展起来的一项无性繁殖的新技术。植物的组织培养广义又叫离体培养，指从植物体分离出符合需要的组织、器官或细胞、原生质体等，通过无菌操作，在人工控制条件下进行培养以获得再生的完整植株或生产具有经济价值的其它产品的技术。狭义是指组培指用植物各部分组织，如形成层、薄壁组织、叶肉组织、胚乳等进行培养获得再生植株，也指在培养过程中从各器官上产生愈伤组织的培养，愈伤组织再经过再分化形成再生植物。现在我国的花卉工作者，已利用这种方法繁殖出木本、草本、蕨类、仙人掌及多肉植物等许多花卉的优良品种。

二、实验目的

了解花卉组织培养原理，熟悉常用花卉的组织培养的步骤和方法，掌握花卉组培苗的移植与养护。

三、材料与用具

1. 材料：花卉植株外植体（花卉营养器官），组织培养药剂和培养基。
2. 用具：组织培养室，高压灭菌锅，锥形瓶，塑料瓶，超净工作台，手术刀，解剖针，解剖刀，镊子，无菌纸，70%酒精，喷雾器酒精灯等。

四、实验内容与方法

1. 外植体处理

（1）外植体采集 组织培养所用的材料非常广泛，可采取根、茎、叶、花、芽和种子的子叶，有时也利用花粉粒和花药，其中根尖不易灭菌，一般很少采用。对于木本花卉来说，阔叶树可在一、二年生的枝条上采集，针叶树种多采种子内的子叶或胚轴，草本植物多采集茎尖。在快速繁殖中，最常用的培养材料是茎尖，通常切块在0.5cm左右，如果为培养无病毒苗而采用的培养材料通常仅取茎尖的分生组织部分，其长度在0.1cm以下。

（2）外植体消毒　先将材料用流水冲洗干净，最后一遍用蒸馏水冲洗，再用无菌纱布或吸水纸将材料上的水分吸干，并用消毒刀片切成小块。在无菌环境中将材料放入70%酒精中浸泡30~60s。再将材料移入20%次氯酸钠或0.1%升汞水中消毒7min（视情况而定）。取出后用无菌水冲洗三到四次。

2. 培养基的配制

培养基主要由矿质营养、有机物质、生长调节剂、碳源等组成。培养基的种类较多，其中以MS培养基使用最为广泛。

培养基的配制过程大致如下：首先配制母液（方法如下），储存待用或者使用市场上的MS粉末。在配制1L MS培养基时，先取适量蒸馏水，按比例加入一定量的母液，30g蔗糖，适量琼脂及植物生长调剂等定容至1L，注意调节pH值，5.8~6.0左右为宜，然后倒入大烧杯中加热溶解，加热时应不停地搅拌。分装入瓶（培养基占容器的1/4~1/3为宜）即三角瓶中倒30mL，用铝箔纸或耐高温塑料薄膜封口，灭菌后用于接种或放入4℃冰箱储存待用。

3. 制备外植体

将已消毒的材料，用无菌刀、剪、镊等，在无菌的环境下，剥去芽的鳞片、嫩枝的外皮和种皮胚乳等，叶片则不需剥皮。然后切成0.2~0.5cm厚的小片，这就是外植体。在操作中严禁用手触动材料。

4. 接种和培养

① 接种　在无菌环境下，将切好的外植体立即接在培养基上。

② 封口　接种后，瓶、管用无菌药棉或盖封口，培养皿用无菌胶带封口。

③ 温度　培养基大多应保持在25℃左右，但要因花卉种类及材料部位的不同而区别对待。

④ 增殖　外植体的增殖是组培的关键阶段，在新梢等形成后为了扩大繁殖系数，需要继代培养。把材料分株或切段转入增殖培养基中，增殖培养基一般在分化培养基上加以改良，以利于增殖率的提高。增殖1个月左右后，可视情况进行再增殖。

5. 根的诱导

继代培养形成的不定芽和侧芽等一般没有根，必须转到生根培养基上进行生根培养。1个月后即可获得健壮根系。

6. 组培苗的练苗移栽

试管苗从无菌到光、温、湿稳定的环境进入自然环境，必须进行炼苗。一般移植前，先将培养容器打开，于室内自然光照下放3d，然后取出小苗，用自来水把根系上的营养基冲洗干净，再栽入已准备好的基质中，基质使用前最好消毒。移栽前要适当遮阳，加强水分管理，保持较高的空气湿度（相对湿度98%左右），但基质不宜过湿，以防烂苗。

五、作业

1. 以一种花卉为例叙述花卉组织培养的步骤。
2. 接种后的外植体会出现污染，分析污染原因。

六、注意事项

1. 灭菌

进行培养的材料应定期检查，特别是接种后3~7d要全天检查，主要检查其污染情况，发现污染情况应及时灭菌处理掉。

2. MS培养基母液的配制与保存

母液是欲配制培养基的浓缩液，一般配成比所需浓度高10～100倍的溶液。

优点：①保证各物质成分的准确性；②便于配制时快速移取；③便于低温保藏。

（1）MS大量元素母液（10X）　称10L量溶解在1L蒸馏水中。配1L培养基取母液100mL（表6-9）。

表6-9　MS大量元素母液

	化学药品	1L量	10L量
①	NH_4NO_3	1650mg/L	16.5g
②	KNO_3	1900mg/L	19.0g
③	$CaCl_2 \cdot 2H_2O$	440mg/L	4.4g
④	$MgSO_4 \cdot 7H_2O$	370mg/L	3.7g
⑤	KH_2PO_4	170mg/L	1.7g

（2）MS微量元素母液（100X）　称10L量溶解在100mL蒸馏水中。配1L培养基取母液10mL（表6-10）。

表6-10　MS微量元素母液

	化学药品	1L量	10L量
①	$MnSO_4 \cdot 4H_2O$ ($MnSO_4 \cdot H_2O$)	22.3mg/L (21.4mg/L)	223mg
②	$ZnSO_4 \cdot 7H_2O$	8.6mg/L	86mg
③	$CoCl_2 \cdot 6H_2O$	0.025mg/L	0.25mg
④	$CuSO_4 \cdot 5H_2O$	0.025mg/L	0.25mg
⑤	$Na_2MoO_4 \cdot 2H_2O$	0.25mg/L	2.5mg
⑥	KI	0.83mg/L	8.3mg
⑦	H_3BO_3	6.2mg/L	62mg

注意：$CoCl_2 \cdot 6H_2O$和$CuSO_4 \cdot 5H_2O$可按10倍量（0.25mg×10＝2.5mg）或100倍量（25mg）称取后，定容于100mL水中，每次取10mL或1mL（即含0.25mg的量）加入到母液中。

（3）MS铁盐母液（100X）　称10L量溶解在100mL蒸馏水中。配1L培养基取母液10mL（表6-11）。

表6-11　MS铁盐母液

化学药品	1L量	10L量
$Na_2 \cdot EDTA$	37.3mg/L	373mg
$FeSO_4 \cdot 7H_2O$	27.8mg/L	278mg

注意：配制时，应将两种成分分别溶解在少量蒸馏水中，其中EDTA盐较难完全溶解，可适当加热。混合时，先取一种置容量瓶（烧杯）中，然后将另一种成分逐加逐剧烈震荡，至产生深黄色溶液，最后定容，保存在棕色试剂瓶中。

（4）MS有机物母液（100X）　称10升量溶解在100mL蒸馏水中。配1升培养基取母液10mL（表6-12）。

表6-12　MS有机母液

	化学药品	1L量	10L量
①	烟酸	0.5mg/L	5mg
②	盐酸吡哆素（维生素B_6）	0.5mg/L	5mg
③	盐酸硫胺素（维生素B_1）		
④	肌醇	100mg/L	1g
⑤	甘氨酸	2mg/L	20mg

3. 母液的保存

（1）装瓶 将配制好的母液分别装入试剂瓶中，贴好标签，注明各培养基母液的名称、浓缩倍数、日期。注意将易分解、氧化的溶液，放入棕色瓶中保存。

（2）储藏 4℃冰箱。

第十四节 水仙花雕刻造型

一、概述

水仙造型艺术，因能把制作者内在的情感和美好的理想，通过巧妙的雕刻造型表现出来，故而越来越受到人们的喜爱。

二、实验目的

水仙花球雕刻造型的基本目的是要使水仙花的叶、花能矮化、弯曲、定向、成型，使根部垂直或水平健康生长，克服叶花倒伏现象，提高观赏价值。通过实习，掌握水仙花球的雕刻造型及水养技术。

三、材料与用具

材料：水仙花种球，要求至少为 30～40 周径的种球。

实验器材：水仙盆，镊子，雕刻刀。

四、实验内容与方法

1. 挑选鳞茎球

① 外形：以丰满充实、扁圆形的鳞茎球为好。

② 色泽：鳞茎球外层枯鳞茎皮以深褐色且有一定光泽者为好。

③ 重量：放在手中较有份量，用手按压感觉坚实并有一定弹性。

④ 底部凹陷：如底部凹陷大而深，说明鳞茎球经过 3 年栽培已经成熟，若底部凹陷浅而小，说明生长年数不够，花箭少或无花箭。

⑤ 主球周径：周径越大，花葶越多。主鳞茎球周径在 27cm 以上，有花箭 7 个以上；周径在 22～24cm，有花箭 4～5 个。

2. 雕刻要点

① 先把底部枯根和泥土去掉，再把外面枯鳞茎皮去掉。

② 一手拿鳞茎球，使叶芽尖对着操作者，另一手拿刻刀，在根部以上 1cm 左右处，沿着与底部平行的一条弧线轻轻垂直切下，把弧线上鳞片逐层剥掉，直到露出叶芽。

③ 从正面把叶包片刻除 2/3，再根据造型需要，把叶缘削去 1/4～2/5，把花梗削去1/5～1/4 深。操作时注意不要碰伤花苞。

④ 主鳞茎球两侧子球的去留及是否雕刻，要根据造型的需要而定。

3. 造型与水养

雕刻后的鳞茎球先在清水中浸泡 24h，去掉黏液，然后将雕刻面向上定植在盆中，用脱脂棉盖住切口和根部。每天清晨换一次水。雕刻后第一周不要晒太阳，此后可置 12℃左右的向阳处养护。

五、作业

1. 叙述水仙花雕刻过程。
2. 交水仙花造型作品一个。

六、注意事项

养水仙有三个要点：一是温度适当低些，以白天 10～12℃、夜间 3℃ 左右为好；二是光照要充足，每天在 5h 以上；三是勤换水，每天或隔日换水一次。

第十五节　阴生植物园植物选择与造景

西安某高校要在校内设计一个阴生植物园，面积约（50×60）m²，其设计理念主要是体现温带风情，具有科普、休闲和生态功能，要求选择的植物符合设计的要求，能够生长良好，并且有一定的观赏价值。

如果你是本项目的设计师，请你设计一个草图（不要求交），并说明规划分区的情况，如道路、水体、山石与枯木、绿墙、珍稀植物区、趣味植物区、兰科植物区、凤梨科植物区、蕨类植物区等（分区的多少、名称等均应根据规划设计的具体要求自定）。然后进行植物的选择，注意植物的色彩（色块以及彩叶植物的应用）、线条（竖线条、水平线条）、种类（木本、草本、蔓性）、应用形式（悬吊、攀缘）和搭配（绿篱、地被、附生）等方面。

在做好规划和分区的基础上列出植物名录（以电子打印版的形式上交，并签名）。

第七章　设施无土栽培操作技能与实验

第一节　无土栽培类型和设施的调查

一、目的与意义

无土栽培是不用土壤而用营养液或固体基质加营养液栽培作物的种植技术。它是1929年美国开始商业化生产的一种新型种植方式，其改变了自古以来农业生产依赖于土壤的种植习惯，把农业生产推向工业化生产和商业化生产的新阶段。

无土栽培的类型很多，按照是否使用基质，可分为基质栽培和非固体基质栽培；根据栽培技术、设施构造和固定植物根系的材料不同又可分为多种类型；按其消耗能源多少和对环境生态条件的影响，可分为无机耗能型无土栽培和有机生态型无土栽培。

非固体基质无土栽培是指根系直接生长在营养液或含有营养成分的潮湿空气之中，根际环境中除了育苗时用固体基质外，一般不使用固体基质。它又可以分为水培和雾培两种类型。

水培是指植物部分根系悬挂生长在营养液中，而另一部分根系裸露在潮湿空气中的一类无土栽培方法。根据其营养液液层的深度、设施结构和供氧、供液等管理措施的不同，可分为深液流水培技术和营养液膜技术两大类型。深液流水培技术也称深水培技术，是指营养液液层较深、植物由定植板或定植网框悬挂在营养液液面上方，而根系从定植板或定植网框伸入到营养液中生长的一种水培形式（图7-1）。营养液膜技术也称浅水培技术，营养液液层较浅，植株直接放在种植槽槽底，根系在槽底生长，大部分根系裸露在潮湿空气中，而营养液以一浅层在槽底流动的一种水培形式（图7-2）。

图 7-1　深液流水培

图 7-2　营养液膜技术

雾培是指植物根系生长在雾状的营养液环境中的一类无土栽培方法（图7-3）。

固体基质培是指作物根系生长在各种天然或人工合成的固体基质环境中，通过固体基质固定根系，并向作物供应营养和氧气的方法，基质培也可根据栽培形式的不同而分为槽式基质培（图7-4）、盆栽（图7-5）、袋式基质培（图7-6）、岩棉培（图7-7）和立体基质培（图7-8）。

图 7-3　雾培

图 7-4　槽式栽培

图 7-5　盆栽

图 7-6　袋培

图 7-7　岩棉培　　　　　　　　　　　　图 7-8　立体栽培

　　无土栽培的类型繁多,在进行无土栽培生产时,必须预先掌握不同的无土栽培类型的特点与具体的应用技术,然后根据栽培作物的种类与特性、当地的技术与经济条件,选择适当的无土栽培类型。

　　通过对不同无土栽培类型和设施的实地调查,认知其中的设施设备,掌握调控原理及其优缺点。

二、任务

　　对不同无土栽培类型进行测量、分析,结合所学知识,掌握主要无土栽培类型的结构特点、性能及应用,学会对无土栽培设施构件的识别及其合理性的评估。

三、工具

　　皮尺、钢卷尺等测量用具及铅笔、纸等记录用具。

四、主要环节

　　分组按以下内容进行实地调查、访问和测量,将测量结果和调查资料整理成报告。要点如下。

①调查本地无土栽培设施的类型和特点，观测各种类型无土栽培的场地选择、设施方位和整体规划情况。

②测量并记载不同无土栽培类型的结构规格、配套型号、性能特点和应用。

③记录水培设施的种类、材料，种植槽的大小、定植板的规格、供液系统以及储液池的容积等。

④记录基质栽培的基质种类、设施结构及供液系统。

⑤分析不同形式无土栽培类型结构的异同、性能的优劣和成本构成与经济效益。

⑥调查记载不同类型无土栽培类型在本地区的主要栽培季节、栽培作物种类品种、周年利用等情况。

五、考核标准

能够理解常见无土栽培设施的设计要求，掌握常见水培、基质栽培的设施结构与应用范围，能够准确识别设施构件，正确评估设施的建造品质。

六、作业

从所调查的无土栽培类型、结构、性能及其应用的角度，写出调查报告，画出主要设施类型的结构示意图，并注明各部位名称和尺寸，并指出优缺点和改进意见。

七、思考题

说明主要无土栽培类型结构的特点和形成原因。

注：本实验可参考书后参考文献〔24〕、〔25〕。

第二节　无土栽培设施的建造

一、基本概念

无土栽培设施类型种类繁多，目前生产中常见的有营养液膜技术（NFT）、深液流技术（DFT）、多功能水培和有机生态型无土栽培等类型。

营养液膜技术是指将植物种植在浅层流动的营养液中较简易的水培方法。其设施主要由种植槽、储液池、营养液循环流动装置三部分组成。

深液流技术（DFT）是指植株根系生长在较为深厚并且是流动的营养液层的一种水培技术。种植槽中盛放 $5\sim10cm$ 有时甚至更深厚的营养液，将作物根系置于其中，同时采用水泵间歇开启供液使得营养液循环流动，以补充营养液中氧气并使营养液中养分更加均匀。深液流水培设施由种植槽、定植网或定植板、储液池、循环系统等部分组成。

多功能水培设施是使用一层很薄的营养液层，不断循环流经作物根系。一般要有 $10cm$ 左右深的营养液，既保证不断供给作物水分和养分，又不断供给根系新鲜氧气。

有机生态型无土栽培技术是指不用天然土壤，而使用基质，不用传统的营养液灌溉植物根系，而使用有机固态肥并直接用清水灌溉作物的无土栽培技术。有机生态型无土栽培是以各种有机肥或无机肥的固体形态直接混施于基质中，作为供应栽培作物所需营养的基础，作物整个生长期中可隔几天分若干次将固态肥直接追施于基质表面上，以保持养分的供应强度。有机生态型无土栽培因采用基质栽培及施用有机肥，各种营养元素齐全，其中微量元素供应充足，因此在管理上主要考虑 N、P、K 元素的供应总量及其平衡状况，大大地简化了操作管理过程；降低了投资成本。

雾培又称喷雾栽培、气雾培，是利用喷雾装置将营养液雾化为小雾滴状，直喷射到植物根系以提供植物生长所需的水分和养分的一种无土栽培技术。根据植物根系是否有部分浸没营养液层分为喷雾培和半喷雾培；根据设施不同而分为"A"形雾培、梯形雾培、移动式雾培、立体雾培等多种形式。

立体栽培也叫垂直栽培，是立体化的无土栽培，这种栽培是在不影响平面栽培的条件下，通过四周竖立起来的栽培柱向空间发展，充分利用温室空间和太阳能，以提高土地利用率 3～5 倍，可提高单位面积产量 2～3 倍。

二、目的与意义

主要了解 NFT、DFT、多功能水培、有机生态型无土栽培、雾培等类型的基本特征、设施的结构，以及栽培管理要点，掌握 NFT、DFT、多功能水培、有机生态型无土栽培、雾培设施的建造方法，并结合其优缺点，思考营养液膜技术的改进措施以及在栽培管理中所出现的主要问题。掌握立柱盆钵式无土栽培设施和插管式立柱栽培设施的结构和安装技术。

三、任务

① 能对 NFT 无土栽培设施结构进行识别，在教师的指导下分组设计、建造规格符合要求的 NFT 无土栽培设施。

② 掌握 DFT 无土栽培设施的设计要求，并掌握它的建造方法。

③ 掌握多功能水培设施设备的组成，按照要求建造合理的水培设施。

④ 设计并建造有机生态型无土栽培设施，掌握其建造过程，了解有机生态型无土栽培的优缺点。

⑤ 掌握雾培设施建造的过程和技术。

⑥ 掌握立柱盆钵式无土栽培设施和插管式立柱栽培设施的安装技术。

⑦ 能够根据不同生产区特点进行适宜的无土栽培设施的选择、设计与建造。

四、工具

PE 或 PVC 管件，如密苯板（厚 3～5cm），编织袋，测角仪（坡度仪），钢筋，钢卷尺，管道，过滤器，河沙，红砖，混凝土，记录工具，剪子，酒精灯，聚乙烯薄膜，喷头，皮尺，普通床架，水泵，水泥，塑料薄膜，铁钉，铁耙，铁钳，铁锹，栽培钵，滴管，海绵，无纺布，侧壁板，铁丝箍，小饮料瓶等。

五、主要环节

1. NFT 建造技术

（1）建种植槽　一般用 0.1～0.2mm 厚的面白底黑的聚乙烯薄膜围合起来，做成等腰三角形的种植槽。为了使营养液能从槽的一端向另一端，槽底的地面需平整、压实且成一定坡降，一般的坡降为 1：75～1：100 为宜，坡降过大营养液流速过快；坡降过小，则流动缓慢，不利于营养液的更新。

（2）建贮液池　其容量以足够整个种植面积循环供液之需为度。对于大株型作物，贮液

图 7-9 NFT 设施

池一般设在地面以下，容积按每株 5L 计算。对于小株型作物，若是种植槽有架子架设的，则可把贮液池建在地面上，只要确保营养液能顺利回流到贮液池中即可，其容积一般每株按 1L 计算。

（3）循环流动系统 主要由水泵、管道、流量调节阀门等组成。

① 水泵 选用耐腐蚀的自动泵或潜水泵。水泵的功率大小应与整个种植面积营养液循环流量相匹配。一般每 667m² （即 1 亩）大棚或温室选用功率为 1000W、流量为 6～8m³/h 的耐腐蚀性较好的水泵。

② 管道 一种是供液管道，一种是回流管道，均采用塑料管道，以防止腐蚀，安装管道时，应尽量将其埋于地面以下，一方面方便作业；另一方面避免日光照射而加速老化。如图 7-9 为 NFT 无土栽培设施结构。

2. DFT 建造技术

（1）贮液池的建造 具体措施参照理论阅读内容，按图 7-10 所示的建造流程图。

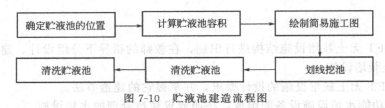

图 7-10 贮液池建造流程图

① 确定贮液池位置 一栋温室内建于温室的中间位置；或多栋温室共用一个贮液池，建于室外。

② 计算贮液池的容积 根据栽培形式、栽培作物的种类和面积来确定贮液池的容积。DFT 水培时，番茄、黄瓜等大株型的作物按每株需 15～20L 营养液，小株型的叶菜类每株需 3L 左右的营养液来推算出全温室（大棚）的总需液量后，再按总营养液量的 1/2 存于贮液池计算出贮液池的最低容积限量。其容量以足够供应整个种植面积循环供液所需为度。

③ 画简易施工图 按照贮液池的设计要求，在纸上画出简易施工图，以便施工时参照和核对。

④ 划线挖池 以地下式贮液池的建造为例。先整平地面，然后按照简易施工图划线、挖土。在池底铺上一层 3～5cm 的河沙或石粉打实，将用细钢筋做成的钢筋网（横纵钢筋间距为 20cm）置于河沙或石粉层上，用高标号耐酸抗腐蚀的水泥砂浆（最好加入防水粉）灌注，厚度 5～10cm，最后再加上一层水泥膏抹光表面，以达到防渗防蚀的效果。或用油毡沥青在池底做一个防水层后再砌一层红砖抹水泥砂浆，最后再加上一层水泥膏抹光表面。池底形状为长方形底部倾斜式或在池底一侧挖一方形较小槽，槽深以能没入潜水泵为准，便于供液和清洗贮液池（图 7-11）。四周池壁用砖和水泥砂浆砌成边框，每隔 30cm 加一圈细钢筋，最后表面用高标号的水泥膏抹平。注意池壁要高出地面 10～20cm，以防配液和清洗贮液池时鞋底粘带的灰尘等杂物误入池内，污染营养液；根据 DFT 回流系统要求，在池壁要预埋回流管，其位置要高于营养液面；贮液池内设水位标记，以方便控制营养液的水位。有条件

的可在贮液池内安装不锈钢螺纹管，应用暖气给营养液加温，利用地下水降温。

⑤贮液池清洗　新建成的水泥结构贮液池，会有碱性物质渗出，要用稀硫酸或稀磷酸浸渍中和，除去碱性后才开始使用。先用清水浸泡2～3d，然后再用稀硫酸或稀磷酸浸泡，初期酸液调至pH值为2左右，随着pH值再度升高，应继续加酸进去，直到pH值稳定在6～7，再用清水冲洗2～3次即可施用。使用初期，要经常检查营养液的pH值，防止其发生明显变化。

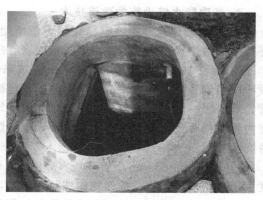

图7-11　贮液池

⑥贮液池加盖　为防止污物泥土掉入贮液池内，避免阳光对营养液的直射，以防止藻类滋生，营养液贮液池必须加盖。贮液池盖可以用黄花松木板刨光后用大力胶互相粘合而成，也可用水泥预制板。无论哪种类型的贮液池盖都需在相应的位置钻出供液主管和泄压管通过的圆孔。

（2）种植槽的建造　DFT种植槽的建造流程见图7-12。首先根据栽培面积和种植槽规格要求确定槽的平面布局，并画出简易施工。种植槽规格可设定为宽100cm、深15cm、长10m，槽间距100cm，坡降1：（75～100）。一般建成半地下永久式的砖水泥结构种植槽。整平地面，按照简易施工图分组测量、划线、挖土、建槽。槽底铺一层3～5cm厚的河沙或石粉，并压实，其上平铺5cm厚的混凝土，在地基较为松软的地方，可在槽底混凝土层中每隔20cm加入1条细钢筋。用砖和水泥砂浆砌成槽壁，槽底和槽壁用高标号耐酸抗腐蚀的水泥砂浆抹面，最后再加上一层水泥膏抹光表面，以达防渗、防蚀的效果。注意在槽位置偏高一端埋设进液管，位置高出秧苗定植后液面设定的高度；而在槽位置偏低的一端埋设一段回流管，伸入槽内的管口套上一段橡胶管，以调节槽内液层高度。槽内衬塑料薄膜。槽壁内侧的塑料薄膜外折，并压在上层砖下，上覆定植板，每隔70cm用3块红砖垂直叠放来代替水泥支撑墩，至此水培槽建好。

图7-12　种植槽建造流程图

定植板的制作：将市售的2～3cm厚的高密度苯板裁成符合实际长度要求的定植板，宽度大于槽宽10cm。然后按照栽培作物的株行距要求，在定植板上钻出若干个定植孔，孔径5～6cm，定植孔的距离根据不同的作物而定。

定植杯的制作：可用盛装果汁饮料的小塑料饮料瓶来代替，杯高7.5～8cm，杯口直径与定植孔相同，杯口外沿有一宽5mm的边（杯沿要略硬些），用以卡在定植孔上。用铁钳夹住铁钉在酒精灯上烧红，在杯的下半部及地面烫出一个个小孔，孔径3～5mm。

（3）安装供液、回流系统　首先是安装首部。首部是由一段供液主管、泄压管、阀门、压力表、过滤器构成。其次是管道连接，包括连接供液、回流系统。注意回流管道坡降要大，而且回流管的口径大小要保证多余的营养液尽快回流；PVC管件用塑料胶粘牢。潜水泵与供液主管相连，直接放入贮液池中的槽内即可。

3. 多功能水培设施的建造技术

① 水培槽建造　用铁锹和铁耙平整地面并压实。预先按设计图，借助皮尺、直尺测量好每个槽的位置，然后用高密度苯板或者红砖砌成临时水培槽。槽宽90~120cm，槽深15~20cm，槽长15~20m，槽间距100cm。坡降一般为1：75~1：100。水培槽的位置偏低端埋设一段回流管，高度与秧苗定植后液面设定高度相齐，或者在DFT水培槽底预先埋设回流管，管口嵌一段橡胶管可长可短，以调节水培槽内液层高度。槽底及槽壁内衬塑料薄膜，槽壁内侧塑料薄膜外折并压在上层砖下，上覆定植板。水培槽用次氯酸钙溶液消毒、清水彻底清洗后待用。

② 定植板制作　将市售苯板（厚度为3~5cm，要求质地致密）裁剪成多块定植板，宽度大于水培槽宽5cm。按作物的株行距要求，在定植板上钻出若干个定植孔，孔径5~6cm，栽植果菜和叶菜可通用的。定植孔数量根据作物种类和种植槽的宽度而定。

4. 有机生态无土栽培设施的建造技术

① 栽培槽建造　果菜类栽培槽宽48cm，过道72cm；叶菜类槽宽96cm，过道48cm，槽深通常为15~20cm，槽长根据建筑状况而定，一般5~30m。如图7-13所示为砖槽。栽培槽内衬塑料膜将基质和土壤隔开，既能防止土传病害，又能保水保肥。塑料膜先铺粗基质，用于排水透气。粗基质可采用粗砂、石砾和粗炉渣等，厚度一般为5~8cm。粗基质上在铺一层塑料编织布（或无纺布），其上铺放栽培基质。

图7-13　砖槽有机生态型无土栽培　　　　　　　图7-14　供液主管

② 供水系统　以清水作为灌溉水源，对灌溉系统的要求不如营养液栽培那样严格。在有自来水基础设施或水位差1m以上贮液池（桶）的条件下，按单个棚室建成独立的供水系统。如图7-14为有机生态型无土栽培供液主管。

③ 滴灌系统　输水管道和其它器材均可用塑料制品以节省资金，采用滴灌供水。栽培槽宽48cm，可铺设滴灌带1~2条；栽培槽宽72~96cm，可铺设滴灌带2~4条。滴灌带平铺在栽培基质上（出水口向上）。在滴灌带上面覆盖塑料薄膜，防止水喷溅在过道上，同时起到降低温室湿度的作用。

5. 雾陪设施的建造

（1）种植槽建造　槽底用混凝土制成约10cm的槽，槽上部用铁条做成"A"形或梯形的框架（图7-15），然后将已开了孔的泡沫塑料定植板放置在框架上（图7-16），即可定植作物。

（2）供液系统　供液系统主要包括贮液池、水泵、管道、过滤器、喷头等部分。

① 贮液池　可用水泥砖砌成较大体积的营养液池，或用大的塑料桶或箱来代替，池的

图 7-15 "A"形框架

图 7-16 放置泡沫塑料定植板

体积要保证水泵有一定的供液时间而不至于很快就将池中的营养液抽干。

② 水泵 水泵的功率应从栽培面积、管道布局、喷头及其所要求的工作压力来综合考虑而确定。选用耐腐蚀的水泵，一般每 $667m^2$（1 亩）的大棚要求水泵功率为 $1000\sim1500W$。

③ 管道 应选用耐腐蚀的塑料管。各级管道大小应根据选用的喷雾装置上的喷头工作压力大小而定。

④ 过滤器 选择过滤效果良好的过滤器，以防营养液的杂质堵塞喷头。

⑤ 喷头 可根据喷雾形式以及喷头安装位置的不同来选用不同的喷头。有些喷头的喷洒面为平面扇形的，而有些则是全面喷射的，喷头的选用以营养液能够喷洒到设施中所有的根系并且雾滴较为细小为原则。喷雾装置安装在雾培箱体的底部与中部（喷雾培）或槽的近上部框架的两侧（图 7-17）。

6. 立柱盆钵式无土栽培设施建造

① 营养液池 容积按 $667m^2$（即 1 亩）的水培面积需要 $15\sim20t$ 营养液的标准设计。建造技术同 DFT。

② 平面 DFT 系统 建造技术同 DFT 建造。

③ 栽培立柱 水泥墩的规格为 $15cm^3$，中间有一直径 30mm、深 10cm 的圆孔，埋在水培床的两边地下，用以固定立柱铁管，墩距为 90cm。铁管直径为 $25\sim30mm$，长约 2m，材料用薄壁铁管或硬质塑料管均可，管下端插入水泥墩的孔中（图 7-18）。

图 7-17 喷雾设备的安装

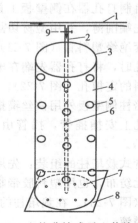

图 7-18 立柱盆钵式无土栽培立柱

1—供液主管；2—柱中供液管；3—立柱；
4—基质；5—定植孔；6—喷液小孔；7—渗出多余
营养液的小孔；8—硬质塑料板；9—直立管

④ 栽培钵　栽培钵是立柱上栽培作物的装置，形状为中空、六瓣体塑料钵，高 20cm、直径 20cm、瓣间距 10cm，钵中装入粒状岩棉或椰子壳纤维。瓣处定植 6 株作物，根据温室的高度将 8～9 个栽培钵和滴液盒组成一个栽培柱。栽培钵错开花瓣位置叠放在立柱上，串成柱形（图 7-19）。

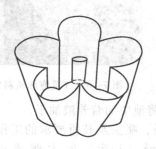

图 7-19　栽培钵及其安装效果图

⑤ 加液回液系统　加液主管为 40～50mm 硬质滴液管，加液支管为 16mm 无硬质滴管，滴液盒为一圆形塑料盒，盒的两端有两截空心短柄，用于连接加液支管，盒的底部四周有 6 个小孔，使营养液能下流。滴液盒的底部中心固定在立柱上方。

营养液循环过程：供液时由水泵从液池中抽出，经加液主管、加液支管进入滴液盒，从滴液盒流入栽培钵，再通过栽培钵底部小孔，流入第二个栽培钵，依次顺流而下到达最下面一个栽培钵，然后流入平面水培床，再流回营养液池，完成一个循环。

7. 插管式立柱栽培设施建造

（1）插管式栽培柱　插管式栽培柱的基本结构及其构件制作插管式栽培柱的主体由中心柱、海绵、无妨布、侧壁板、铁丝箍等构件组装而成。栽培柱中心是一根长方体形聚苯乙烯泡沫塑料方柱，起支撑作用，称作中心柱，规格为 200cm×12.5cm×12.5cm，聚苯乙烯泡沫塑料材料的密度为 20kg/m³。中心柱外侧是一层大孔隙的低密度海绵 2cm 厚，与栽培柱等长。海绵外是一层无纺布，可阻止蔬菜根系和基质进入海绵。最外层是 4 块聚苯乙烯泡沫塑料侧壁板，规格为 200cm×18cm×2cm，每块侧壁板上打 2 列定植孔，共 15 个，两列定植孔交错排列（图 7-20）。

用自制打孔器在侧壁板上烫出定植孔。用直径 50mm、壁厚 2mm 的钢管制作打孔器，将钢管先端削薄，并用型材切割机截成 37°的马蹄形，后部焊接一截直径 20mm 的钢管作手柄，并套绝缘塑料管（图 7-21）。

打孔时，将打孔器先端在电炉上加热，而后将其摆压在侧壁板上的预定位置，即可烫出一个倾斜的定植孔（图 7-22）。

栽培柱侧壁板外用铁丝箍捆束，铁丝箍呈边长 20cm 的正方形，搭接处焊牢。定植时，在定植孔上安插插管，插管由直径 50mm 的 U-PVC 硬质塑料管经型材切割机切割而成（图 7-22）。

插管式栽培柱的组装：先用海绵包裹中心柱，并缠绕透明塑料胶带临时固定。而后在其外包裹无纺布，也用塑料胶带临时固定。外围安放 4 块泡沫侧壁板，并从一端套上铁丝箍，共 8 道（图 7-23）。在栽培柱的顶端，中心柱要比海绵、无纺布和侧壁板低 5～10cm，以防供液时溢液。

（2）平面栽培槽　将温室地面整平，向一端倾斜，坡降 1：20，夯实。每两条栽培槽为 1 组，隔距 25cm，各组栽培槽间隔 10cm，用聚苯胶粘合槽框和槽底，栽培槽内铺 0.1mm 厚的黑色或黑白双色塑料薄膜，以防漏液。栽培槽上覆盖泡沫塑料盖板，在盖板中央位置每

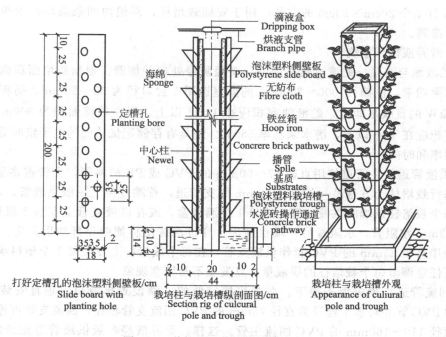

图 7-20　栽培柱及栽培槽结构示意图

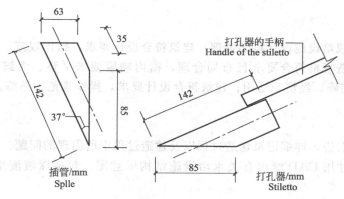

图 7-21　插管与打孔器的规格

图 7-22　在插管式泡沫塑料
立柱的侧壁上打定植孔

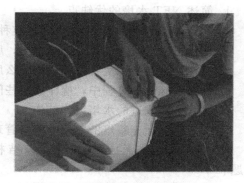

图 7-23　组装插管式泡沫塑料立柱

隔 100cm 打 1 个 20cm×20cm 的方孔，用于安插栽培柱，同组内两条栽培槽盖板上的方孔相互交错排列。

（3）营养液循环系统

① 贮液池与水泵　贮液池建在地下，要经防渗处理并加盖。根据栽培面积确定贮液池容积和水泵功率，例如：1000～2000m² 的温室选用 1 台口径为 25～50mm、扬程 30m、功率为 1.5kW 的自吸泵即可，贮液池容积应在 12m³ 以上，而在单栋面积为 300m² 的温室，贮液池容积应在 4m³ 以上，潜水泵功率 550W。用具有存储记忆功能的电子定时器控制水泵的供液频率和时间。

② 供液管道　主管道使用直径 37～50mm 的 PVC 或 PE 塑料管，支管道多采用 PE 软管。在每行栽培柱上方悬吊一条直径 16mm 的支管道，首端连接上一级供液管，末端封堵。在经过每个栽培柱顶端的供液支管上连接 1 个滴液盒，或在供液支管上安插 2 根长约 30cm 直径 2～3mm 水阻管，水阻管另一端也削尖，穿过泡沫塑料侧壁顶部加以固定。另一种供液方式是用直径 25mm 的 PVC 管作供液支管，在每个栽培柱上方安装 1 个塑料水龙头，这种方式可任意调节每个栽培柱的供液量，且发生不易堵塞现象。

③ 回流管道　预先埋于地下，在栽培槽较低的一端设置排液口，垂直安装一截直径 50mm 的 PVC 管并与水平埋设的直径 75mm 的 PVC 回流支管相连，回流支管再连接通向贮液池的直径 110～160mm 的 PVC 回流主管。这样，营养液经各级供液管道流经栽培柱后，又经各级回流管道流回贮液池，如此循环。

六、考核标准

① 各种无土栽培设施设计科学合理；建筑符合设计要求，操作规范、熟练。

② 水培槽建造规格符合要求且布局合理，槽内辅膜要求平整、无皱折、无破损之处，定植板裁剪尺寸准确、经济短适用；建筑符合设计要求，操作规范、熟练。

七、作业

1. 完成实验报告，详细记录建造过程以及建造过程中所出现的问题。

2. 按实际尺寸用 CAD 画出有关水培设施结构示意图，包括深液流水培示意图、定植板、定植杯。

八、思考题

1. 简述 NFT 水培的优缺点。

2. 简述 DFT 水培的优缺点及其适宜种植的作物种类和管理要点。

3. 建种植槽有时为何要求槽面水平，底部有一定坡降？

4. 建槽地面若不压实可能会出现什么后果？

5. 雾培设施建造过程中，应注意哪些问题？

6. 设计一套改进的水培设施结构。

7. 简述立体无土栽培的应用范围及管理注意要点。

8. 立柱盆钵式无土栽培的设施结构有何特点？如何建造？栽培时要注意哪些问题？

9. 插管式立柱栽培的设施结构有何特点？如何建造？栽培时要注意哪些问题？

注：本实验可参考书后参考文献［24］～［29］。

第三节　无土栽培规划与布局

一、基本概念

无土栽培是未来农业的重要栽培方式。从当地自然条件、社会和区域经济发展水平出发，统筹考虑，量力而行，适时适地全面做好无土栽培基地规划设计，满足无土栽培所需的人力、物力、财力条件和技术要求，并在栽培管理中实施有效的环境调控，就能够确保蔬菜或花卉无土栽培取得成功，获得较好的经济和社会效益。

无土栽培基地规划涉及选址、生产规模与经营方向、栽培项目与栽培方式、设施类型与建造、产品定位与销售、资金投入与员工数量、成本与效益分析等诸多方面。因此，必须立足当前，兼顾长远，全面设计，综合考虑，才能制定出合理的无土栽培基地规划与布局，为下一步组织生产和创收奠定基础。

1. 无土栽培的基本条件

发展无土栽培生产，必须要具备以下基本条件：

① 要有掌握无土栽培的技术管理人员，能正常进行生产管理和操作；

② 要有优质的水源，电力供应应有保障，不会因中途停电停水而影响营养液的供应；

③ 不会因水质条件直接影响无土栽培的效果；

④ 要建有适当的无土栽培栽植系统，无论哪种无土栽培方式，都要求有适合要求的栽培槽、供排液系统和控制系统；

⑤ 必须具备必要的环境保护设施；

⑥ 除了全自动控制的现代化无土栽培设施外，无土栽培蔬菜、花卉等无土生产必须在适宜的气候条件下进行。

2. 无土栽培基地规划的主要内容

① 投资规模适宜　根据投资规模的大小与管理水平的高低来规划生产面积，切记产生因生产面积过大，出现管理水平跟不上、资金和人员不到位的情况。规划场所包括准备区、生产区、产品加工区及办公后勤场所等。

② 生产区以 3～6 个标准大棚（667～1334m²）为一组，便于生产安排与营养液的供应和生产管理。

③ 栽培床不宜建水泥结构，因其比热大，易渗漏，不能搬迁和拆卸。可采用（EPS）聚苯乙烯发泡材料压膜成型栽培槽，可拼接、搬迁，既能作基质栽培也可作营养液栽培，也可用砖砌成简易的临时栽培床。花卉栽培和工厂化育苗可用角铁焊接成活动床架。

④ 贮液池可置于每组中心棚内的中间位置，一般为地下式，有条件的也可另建设施。

⑤ 棚内栽培床的设置以 3 排 6 条或 4 排 8 条为宜。

二、目的意义

无土栽培基地规划涉及选址、生产规模与经营方向、栽培项目与栽培方式、设施类型与建造、产品定位与销售、资金投入与员工数量、成本与效益分析等诸多方面。因此，必须立足当前，兼顾长远，全面设计，综合考虑，才能制定出合理的无土栽培基地规划与布局，为下一步组织生产奠定基础。

通过本次实训，掌握合理的无土栽培基地规划与布局。

三、任务

掌握无土栽培基地的规划设计要求与注意事项；能够科学、合理规划设计无土栽培基地。

四、工具

摄像机或数码照相机，相关影像资料，画图纸，钢笔，铅笔，橡皮，直尺。

五、主要环节

1. 学生集中参观无土栽培企业，调查企业无土栽培基地的规划布局情况，并观看无土栽培方面的影像资料。

2. 学生以组为单位对无土栽培基地进行规划，并撰写基地规划书。无土栽培基地规划设计的内容和考虑的因素有选址、栽培形式、栽培种类与茬口安排、栽培面积与计划产量、人员与栽培设施配置、道路与辅助设施设计、资金投入与预期效益、经营方针与营销策略等。

3. 学生根据规划书的要求，画出基地平面设计图，并制定出详细的生产计划。

六、考核标准

规划设计要符合实际与生产技术的要求；规划书内容要全面，规划科学合理，经济适用，可操作性强；平面设计图格式正确，设计科学，布局合理，比例协调，美观大方。

七、作业

完成一份无土栽培基地的设计（包括规划书以及平面设计图）。

八、思考题

1. 无土栽培基地的规划设计应考虑哪些问题？
2. 规划设计人员应具备哪些知识、素质与能力？
   注：本实验可参考书后参考文献 [24]、[25]。

第四节　基质混配与消毒

一、基本概念

基质是无土栽培的重要介质，即使采用水培方式，育苗期间和定植时一般也需要用少量基质来固定和支持作物。常见的固体基质有砂、石砾、锯末、泥炭、蛭石、珍珠岩、岩棉、椰壳纤维等。由于基质栽培设施简单、投资较少、管理容易、基质性能稳定，并有较好的实用价值和经济效益，因而基质栽培发展迅速，基质在无土栽培中得以广泛使用，并不断开发与应用新型基质。图 7-24～图 7-27 显示的是常见的基质。

基质混配总的要求是容重适宜，增加孔隙度，提高水分和空气的含量，同时根据混合基质的特性，与作物营养液配方相结合，只有这样才有可能充分发挥其在栽培上的丰产、优质的潜能。在世界上最早采用的混合基质是德国汉堡的 Frushtifer，他在 1949年将泥炭和黏土等量混合，并加入肥料，用石灰调整 pH 后栽培植物，并将这种基质称

图 7-24　蛭石

图 7-25　珍珠岩

图 7-26　草炭

图 7-27　锯末

为"标准化土壤"。美国加州大学、康奈尔大学从 20 世纪 50 年代开始，用草炭、蛭石、砂、珍珠岩等为原料，制成混合基质，这些基质以商品形式出售，至今仍在欧美各国广泛使用。

　　合理配比的复合基质具有优良的理化特性，有利于提高栽培效果，但对不同作物而言，复合基质应具有不同的组成和配比。试验表明：草炭、蛭石、炉渣、珍珠岩按照 20∶20∶50∶10 混合，适于番茄、甜椒育苗；按照 40∶30∶10∶20 混合，适于西瓜育苗，黄瓜育苗用 50％草炭和 50％炉渣混合效果较好。

二、目的意义

　　混配基质又称复合基质，是指两种以上的基质按一定比例混合制成的栽培用基质。这类基质是为了克服生产上单一基质可能造成的容重过轻、过重，通气不良或通气过剩等弊病，而将几种基质混合而产生。再者，许多固体基质在使用前或长期使用（特别是连作后）可能会含有一些病菌或虫卵，容易引发病虫害，因此，大部分基质在使用前或下茬作物定植前，有必要对基质进行消毒，以消灭任何可能存留的病菌和虫卵。基质消毒常用的方法有蒸汽消毒、化学药剂消毒和太阳能消毒。

　　通过实践，掌握基质混配的原则与方法以及基质消毒的常用方法。

三、任务

　　基质混配要均匀、无杂质杂物，基质消毒要全面、彻底。

四、工具

珍珠岩、炉渣、蛭石、草炭、沙子等常用的有机和无机基质若干。0.1%～1%高锰酸钾溶液，40%甲醛50倍液。托盘天平，杆秤，小铁铲，铁锹，橡胶手套，喷壶，塑料盆，水桶，宽幅塑料。

五、技术环节

1. 基质的组配

① 预先将各种有机、无机基质倒在塑料盆中，挑选出杂质、杂物，做到基质颗粒大小均一，纯度、净度高。

② 分组混配两种复合基质。复合基质配方从表 7-1 中任选 1～6 种配方进行混配。

表 7-1　国内外常用的混合基质配方列举

序号	草炭	珍珠岩	蛭石	沙	刨花	炉渣	玉米秸秆	树皮	向日葵秆	木屑
1	1	1		1						
2	1	1								
3		1		3						
4	3			1						
5	1		1							
6	4	3	3							
7	2	2		5						
8	2	5	1							
9	3	1								
10	1	1						1		
11	2								1	
12	1				1				1	
13						2	3			
14						2				3
15		1					3			
16	1	1								
17	4	1								
18	2						3			

2. 基质药剂消毒

预先配好 0.1%～1%高锰酸钾溶液和 40%甲醛 50 倍液，作为消毒液。将单一基质或复合基质置于塑料盆中或铺有塑料膜的水泥平地上。边混拌边用喷壶向基质喷洒消毒液，要求喷洒全面、彻底。采用高锰酸钾消毒时，在喷完消毒液后用塑料膜盖 20～30min 后可直接使用或暂时装袋备用；采用甲醛消毒时，将 40%的原液稀释成 50 倍液，按 20～40L/m³ 的药液量用喷壶均匀喷湿基质，然后用塑料薄膜覆盖封闭 12～24h。使用前揭膜，将基质风干 2 周或曝晒 2d，以避免残留药剂危害。

3. 基质太阳能消毒

在温室、塑料大棚内地面或室外铺有塑料膜的水泥平地上将基质堆成高 25cm、宽 2m 左右、长度不限的基质堆。在堆放的同时喷湿基质，使其含水量超过 80%，然后覆盖。如果是槽培，可在槽内直接浇水后覆盖。覆盖后密闭温室或大棚，曝晒 10～15d，中间翻堆摊晒

一次。基质消毒结束后及时装袋备用。如图
7-28 为基质的太阳能消毒。

图 7-28　太阳能消毒

六、考核标准

依据基质混配的均匀度、消毒质量的高
低来考核。

七、作业

1. 完成实验报告，记录基质混配、消毒
的过程。

2. 比较不同基质消毒方法的差异及优缺点。

八、思考题

为什么生产上经常采用复合基质？如果基质消毒不彻底，可能会带来什么后果？
注：本实验可参考书后参考文献 [24]、[25]。

第五节　无土育苗技术

一、基本概念

不用土壤，而用非土壤的固体材料作基质，浇营养液，或不用任何基质，而利用水培或
雾培的方式进行育苗，称为无土育苗。穴盘育苗、营养钵育苗是常见的无土育苗方式。无土
育苗容易对育苗环境和幼苗生长进行调节，科学供肥供水，提高肥水利用率；便于实行标准
化管理和工厂化、集约化育苗。由于设施形式、环境条件及技术条件的改善，无土育苗的秧
苗素质优于常规土壤育苗，表现为幼苗整齐一致，生长发育加快，育苗周期缩短，病虫害减
少，壮苗指数提高。由于幼苗素质好，抗逆性强，根系发达、健壮。栽植之后缓苗期短或无
缓苗期，为后期的生长奠定了良好的基础。

穴盘育苗技术是采用草炭、蛭石等轻基质无土材料做育苗基质，机械化精量播种，一穴
一粒，一次性成苗的现代化育苗技术。穴盘是按照一定规格制成的带有很多小型钵状穴的塑
料盘，分为聚乙烯薄板吸塑而成的穴盘和聚苯乙烯或聚氨酯泡沫塑料模塑而成的穴盘。用于
机械化播种的穴盘规格一般是按自动精播生产线的规格要求制成，根据孔穴数目和孔径大
小，穴盘分为 50 孔、72 孔、128 孔、200 孔、288 孔、392 孔、512 孔、648 孔等不同规格，
其中以 72 孔、128 孔、288 孔穴盘较常用。根据育苗的作物种类、苗龄和目的，可选择不同
规格的穴盘，用于一次成苗或培育小苗供移苗用。一般幼苗型较大、苗龄较长的所选用的穴
盘孔径较大。用于机械化播种的穴盘则按自动精播生产线的规格要求制作。育苗时先在穴盘
的孔穴中装满基质，然后每穴播 1～2 粒种子，用少量基质覆盖后稍微压实，再浇水即可。
成苗时一孔一株。

营养钵育苗广泛应用于蔬菜、花卉、果树、中药材、苗木等作物上，大大提供了工作效
率。营养钵的形式多样，有草钵、纸钵和塑料钵等。营养钵育苗可以提供幼苗生长充足的营
养，改善土壤的吸肥保水能力和透气性，有利培育壮苗。定植时可以保护根系，有利秧苗迅
速恢复生长达到早熟丰产的目的。

营养钵（又称育苗钵、育苗杯、育秧盆、营养杯），是用聚乙烯为原料，用一定规格、

形似茶杯的金属模具在一定温度下经冲压加工而形成的钵体。钵的口径 8～13cm，钵的高度 8～13cm，底部的直径较口径相对小 1～2cm，钵底中央有一小圆孔，孔径约 1cm，以便排水。

二、目的意义

无土育苗是指不用天然土壤，而利用蛭石、泥炭、珍珠岩、岩棉等天然或人工合成基质及营养液、或者利用水培及雾培进行育苗的方法，有时也称营养液育苗。

通过穴盘育苗、营养钵育苗实践，了解不同无土育苗方式的设施设备，掌握穴盘育苗、营养钵育苗技术。

三、任务与要求

① 掌握穴盘育苗方法及操作流程，能够培育出健壮又整齐的秧苗，并能够准确分析解决无土育苗的实际问题。

② 掌握营养钵育苗方法及操作流程，了解营养钵育苗的设施设备，能够培育出健壮又整齐的秧苗，并能够准确分析解决无土育苗的实际问题。

四、工具

育苗穴盘，黄瓜种子，营养钵，镊子，种子，洒水壶等。

五、主要环节

1. 穴盘育苗技术

① 选种　选择饱满、整齐、无病虫害的种子。

② 工具消毒　用 3%～5%磷酸三钠溶液消毒处理。

③ 种子及基质消毒　将选好的种子浸到一定浓度的药液中，消毒 5min 左右，再用清水冲洗 3～5 次以除去残毒。用 0.3%～0.5%次氯酸钠溶液浸泡沙子、泥炭基质 30min，然后用清水冲洗几次。

④ 基质装盘　将珍珠岩、蛭石按 2∶1 的比例混合后，均匀装盘（距盘沿 1cm）。播种将种子用镊子小心放入穴盘。每穴 1～2 粒，播完后再撒上一层 1∶1 的珍珠岩、蛭石复合基质，刮平稍压后，浇透水。

⑤ 移苗　待第一片真叶展开后，移入预先装好岩棉、泥炭、沙子、珍珠岩和蛭石等单一基质的育苗钵中，浇足 1/3 剂量的营养液。

⑥ 营养液管理　种子发芽前，不浇营养液，只浇清水；移苗后初期可浇灌 1/3 剂量的营养液；中期和后期浇灌 1/2 剂量的营养液。每隔 2～3d 浇 1 次。

⑦ 环境管理　苗盘播种后，重叠移入催芽室，温度控制在 25～26℃。出苗后再移到温室，及时见光绿化。注意中午通风、降温和遮光，并防止蒸发过大；夜间注意拉大昼夜温差（低于昼温 5～10℃）和保温，必要时可搭盖小拱棚。当第一片真叶展开时，应及时移苗以免互相影响。移至塑料钵后，随着幼苗的长大，及时拉大株行距。当达到不同作物要求的生理苗龄或日历苗龄及育苗规格后再定植。

⑧ 跟踪记录　育苗期间要跟踪调查秧苗的生长状况和环境变化情况，并及时记录。

2. 营养钵育苗技术

① 选种　选择饱满、整齐、无病虫害的种子。

② 工具消毒　用 3%～5%磷酸三钠溶液消毒处理。

③ 种子消毒　采用温汤浸种的方法处理种子。

④ 营养钵准备　将营养钵放入盘中浇水或底部吸水，使之膨胀达到高 4～5cm 的育苗块后播种。或将塑料营养钵用漂白粉浸泡 30min 后，用清水冲洗干净后装入混配好的育苗基质，浇透清水，备用。

⑤ 播种　将种子用镊子小心放入营养块的小孔中，每孔 1～2 粒。

⑥ 营养液管理　营养钵育苗期间无须另行提供养分。

⑦ 环境管理　苗盘播种后，重叠移入催芽室，温度控制在 25～26℃。出苗后再移到温室，及时见光绿化。注意中午通风、降温和遮光，并防止蒸发过大；夜间注意加大昼夜温差（低于昼温 5～10℃）和保温，必要时可搭盖小拱棚。当第一片真叶展开时，应及时移苗以免互相影响。待幼苗根穿出尼龙网时定植。

⑧ 跟踪记录　育苗期间要跟踪调查秧苗的生长状况和环境变化情况，并及时记录。

六、考核标准

在育苗过程中，注意秧苗的成活率及其出苗的整齐度，在后期的环境管理中，协调幼苗生长时所需的温度、水分、光照的关系，防止秧苗徒长。

七、作业

完成实验报告，拍照记录秧苗的生长过程，并分析秧苗每个阶段在管理中所出现的问题，概括穴盘育苗的技术要点。

八、思考题

1. 比较无土育苗与土壤育苗的差异，理解无土育苗的优点。思考育苗过程中的最佳管理方式。

2. 如何加强无土育苗期间的营养液管理？

注：本实验可参考书后参考文献 [24]、[25]、[50]、[51]。

第六节　营养液的配制技术

一、基本概念

营养液是将含有植物生长发育所必需的各种营养元素的化合物和少量为使某些营养元素的有效性更为长久的辅助材料，按一定的数量和比例溶解于水中所配制而成的溶液。

要求配制营养液的水的硬度低于 15°，pH 值在 5.5～8.5，悬浮物含量小于≤10mg/L，氯化钠含量≤200mg/L，水中没有有毒有害物质。配制营养液的化合物杂质含量小，溶解度大。

二、目的意义

无土栽培主要通过营养液为植物提供养分。无土栽培的成功与否在很大程度上取决于营养液配方和浓度是否合适，因此，只有深入了解营养液的组成、正确地配制、灵活地使用营养液，才能保证无土栽培的高产、优质。

本实验所学理论知识，通过具体操作，了解营养液的组成原则，熟练掌握母液和工作液配制方法。

三、任务与要求

营养液管理是无土栽培的关键性技术，营养液的配制则是基础。以配制日本园试通用配方为例，掌握常用营养液的配制方法。

四、工具

托盘天平，电子分析天平（感量 0.001g），烧杯，容量瓶，玻璃棒，贮液瓶，记号笔，标签纸，贮液池等。配制日本园试配方（表 7-2）母液所需的试剂或肥料，1mmol/L NaOH 和 1mmol/L HNO$_3$。

表 7-2 日本园试营养液配方

盐类化合物分子式	用量/(mg/L)	盐类化合物分子式	用量/(mg/L)
Ca(NO$_3$)$_2$·4H$_2$O	945	H$_3$BO$_3$	2.86
KNO$_3$	809	MnSO$_4$·4H$_2$O	2.13
NH$_4$H$_2$PO$_4$	153	ZnSO$_4$·7H$_2$O	0.22
MgSO$_4$·7H$_2$O	493	CuSO$_4$·5H$_2$O	0.08
Na$_2$Fe-EDTA	20.00	(NH$_4$)$_6$Mo$_7$O$_{24}$·4H$_2$O	0.02

五、主要环节

1. 母液配制

① 母液（浓缩液）种类　分成 A、B、C 三个母液，A 液包括 Ca(NO$_3$)$_2$·4H$_2$O 和 KNO$_3$，浓缩 200 倍；B 液包括 NH$_4$H$_2$PO$_4$ 和 MgSO$_4$·7H$_2$O，浓缩 200 倍；C 液包括 Na$_2$Fe-EDTA 和各微量元素，浓缩 1000 倍。

② 计算各母液化合物用量　按原试验配方要求配制 1000mL 母液，经计算得出各化合物用量。

③ 称量　按上述计算结果，用台秤、托盘天平或分析天平分别称取各种试剂或肥料，置于烧杯、塑料盆等洁净的容器内。注意称量时做到稳、准、快，精确到 ±0.1g 以内。

④ 肥料溶解与混配　母液分别配成 A、B、C 三种母液，分别用 A、B、C 三个贮液罐盛装。以钙盐为中心，凡不与钙盐产生沉淀的试剂或肥料放在一起溶解，倒入 A 罐；以磷酸盐为中心，凡不与磷酸盐产生沉淀的试剂或肥料放在一起溶解，倒入 B 罐；以螯合铁盐为主，其它微量元素化合物与螯合铁盐分别溶解后，倒入 C 罐。

⑤ 定容与保存　分别将溶解后 A、B、C 母液定容至 1000mL，然后装入棕色瓶，并贴上标签，注明母液名称、母液号、浓缩倍数或浓度、配制日期、配制人，然后置于阴凉避光处保存。如果母液存放时间较长时，应将其酸化，以防沉淀的产生。一般可用 HNO$_3$ 酸化至 pH 值 3~4。

2. 工作营养液的配制

① 计算各种母液的移取量　母液移取量的计算公式：

$$v_2 = v_1/n$$

式中，v_2 为母液移取量，v_1 为工作液体积，n 为母液浓缩倍数。

本次实验是用上述母液配制 50L 的工作营养液。根据母液移取量的计算公式可计算出 A 母液和 B 母液各 0.25L，C 母液 0.05L。

② 在贮液池内先放入相当于预配工作营养液体积 40% 的水量，即 20L，再将量好的 A

母液倒入其中，搅拌使其扩散均匀。

③ 将量好的 B 母液慢慢倒入其中，并不断加水稀释，至达到总水量的 80% 为止，并不断搅拌使其扩散均匀。

④ 将 C 母液按量加入其中，然后加足水量并不断搅拌。

⑤ 用酸度计和电导率仪检测营养液的 pH 值和 EC 值。如果 pH 值检测结果不符合配方和作物栽培要求，应及时调整。pH 值调整完毕的营养液，在使用前先静置 30min 以上，然后在种植床上循环 5~10min，在测试一次 pH 值，直至与要求相符。

3. 工作营养液的电导率与浓度关系的确定

将工作营养液配制成不同浓度的溶液，用电导率仪测定记录相应数值，并确定工作营养液浓度与电脑间的相关方程。

六、考核标准

在配制营养液过程中，要符合操作程序，操作要规范、熟练。所配制的营养液，要配制准确，无沉淀现象发生。营养液标识要做到清晰并记录完整。

七、作业

完成实验报告，详细记录营养液配制过程。

八、思考题

营养液配制过程中，如果用 NH_4^+-N 代替一半的 NO_3^--N，应如何进行替换，并思考无土栽培所用的营养液与组织培养所用的培养基有何不同。

注：本实验可参考书后参考文献 [24]、[25]。

第七节　蔬菜营养液膜水培技术

一、基本概念

营养液膜技术（NFT），是指将植物种植在浅层流动的营养液中较简易的水培方法。它有设施投资少、施工简易方便、易于实现生产过程自动化管理等优点。

NFT 栽培管理技术要点如下。

1. 种植槽的准备

如果是新槽，要检查槽底是否平顺和塑料薄膜有无破损渗漏，这直接影响种植能否成功；如果是换茬后重新使用的旧槽，同样应认真检查塑料膜是否渗漏，同时要进行彻底地清洗和消毒。图 7-29 所示的是种植槽。

2. 育苗与定植

因 NFT 的营养液层较浅，所以大株型种植槽的定植在定植时作物的根系直接置于槽底，秧苗需要带有固体基质坨或有多孔的塑料钵，才能锚定植株。小株型种植槽可用岩棉块或海绵块育苗，岩棉块的规格大小以可旋转放入定植孔、不倒卧于槽底即可，定植后要使用育苗条块触及槽底而幼叶伸出板面之上。图 7-30 所示的是 NFT 定植方式。

3. 营养液的管理

由于 NFT 系统营养液的浓度和组成变化较快，因此要选择一稳定性较好的营养液配方。NFT 的供液方法有连续供液和间歇供液两种方法：使用连续供液法时，每条种植槽的

图 7-29　种植槽

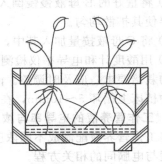

图 7-30　NFT 定植

连续供液量可控制在 2～4L/min 的范围内，并可随作物的长势和天气状况做适当的调整；间歇供液与连续供液相比，更能促进植物的生长发育，间歇供液的时间和频度则要根据槽长、种植密度、植株长势和气候条件来综合确定。NFT 水培要特别注意液温的管理，虽然各种作物对液温的要求有差异，但为了管理上的方便，液温的控制范围是夏季以不超过28～30℃、冬季不低于 12～15℃为宜。

在实践中，要注意防止系统发生渗漏和突然停电，以及经常检测营养液的电导率值和 pH 值。

二、目的意义

熟练掌握 NFT 水培技术，了解 NFT 水培技术特征。

三、任务

以培育叶用莴苣为例，掌握 NFT 水培技术要点。

四、工具

莴苣幼苗（具 5～6 片叶），800 倍多菌灵溶液，配制日本山崎莴苣配方所需的各种盐类化合物，电导率仪，酸度计，托盘天平，杆秤，塑料扦，塑料盆，营养液膜水培设施，营养液配制用具。

五、技术环节

1. 配制莴苣营养液

使用日本山崎莴苣配方配制营养液。日本山崎莴苣营养液配制：$Ca(NO_3)_2 \cdot 4H_2O$ 为 236mg/L；KNO_3 为 404mg/L；$NH_4H_2PO_2$ 为 57mg/L；$MgSO_4 \cdot 7H_2O$ 为 123mg/L。

2. 定植

将莴苣幼苗根系浸泡在 800 倍的多菌灵溶液 10～15min 后移植到带孔的定植杯中，然后连杯一起定植到定植板的定植孔中。注意要使定植杯触及槽底，叶片伸出定植板。

3. 营养液的管理

控制槽内营养液的液层在 1～2cm 以下。根垫形成后，间歇供液，并每天补充水分。结球前营养液的 EC 值控制为 2.0mS/cm，结球期为 2.0～2.5mS/cm。当营养液的 EC 值降低至原配制营养液 EC 值的 1/3～1/2 时补充营养。营养液的 pH 值控制在 5.0～6.9 的范围内。经常检查营养液的 EC 值、pH 值和温度及其相应的自控装置的工作情况。

4. 地上部管理环境调控

地上部管理参照莴苣的常规栽培。

5. 观察记录

认真观察并详细记录在种植过程中莴苣植株的生长、病虫害的发生、营养液 pH 值和浓度的变化、水分消耗以及大棚或温室中的温度、湿度等各种情况（表 7-3）。

表 7-3   NFT 水培管理记录表

棚   号：_____

作物名称：_____   记录人：_____

日期	设施环境		营养液		生长状况	措施处理	备注
	温度	湿度	EC 值	pH 值			

六、考核标准

管理要科学，要按生产工艺流程操作，植株生长正常，栽培效果良好。

七、作业

完成实验报告，完成 NFT 水培管理记录表。

八、思考题

理解 NFT 水培技术的优缺点，思考如何防止营养液循环供液系统发生渗漏。

注：本实验可参考书后参考文献 [24]、[25]。

第八节   蔬菜深液流水培技术

一、基本概念

深液流水培技术（DFT）是最早成功应用于商业化生产的无土栽培技术。现已成为无土栽培技术中的一种管理方便、设施耐用、后续生产资料投入较少的实用、高效的技术。

深液流水培技术管理技术要点如下。

1. 栽培作物种类的选定

初次进行 DFT 水培生产时，应选用一些比较适应水培的植物种类来种植，如番茄、西瓜、菊花等，以获得水培的成功。

2. 秧苗准备与定植

育苗时多用穴盘育苗法育苗，在移入定植杯时，在定植杯的底部先垫入 $1\sim2cm$ 的小石砾（非石灰质，粒径以大于定植杯下部小孔为宜），以防幼苗的根颈直压到杯底。然后从育苗穴盘中将幼苗带基质拔出移入定植杯中，再在幼苗根团上覆盖一层小石砾稳住幼苗。

3. 槽内液面和液量的要求

种植槽内液面的调节是 DFT 水培技术中十分重要的技术环节，管理不当会伤害到根系。

定植初期，当根系未伸出定植杯外或只有几条伸出时，要求液面能浸住杯底 1～2cm，以使每一株幼苗有同等机会及时吸到水分和养分，这是保证植株生长均匀，不致出现大小苗现象的关键措施。但也不能将液面调得太高以致贴住定植板底，妨碍氧气向液中扩散，同时也会浸住植株的根颈使其窒息死亡。当植株发出大量根群深入营养液后，液面随之调低，以离开杯脚。

二、目的意义

深液流水培设施种类多样，但都具有一些基本的共同特征，通过具体实践，熟练掌握 DFT 水培技术，了解 DFT 水培技术特征。

三、任务

以种植西瓜为例，掌握 DFT 水培技术，了解常用的深液流水培设施的组成、结构及管理技术要点。

四、工具

电导率仪，酸度计，托盘天平，杆秤，塑料扦，塑料盆，非石灰质无棱角的小石砾（直径为 2～3mm），深液流水培设施，营养液配制用具。已育好待移植的西瓜幼苗（具 3～4 片真叶），800 倍液的多菌灵溶液，配制山东农业大学西瓜营养液所需的各种盐类化合物，其配方如下：

西瓜营养液配方：

$Ca(NO_3)_2 \cdot 4H_2O$ 为 1000mg/L；KNO_3 为 300mg/L；KH_2PO_4 为 250mg/L；$MgSO_4 \cdot 7H_2O$ 为 250mg/L；K_2SO_4 为 120mg/L。

五、技术环节

1. 配制西瓜营养液

使用山东农业大学西瓜营养液配方配方配制营养液。

2. 移苗

将西瓜幼苗的根系浸泡在 800 倍的多菌灵溶液 10～15min 后移植到定植杯中。固定幼苗用稍大于定植杯下部小孔隙的非石灰质无棱角的小石砾。

3. 过渡槽寄养

以不放置定植板的种植槽作为过渡槽，在槽中密集排列刚移入幼苗的定植杯，然后在种植槽中放入 2～3cm 深的营养液，以浸没定植杯底部为宜。

4. 定植

植株生长到一段时间，有部分根系生长到定植杯外，即可正式定植到定植板上。

5. 营养液的管理

定植初期，应保持营养液面浸没定植杯杯底 1～2cm，随着根系大量伸出定植杯时，应逐渐调低液面使之离开定植杯底。当植株很大、根系发达时，只需在种植槽中保持 3～4m 的液层即可。过渡槽寄养和定植初期的营养液为 1/2 剂量水平，EC 值为 1.2mS/cm 左右，开花后营养液调整为 1 个剂量水平，EC 值 2.2mS/cm 左右，坐果后 EC 值控制在 2.5～2.8mS/cm。当浓度下降到原营养液浓度的 1/2 时补充营养液。

6. 植株管理

当瓜苗长到 10 节左右时，用细绳固定主蔓，引蔓向上生长。授粉应选择在主蔓 16～25

节雌花上进行。株高 30cm 时，除主蔓外，留一侧蔓，其余去掉。主蔓留 1 个瓜，另外 1 条侧蔓做营养枝。在结瓜节位以上，留 4～5 片叶摘心。

7. 观察记录

认真观察并详细记录在种植过程中西瓜的生长、病虫害的发生、营养液 pH 值和浓度的变化、水分消耗以及大棚或温室中的温度、湿度等各种情况（表 7-4）。

表 7-4　DFT 水培管理记录表

棚　　号：_____
作物名称：_____　　　　　　　　　　　　　　　　记录人：_____

日期	设施环境		营养液		生长状况	措施处理	备注
	温度	湿度	EC 值	pH 值			

六、考核标准

管理要科学，要按生产工艺流程操作，植株生长正常，栽培效果良好。

七、作业

完成实验报告，完成 DFT 水培管理记录表，分析 NFT 与 DFT 水培技术的异同点。

八、思考题

理解 DFT 水培技术的优缺点，思考如何预防营养液中藻类大量滋生。

注：本实验可参考书后参考文献 [24]、[25]。

第九节　蔬菜无土立体栽培技术

一、基本概念

草莓属于浆果类作物，其果实风味独特，具有较高的营养价值和经济价值，深受消费者喜爱。草莓立体栽培在日本、美国、西班牙、比利时和荷兰等国家均占有一定比例，是草莓设施栽培的主要方式之一。具有提高空间利用率和单位面积产量、解决重茬问题、减少土传病虫害等优点，经济价值和观赏性均较高，草莓立体无土栽培已成为设施园艺的一个亮点，其中观光采摘深受人们的喜爱，也为农户带来了丰厚的收益。草莓立体栽培节约土地、改善植株发育、便于采摘果实，降低了劳动强度。草莓立体栽培有传统架式栽培技术、移动式立体栽培技术、开合式立体栽培草莓技术、竹子管道式水培技术、柱状立体式栽培技术、墙体栽培技术、高架栽培床技术等形式。

生菜品种繁多，基本上分为 3 大类，即结球生菜、散叶生菜和直立生菜。这 3 种生菜都可以采用水培方式，一般选用早熟耐热品种。生菜性喜冷凉气候，生长最适温度为 15～20℃，在平均温度为 10～22℃条件下都能正常生长。生菜种子发芽适温为 15～20℃。日平均温度超过 24℃易使秧苗徒长或发生早期抽薹。结球适温为 17～18℃，平均气温在 22℃以上时容易徒长，结球松散，提早拔节抽薹，还会发生叶片焦边、心腐病。生菜对光照要求不严格，高温长日照是生菜花芽分化的主要条件。生菜在整个生长过程中对钾肥需要量最大，是镁需要量的17～25倍，尤其结球生菜进入结球期后对磷、钾肥需要量大幅度增加，所以水培生菜在生长中后期应增加磷、钾肥的用量。

二、目的与意义

① 草莓是对土壤病菌非常敏感的作物之一，一旦在同一块土地上连续栽种，土壤病菌就会严重威胁到草莓，而立体栽培采用的基质是泥炭土、木屑等，棚架采用"品"字型骨架，每层之间互不遮挡，有利于草莓对营养的吸收，果实的着色也均匀。通过实训，掌握草莓立体栽培技术。

② 生菜立体化的无土栽培即立柱栽培，是在不影响平面栽培情况下，充分利用温室空间和太阳能，通过竖立起来的柱形栽培向空间发展，可提高土地利用率3～5倍，提高单位面积产量2～3倍，同时也提高了设施利用率。通过实训，掌握生菜的立体水培技术。

三、任务

① 完成草莓栽培以及管理，掌握草莓立体栽培技术。
② 生菜栽培以及管理，掌握生菜立体水培技术。

四、工具

草莓苗，泥炭，木屑，生菜种子，营养液，栽培设施。

五、主要环节

1. 草莓基质立体栽培技术

（1）棚架的搭建　每个钢架长3m，宽98cm，高1.2m，品字性结构，两铁架过道宽60cm（图7-31）。

图7-31　品字架

（2）品种选择　选用在冬季和早春低温条件下开花多，自花受粉能力强，耐低温，黑心花少，果型大而整齐，畸形果少，果实风味佳的品种。

（3）栽培基质的选择　将泥炭土：木屑按1：1的比例混合，为了提高基质的有机质，每667m² 施入100kg复合肥和50kg黄豆，洒水后，再施入70kg石灰，并添加福美双低毒杀菌剂，撒匀后深翻，起高垄。

（4）定植　选择在傍晚或阴雨天栽植，栽植时，先把土挖开，将根舒展置于穴内，然后填入细土压实，并轻轻提一下苗，使根系与基质紧密，栽植深度要适宜。

（5）定植期间的管理　两天内要浇透基质，保持水分充足。两天后要使基质的湿度保持在50%左右，即叶片有水珠，前后一周时间。第一次浇水后及时检查，若出现露根或淤心苗以及不符合花序预定伸出方向的植株，均应及时调整，或重新栽植，漏栽的应及时补水补苗，以保证全苗和达到栽植的高质量。栽植后如遇晴天烈日，可采用塑料遮阳网进行遮阳，成活后要及时晾苗，注意通风炼苗，以免突然撤除遮阳物时灼伤幼苗，3～4h后方可撤遮阳网。

（6）定植后管理

① 温湿度管理：草莓生长发育最适温度为18～25℃，夜间最低12℃以上。萌芽期白天26～28℃，夜间8℃以上；开花期白天20～25℃，夜间10～12℃；果实膨大期白天18～25℃，夜间8℃。出现30℃以上高温时要及时通风降温。基质湿度以保持50%为宜，过大过小均会影响草莓根系活力和果实正常的生长发育，采用滴灌，可以调控棚内的湿度。

② 合理施肥：草莓的结果期长，为防止脱肥早衰，重施基肥的基础上，中后期多次喷肥，以满足其营养需求，在施肥上要掌握适氮增磷钾。中后期结合喷药喷施多元微肥、氨基酸肥等有机营养液。

③ 摘叶疏果：生长期、结果期要及时摘除黄叶、病叶以及下部衰老叶、匍匐茎，以减少母体养分消耗，有利于通风透光，减少病害。在第一朵小花开放前摘掉一定的高级次花，每个花序留7～8多花，结果时摘掉畸形小果、病果，可降低畸形果率，又有利于集中养分供应低级次花果发育，使果实大而整齐。

④ 病虫害防治：防治立体草莓病虫害要以防为主。

⑤ 适时采收：以鲜果为主，必须在70%以上果面呈红色时方可采收。

2. 生菜的立体水培技术

（1）选用品种　水培立体栽培适宜选用直立品种，可选奶生一号、罗马直立生菜。

（2）栽培设施准备　采用立体立柱式无土栽培设施，其整套设施由营养液槽、平面DFT栽培床、立柱栽培钵、营养液循环系统、自动控制系统组成，立柱由数个高18cm，直径20cm的花瓣状栽培钵错落而成。

（3）育苗

① 育苗方式：采用岩棉块育苗或基质育苗。

② 种子处理：用20℃左右清水浸泡3～4h，搓洗沥干水分后，置于湿润纱布上，在15～20℃下催芽。催芽时用清水冲洗2次/d，2～3d后即可发芽。

播种：将发芽的种子播于2.5cm×2.5cm×2.5cm的海绵块上，每个海绵块播1粒种子。

苗期管理：采用1/2剂量的原始通用配方营养液，在第1片真叶长出后喷施。苗期温度控制为白天18～20℃，夜间8～10℃。

（4）定植　幼苗4片真叶时定植，定植时营养液采用标准配方营养液，栽植密度一般每667m²（即1亩）定植1500株左右，株行距为20cm×20cm，定植7d以内，营养液的浓度为1/2剂量的标准配方营养液，定植7d后，营养液浓度调整为全剂量标准配方营养液，杯底要浸入营养液中。

（5）定植后的管理

① 环境调控：设施内环境温度控制为白天15～20℃，夜间10～12℃，尽量加大昼夜温差，当温度高于25℃，应采取降温措施，使营养液温度调节至15～18℃。

② 营养液管理：营养液浓度的调控根据栽培品种和营养液配方进行，如果是结球生菜，应隔 20d 左右补充 1 次营养液，可通过测定营养液的 γ 值来确定，当营养液的 γ 值降低至原先加入营养液 EC 值的 1/3~1/2 时补充营养，加入的营养液量与定植时加入的量相同，也可只加入到定植时的初始 EC 值即可。一般刚定植时营养液的 γ 值调控为 1.2~1.4mS/cm，生长旺盛期为 1.8~2.0mS/cm，结球期为 2.0~2.5mS/cm。一般采用循环供液，白天上下午个循环 1~2 次，每次 20~30min，夜间不循环。

六、考核标准

1. 所栽培管理的草莓成活率高，病害少，着色均匀。
2. 依据所种植生菜的成活率的高低和产量来评定。

七、作业

1. 完成实习报告，详细记录草莓的生长过程以及管理技巧。
2. 详细记录生菜的生长过程以及管理的每个阶段所出现的问题。

八、思考题

1. 如何有效地降低草莓生长管理中所出现的病害。
2. 简述水培生菜的最佳营养液配方。

注：本实验可参考书后参考文献 [24]、[25]、[52]。

第十节　蔬菜袋培技术

一、基本概念

基质袋培是无土栽培的一种形式，它是利用适当的塑料薄膜等包装材料，装入不同的基质，作成袋状的栽培床，也配置适当的供液装置来栽培作物，这种无土栽培方式称之为袋状栽培（简称袋培）。

袋培能够为作物根系的生长创造很好的根际环境，确保养分、水分和空气的供应；袋培基质有较大的缓冲能力，根际环境特别是根际温度，受外界的影响较小；袋培的装置、投资成本低。

袋培的基本装置：

(1) 袋形栽培床　袋形栽培床的基本形式或标准形式，是用定型的聚乙烯树酯塑料袋装入固体基质，封口后平放地面，一个个地连接成一个长的栽培床，袋与袋之间营养液分别由滴头（管）供给，营养液不循环。每个栽培袋一般长 70~100cm，宽 30~40cm，每袋装入基质 15~20L，每袋栽培果菜 2~3 株。

(2) 供液装置　袋培的营养液供应一般无需循环，可采用滴灌装置分别供应各个栽培袋的营养液。经济的供液装置可采用水位差式自流灌水系统，其设施简单，成本低，不用电，使用亦较方便。储液箱用耐腐蚀的金属板箱、桶、塑料箱（桶）、水泥池、大水缸均可，其容积视供液面积大小而定，一般都在 1m³ 以上。选适当方位架在离地面 1~2m 高处，以保持足够的水头压力，便于自流供液。出口处安一控水阀或龙头。箱顶最好靠近自来水管或水源，以保证水分的不断供应。箱的外壁装一水位显示标记。供液管可用硬塑料管或软壁管，滴头选用定型滴头、发丝管。新型滴头，亦可直接打孔，无须安装滴头。用软壁管，成本低，效果亦很好。

二、目的意义

黄瓜、番茄是日光温室生产中重要的喜温果菜，栽培面积大。黄瓜、番茄日光温室栽培技术较为成熟，可以在我国北方地区周年生产和周年供应。所以，掌握黄瓜和番茄的袋培技术，了解管理措施尤为重要。

通过实训，掌握黄瓜和番茄的袋培技术。

三、任务

1. 掌握黄瓜袋培技术要点，了解黄瓜的管理方法。
2. 从番茄育苗开始，到番茄成熟，掌握番茄袋培技术，了解番茄的管理方法。

四、工具

草炭，蛭石，育苗盘，黄瓜种子，番茄种子，栽培袋。

五、主要环节

1. 黄瓜袋培技术

（1）育苗

① 基质处理：将栽培基质（草炭：蛭石＝1：1）混拌均匀，堆高 10～15cm，用 50～100 倍甲醛溶液喷透基质，再用干净的塑料布盖在基质堆上，密闭 3～4d，然后将塑料布掀开晾晒、装盘。

② 浸种、催芽和播种：先用 55℃的水温浸泡种子 20min，再用 38％甲醛 100 倍液浸泡 30min，最后用清水浸泡 6h。将浸过的黄瓜种子冲洗 3 次，用湿纱布包好，放在 25～30℃ 恒温箱中催芽，每天早、晚各用清水投洗 1 次，24～36h 后即可出芽。

③ 采用育苗盘育苗：预先将基质喷透水，待水渗下后打穴播种。播后喷淋少量清水。

④ 苗期管理：一般用 0.5～1 个剂量的日本山崎黄瓜配方的营养液，水肥轮用，每 2～3d 施用 1 次（根据实际季节和天气情况进行调节）。小苗出齐后淋 1 次 500 倍的多菌灵，隔 7d 叶面喷施杀菌剂 1 次，以此预防病害发生。根据生产经验，应主要针对猝倒病等土传病害和白粉虱、潜叶蝇进行防治，在长出 1 片真叶时，可喷蚜虱净和绿菜宝。对青枯病可采用农用链霉素和氢氧化铜淋根。除作专项防治外，每隔 7～10d 还应喷 1 次百菌清和甲基托布津以防治多种病害。温度白天保持在 20～28℃，最高不超过 32℃，夜温不低于 10℃，同时要保持 10℃的昼夜温差，以利于花芽分化。晴好天气空气湿度保持在 80％左右，最适光照为 40000～500001x。

⑤ 移苗：当黄瓜幼苗第 1 真叶显露时移苗。移栽 3d 内每天浇灌 1～2 次营养液，用量为 200mL/株，待幼苗缓苗后用滴灌系统进行定时滴灌。

（2）定植　以锯木屑为生产用栽培基质。每 667m² （即 1 亩）温室用量为 20m³ 左右，要求 80％的木屑直径在 3～7mm 之间。准备 1.2m 宽、0.12mm 厚的乳白色塑料膜，制作长栽培袋。定植时间：北方地区每年 2 茬，第一茬在 3 月下旬到 4 月上旬，第二茬在 9 月下旬。定植密度：株距×行距为 40cm×100cm。如图 7-32 所示的是黄瓜的袋状栽培。

（3）定植后管理

图7-32 黄瓜袋装栽培

① 温、湿度管理：适宜的昼温 22～27℃，夜温 18～22℃，地温 25℃。气温低于 10℃，生长缓慢或停止生长，高于 35℃则光合作用受阻。空气湿度保持在 80% 左右，湿度太高不利于生长，易染病。

② 营养液管理：定植后 3～5d 需配合滴灌用人工浇营养液，每天上、下午各浇一次，每次 100～250mL/株。3～5d 后再滴灌供液，每天 3 次，每次 3～8min，单株供水量为 0.5～1.5L，最多 2L，具体随天气及苗的长势而定。营养液选用日本山崎黄瓜配方，pH 值为 5.6～6.2。如果锯木屑是新的，则从定植到开花，营养液中应加硝酸铵 400mg 以补充木屑被吸收的 N 素；开花后，营养液的浓度应提高到1.2～1.5 个剂量；坐果后，营养液剂量继续提高，并另加磷酸二氢钾 30mg/L，γ 值在 2.4mS/cm 左右，注意调节营养生长与生殖生长的平衡，如果营养生长过旺可降低硝酸钾的用量，加进硫酸钾以补充减少的钾量，加入量不超过 100mL/L；结果盛期，营养液浓度可继续提高到 3.0mS/cm。

③ 植株调整：采用吊蔓方法，即是用铁丝做成可以绕吊绳的双钩状吊绳架，钩在温室下弦杆。塑料绳的一段系在吊绳架上，下端系在黄瓜植株基部的地锚线上，定时将绳绕在植株上。当植株长到一定高度时，可将上部多余的绳逐步下放，使植株的基部平卧在基质上。采用单蔓整枝，其它长出的侧枝应及时抹掉，以免消耗营养。植株长到 7～8 片叶后，要及时把植株绕在吊绳上，一般 2～3d 绕 1 次。主茎上的第 1～4 节位不留果，以促进营养生长。结果力强的黄瓜品种在生长过程中要进行疏花疏果，一般每 1 节位留 1～2 条果，多余的和不正常的花果、花蕾及时去除，以集中营养供给，保证正品率。在苗生长够健壮的情况下，可将第一节位的侧枝留 2～3 片叶，结 1～2 条瓜再摘心，以增加瓜的条数，提高其产量。为了减少功能叶的负担，利于通风透光和减少病虫害发生，必须及时打掉老叶、病叶。当植株长到 2m 高以上时，可进行第一次落蔓，但落蔓要以叶片不落靠地面为度，以利于下部通风。

④ 果实采收：一般果长在 20cm 左右采收。采收和运输过程中应尽量减少对果实的伤害，并避免阳光直晒，尽快进行包装贮藏，避免果实表面失水影响新鲜度。

2. 番茄的袋培技术

(1) 育苗

① 基质处理：选用草炭：蛭石＝1∶1 的复合基质。基质消毒后装入 50 穴的育苗盘（50cm×25cm）。基质消毒方法同黄瓜。

② 种子处理：先用 55～60℃热水浸种 20min 后，再用 10%磷酸三钠浸种 20～30min，最后温水浸种 6h，即可杀灭大多数病菌，也有钝化病毒的作用。浸种后催芽（方法同黄瓜），大多数种子 2～3d 可以发芽，有的可长达 4d。包衣种子直播即可。

③ 播种：采用穴盘育苗。将种子点播到育苗盘，每孔播种 1～2 粒。播前用日本山崎番茄配方 1 个剂量的营养液将基质浇透。点播后覆盖 1cm 厚消毒过的基质。

④ 苗期管理：为促进出苗，出苗前应保持较高的温湿度，出苗后白天可降至 20～25℃，夜间 10～15℃。为防止发病，应降低苗床湿度。根据苗情、基质含水量及天气状况，用日本山崎番茄配方 0.5～1 个剂量的营养液进行喷洒，每次以喷透基质为准。每 7～10d 喷 1 次

百菌清 800 倍液或甲基托布津 800 倍液进行预防，一般情况下不会发生病害。冬季和早春的苗龄一般为 2 个月左右，夏季苗龄一般为 1.5 个月左右。此时幼苗具有 5～7 片真叶，即可定植。

（2）栽培设施建造　定植前要建好基质袋培设施。栽培设施包括栽培袋、滴灌系统、贮液池。先整平地面，并平铺塑料薄膜。然后沿着温室的南北走向摆放，坡度为 1：100，袋间距 70cm。长栽培袋由宽 80cm、长 6m、厚 0.1～0.2mm 的黑色塑料薄膜叠成截面为梯形，内装珍珠岩：蛭石：草炭＝1：1：2 的复合基质，袋的截面高 15～20cm，底面宽 25～30cm。栽培袋摆好后安装滴灌系统。滴灌系统主要由水泵、定时器、供液总管、供液支管和滴灌软带构成，每条栽培袋铺设 1～2 条滴灌软带。

（3）定植　基质袋培时采用单行定植。一般株距为 35～40cm，每 667m² 用苗 2400～2700 株，定植后浇透营养液。

（4）定植后的管理

① 温湿度管理：缓苗前一般不进行通风换气，以利于缓苗。温度一般保持在 30℃ 左右，不可高于 35℃。缓苗后昼夜温度均较缓苗前低 2～3℃，以促进根部扩展，一般保持 25～30℃。结果期的昼温保持 22～28℃，夜温保持 18～22℃，温度过高或过低都会导致畸形果的产生。基质湿度以 70%～80% 为宜，空气相对湿度保持在 50%～60%。

② 光照管理：番茄对日照长短要求不严格，中午阳光充足且温度过高的天气，可利用遮阳网进行遮阳降温。

③ 营养液管理：采用日本山崎番茄营养液配方。苗期采用 1/2 个剂量，每 1～2d 浇液 1 次。定植缓苗之后，采用 1 个剂量的营养液，每 2d 浇灌 2 次，滴液量随天气及苗的长势而定。第一穗果坐住后，提高营养液剂量至 1.5 个剂量，第二、第三果坐住后，再提高至 1.8 个剂量，EC 值控制在 2.0～3.0mS/cm 之间，浇灌 1～2 次/d。另外，从定植到开花前，营养液中加入 30mg/L 硝酸铵以补充氮素。进入结果盛期，可将营养液中的 P、K 含量个增加 100mg/L，从而提高番茄产量，改善果实品质。注意调节营养生长与生殖生长得平衡。

④ 植株调整：主要有整枝、吊蔓、绕蔓、疏花、疏果、保花、保果、除叶、打杈、落蔓、摘心等。番茄的整枝番茄的整枝方式通常有单干整枝、改良单干整枝和双干整枝 3 种，一般采用单干整枝的方式。当株高 25～30cm 时开始吊蔓，方法同黄瓜无土栽培。番茄茎节上产生侧枝的能力较强，因侧枝消耗营养，所以要及时打杈。

六、考核标准

1. 所栽培的黄瓜成活率高、病害少、植株生长健壮。
2. 所栽培的番茄成活率高、病害少、座果率高。

七、作业

1. 完成实习报告，详细记录黄瓜的生长过程以及管理方法。
2. 完成实习报告，详细记录番茄的生长过程以及管理方法。

八、思考题

1. 如何控制袋培黄瓜中营养液供应量和浓度？
2. 如何使温室袋培番茄的着色好？

注：本书可参考书后参考文献 [24]、[25]。

第十一节　蔬菜有机生态型基质栽培技术

一、基本概念

传统有机基质栽培是以各种无机化肥配制成一定浓度的营养液以供作物吸收利用。有机生态型无土栽培则是以各种有机肥的固体形态直接混施于基质中，作为供应栽培作物所需营养的基础，在作物的整个生长期中，可隔几天分若干次将固体有机肥直接施于基质表面，以保持养分的供应强度，它是有机基质培的一种形式。

二、目的意义

有机生态型基质栽培技术是把传统的有机农业和现代的无土栽培技术相结合，该技术使用固体基质和固态有机肥代替水和化肥配制的营养液，以基质栽培代替水培，是无土栽培技术更加简单、易行、有效，使无土栽培技术可以生产有机食品，促进了无土栽培技术在我国的推广应用。

通过本次实训，了解有机生态型基质培的操作流程，掌握黄瓜、番茄、甜椒有机生态型基质栽培技术。

三、任务

掌握黄瓜、番茄、甜椒有机生态型基质培的操作流程与技术要领。在实训中，要做到：

1. 基质混配合理、均匀，消毒全面、彻底；
2. 定植操作规范、熟练、不伤根；
3. 肥水管理科学，栽培效果好；
4. 能够根据幼苗的长势和长相判断其生长发育是否正常。

四、工具

红砖或塑料泡沫板，黑色聚乙烯塑料薄膜（0.1～0.2mm），成套的简易滴灌设备，铁锹，皮尺，直尺，铁耙，剪子，黄瓜幼苗（具3～4片真叶），番茄幼苗（具4～6片真叶），甜椒幼苗（具5～7片真叶），锯末屑或菇渣，炉渣或小石砾等粗基质，珍珠岩、草炭等基质，腐熟鸡粪和 N、P、K 复合肥，钙镁磷肥，40％甲醛 100 倍液。

五、主要环节

1. 黄瓜有机基质栽培技术

（1）建造栽培槽　栽培槽是用 3 层 24cm×12cm×5cm 标准红砖砌成，槽内径 48cm，高 15～20cm，槽长依棚而定。为使栽培槽内基质的温度更加适合作物根系生长的需要，采用半地下式栽培槽（在地上挖 5～10cm 深的槽，边上垒 2～3 层砖），槽距 80cm，南北延长，南低北高，槽底中间开一条宽 20cm、深 10cm 的 "U" 形槽，槽底及四壁走道铺一层 0.1～0.5mm 厚的聚乙烯薄膜，以隔开土壤，防止土传病虫害和肥水流失，薄膜边缘压在上面第一层砖下。先在槽内装约 3～5cm 厚经曝晒 1d 后的粗石砂，以利排水，再在其上铺 1～2 层干净的纺织袋，防止作物根系伸入排水层中。

（2）栽培基质混配　有机基质选用锯末屑或菇渣，锯末屑或菇渣要进行堆沤发酵处理，方法是在基质中加入 2％的尿素，浇透水使其含水量达 70％以上，用薄膜盖严，经 1 个月以上的充分发酵腐熟。无机基质选用河沙，河沙不能太细，并要用清水洗过。有机基质和无机基质按体积 3：2 的比例混匀制成混合基质。

(3) 基质装填与消毒　将混合基质按每立方米加入 10kg 发酵消毒鸡粪＋5kg 钙镁磷肥＋2kg 复合肥，掺匀后填槽，基质以装满为宜。每茬作物收获后进行基质消毒。

(4) 定植　将长到 3～4 片真叶后的黄瓜幼苗，进行定植。定植前 1d 先将栽培槽的混合基质浇透水。选用无病虫害及大小一致的幼苗，每槽种 2 行，株距 40cm，每 667m²（即 1 亩）定植 1200～1350 株。定植后用敌克松 700 倍液浇足定根水。

(5) 铺设滴灌系统　具有自来水设施或建水位差 1.5m 高的蓄水池。槽内铺两根滴灌管，上覆一层 70cm 宽的地膜。

(6) 栽培管理

① 肥水管理　肥水供应要视天气变化，基质干湿状况，植株生长势灵活管理。一般在定植后 15～20d 内不必施肥，以后每隔 10～15d 追 1 次肥，每次混合基质施肥 5～10kg/m³，以发酵消毒鸡粪与复合肥按 2：1 比例混合穴施于两植株之间。开花前施肥量稍少，开花结果后施肥量稍多，采收结束前 5d 停止追肥，同时在瓜苗定植后至黄瓜采收结束前每隔 1 周叶面喷施 1 次 0.3%～0.5% 磷酸二氢钾。每天滴灌清水 1 次，并应尽可能在晴天上午进行滴灌；每次滴灌时间为 10～20min，阴天可暂停供水，以免造成湿度过大诱发病虫害发生。

② 温度光照管理　定植后闭棚升温促缓苗。缓苗后气温白天保持在 25～30℃，夜间保持在 10～15℃，结果期采用四段变温管理，既符合黄瓜生长发育需要，也可通过控温降湿进行生态防病，要求气温白天上午保持在 25～28℃，超过 30℃ 时放风，下午保持在 22～25℃，20℃ 时关棚，前半夜保持在 15～17℃，后半夜保持在 8～10℃。棚膜选用透光性好的优质无滴膜，并坚持每天清洁棚膜，早揭晚盖草苫，每天争取 8h 光照，阴雨天也要揭帘争取散射光。

③ 植株调整　黄瓜长到 7～8 片真叶后，用塑料绳，一头挂在温室上面的铁丝上，另一头挂在黄瓜真叶以下的茎部，并定期将植株缠绕在绳上，使之向上生长。采用单蔓盘蔓整枝法，把主蔓上的侧蔓全部摘除，当主蔓生长越过铁丝影响人为管理操作时，每次摘除植株下部老叶 4～5 片，把吊绳下端解开，每次拉主蔓下落约 50cm，将下落的主蔓回盘到槽面，再重新绑好吊绳，植株整个生长期间共盘蔓 3～5 次，这样可使植株保持一定高度，增加植株群体的空间和透光通风。引吊蔓的同时摘除所有卷须，黄叶和病叶。

④ 病虫害防治　黄瓜的病害主要有霜霉病、灰霉病、白粉病、蔓枯病、枯萎病和细菌性叶枯病，虫害主要有蚜虫、红蜘蛛等。对病虫害防治应以预防为主，方法是加强肥水管理培育壮苗，加强通风降湿合理调节温、湿度。当发生病虫害时可采用药剂防治。

⑤ 及时采收　当瓜长到 22～32cm 时即可采收，采收时必须细致小心，避免出现机械伤，同时要保留 0.5cm 长瓜柄。

2. 番茄有机生态型基质培技术

(1) 建造栽培槽　用红砖或塑料泡沫板建造栽培槽。槽内隔离膜可选用普通聚乙烯棚膜，槽间走道可用水泥砖、红砖、编织布、塑料膜、沙子等与土壤隔离，保持栽培设施系统清洁。

(2) 栽培基质混配　将草炭、珍珠岩和腐熟鸡粪按 6：3：1 的比例充分混匀。复合肥可在基质混配时施入，一般以前者为首选。

(3) 基质装填与消毒　先在槽内填 5cm 厚的粗基质，然后铺上一层编织袋，将栽培基质填入槽内，基质厚 12～15cm。基质装填后浇水。槽上覆塑料膜，进行高温太阳能消毒，同时能够防止使用前槽内存有杂物。也可以结合基质混配用 40% 甲醛的 100 倍液进行药剂消毒。

（4）定植　在槽宽 90cm 的种植槽内按行距 40～45cm、株距 35～40cm 的密度进行双行定植，每 667m² 用苗 2400～3000 株。

（5）铺设滴灌系统　番茄幼苗定植后按栽培行铺设滴灌带（或滴灌管），并与供液管道连成一体，组成完整的滴灌系统。

（6）栽培管理　定植缓苗后，追肥一次肥料，每立方米基质追施鸡粪 2kg、复合肥 0.5kg，以后每隔 10～15d 追施一次肥料，鸡粪与复合肥混合或交替追肥。为了提高产量和改善品质，根部施肥可与追肥结合进行，如用 0.2% 的 KH_2PO_4 每隔 7d 左右喷施一次。

正常栽培时只需滴灌清水。一般每天供水 1～2 次，应植株状况、基质温湿度、天气和季节的变化灵活掌握，但每次滴灌量以槽底有水流出为限。

番茄地上部管理主要有整枝、吊蔓、绕蔓、除叶、打杈、落蔓、摘心、疏花疏果或保花保果等。

每天观察番茄的长势、长相，做好相关记录，并根据番茄生长正常与否，及时采取有效地调控措施。

3. 甜椒有机生态型基质培技术

（1）建造栽培槽　栽培槽可用普通红砖平地叠起，也可以深挖沟而成。边槽外边离棚边要求在 0.6m 以上。槽内径 48cm，外径 72cm，槽间距 80cm，槽深 12cm。要求槽底水平。在栽培槽上方 2m 高处顺着槽向安装悬挂线（14# 铁丝）2 条，距栽培槽中垂线各 24cm。

（2）栽培基质混配　可选用木薯皮、甘蔗渣、废菇料等有机废料及炉渣，按木薯皮、甘蔗渣、废菇渣与炉渣体积比 1∶2∶2∶1 的比例混合，再在每立方米混合基质中加入 20kg 优质干鸡粪（或鹌粪）、0.5kg 磷酸二铵作底肥，拌匀，用清水淋至湿润，覆盖废旧薄膜保温保湿，经过充分堆沤腐熟后备用。废菇料要预先粉碎过筛（孔径 2.0cm×2.0cm）。炉渣亦要先粉碎过筛（孔径 1.0cm×1.0cm），但不必水洗调节 pH 值。

（3）基质装填与消毒　在栽培槽槽底铺 1 层聚乙烯塑料薄膜，薄膜两边比砖面略高，使基质与土壤隔开，避免肥水渗漏以及防止土传病虫害传染，再装填备好的栽培基质，直至装满整个栽培槽。把滴灌软管铺在基质面上。以上工作应在定植前 2d 完成。之后保持基质湿润直至栽苗。每茬甜椒收获后将基质移出棚外集中消毒，加入适量新基质及有机肥，堆沤腐熟待种植下一茬使用。

（4）定植　苗龄 30～35d，幼苗长至 5～7 片真叶时定植。定植前 1d 将栽培基质和秧苗浇透水。每槽种植 2 行，小行距 30cm，株距 27～30cm。采用三角形定植，1 穴 1 株。

（5）铺设滴灌系统　滴灌用水可就近打井抽水。可建水塔增压供水，塔底高度为 1.2～1.4m。水塔容量一般按每 667m²（即 1 亩）大棚 2m³/d 的用水量计算。水塔与滴灌管之间用塑料管连接。每个大棚安装一个供水开关，每槽安装一条滴灌管。

（6）栽培管理

① 水分管理　应依据植株长势、环境因子、基质情况及时调整灌水量及次数，保持基质含水量 70%～90% 之间。前期气温高，一般每天浇水 2 次，后期气温偏低，可每天浇水 1 次；成株期每株每次浇水量 0.7～0.9L。开花坐果前少浇，结果盛期多浇，后期少浇；高温天气多浇，冷凉天气少浇，阴雨天气停浇。

② 肥料管理　追肥一般在定植后 20d 开始，此后每隔 10d 追 1 次烘干鸡粪，每次每株

追 15g，坐果后每次每株追 25g。将肥料均匀撒在离根茎 5cm 外的周围。若植株出现缺素症，视具体情况追施速效无机肥。

③ 温度管理　定植后至缓苗期适宜昼温为 30～35℃，夜温为 20～25℃；缓苗结束至开花结果期适宜昼温为 20～25℃，夜温为 16～18℃。前期以遮光降温为主，结果后期做好保温工作，防止夜温过低影响果实的成熟和转色。

④ 植株调整　采取吊蔓栽培，双杆整枝。门椒花蕾和基部叶片生出的侧芽及早疏去，从对椒开始留椒，以主枝结椒为主，中部侧枝可在留 1 个椒后摘心。疏花疏果时要及时去除主枝上弱小的不结果枝。

六、考核标准

在栽培及管理过程中，要注意：
1. 底肥与追肥种类和用量使用科学、合理；
2. 植株调整及时、有效，针对性强；
3. 观察黄瓜、番茄、甜椒的长势与长相要细心，判断准确。

七、作业

完成实习报告，详细记录黄瓜的栽培、管理过程以及拍照记录黄瓜、番茄、甜椒的成长过程。

八、思考题

1. 结合技能训练，对比黄瓜、番茄、甜椒有机生态型基质培技术差别。
2. 如何进一步降低有机生态型基质培的投资成本？
注：本实验可参考书后参考文献 [24]、[25]。

第十二节　芽苗菜的无土栽培技术

一、基本概念

凡利用植物种子或其它营养贮存器官，在黑暗或光照条件下直接生长出可供食用的芽、芽苗、芽球、幼梢或幼茎均可称芽苗类蔬菜，简称芽苗菜或芽菜。芽苗菜可分为"芽菜"和"苗菜"两大类。

种芽菜是指利用植物种子直接培育成幼嫩的芽或芽苗可供食用的一类蔬菜，如大豆芽、绿豆芽、蚕豆芽、种芽香椿等；体芽菜多指利用 2 年生或多年生作物的宿根、肉质直根、根茎或枝条培育生长成芽球、嫩芽或幼梢等可供食用的一类蔬菜，如由肉质直根在遮光条件下培育成的芽球菊苣；由宿根培育而成的蒲公英、菊花脑等（均为幼芽或叶）；由根茎培育成的姜芽、石刁柏；以及由植株、枝条培育成的香椿芽、枸杞头、花椒芽（均为嫩芽、嫩叶）和豌豆尖、辣椒尖（均为幼梢）等。

芽苗菜色鲜味美，营养丰富，含有多种植物蛋白、多种维生素、矿物质、膳食纤维等营养成分，有些芽菜种类具有保健功效。

芽苗菜蔬菜生产方式灵活多样，室内、蔬菜保护地设施和露地均可进行生产，立体栽培可大量节约土地，有效面积扩大 3～5 倍。芽菜生产 7～15d 一茬，复种指数高，现已栽培较多的是豌豆芽、香椿芽、萝卜芽。

二、目的与意义

芽菜是经绿化的幼苗，它的营养成分丰富。目前的研究认为芽苗菜不仅富含丰富的维生素和矿物质，具有鲜嫩可口、营养丰富、味道鲜美等特点，是真正的"健康食品"。

本次实训主要以萝卜芽苗菜、豌豆芽菜和香椿芽的生产为主，掌握萝卜芽苗菜、豌豆芽菜和香椿芽无土栽培技术。

三、任务与要求

遵循芽苗菜生产的基本过程，培育出萝卜芽苗菜、豌豆芽菜和香椿芽，掌握萝卜芽苗菜、豌豆芽菜和香椿芽的无土栽培技术。

四、工具

萝卜种子，豌豆种子，香椿种子，栽培架，育苗盘，栽培基质，浸种容器，喷雾设施。

五、技术环节

1. 萝卜芽苗菜无土栽培技术

（1）消毒　容器消毒、培育场所消毒用0.4%甲醛溶液喷雾即可。育苗盘用0.2%漂白粉溶液浸泡后再用水冲洗。育苗盘大小见图7-33。

（2）种子选择　通常要选用纯度高、发芽率高、当年生的新种，例如大青萝卜、杂交红萝卜等。

（3）催芽处理　萝卜种子要进行水选，去杂留优后沥干水分，用55℃左右的温水浸泡15min左右。然后放入清水中，大概温度为20～30℃温水即可，水量3～4倍于种子，浸2h左右。然后洗去种子表皮黏液，沥水，置于底部渗水的容器中，在25℃的环境下催芽。

（4）播种处理　在育苗盘上铺一层报纸，再铺一层吸水性较好的卫生纸，然后喷水，水要湿透粘在盘底上，这个时候将催好芽的萝卜种子播在育苗盘中。播好后在最上面压一层不透光的空盘，摆在栽培架上（图7-34）。

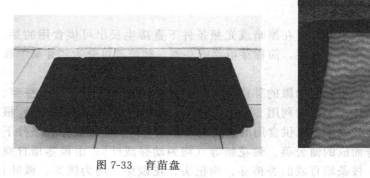

图7-33　育苗盘

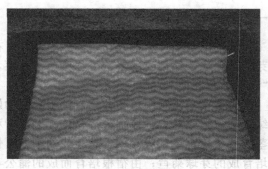

图7-34　播种处理

（5）苗期管理　播种后，初期在弱光下比较好，每天浇1次水。当幼苗长到4～5cm时每天浇水就要2～3次，浇水时最好要加点无土栽培营养液。芽长8～10cm、子叶有点要开时，要见光绿化，转移到有阳光的地方，这时每天浇水3～4次。苗期管理过程如图7-35所示。

（6）收获　采收萝卜芽苗长到10～12cm，子叶完全展开，即可采收了，一般从播种到采收大约需要7～8d左右。如图7-36所显示的是收获的萝卜苗。

图 7-35　苗期管理

2. 豌豆芽苗菜无土栽培技术

（1）品种选择　可选用青豌豆、花豌豆、灰豌豆、褐豌豆、麻豌豆等粮用豌豆，要求种子纯度高、净度高、发芽率高、粒大。

（2）种子的清选与浸种　播种前要进行种子清选，剔除虫蛀、残破、畸形、发霉、瘪粒、特小粒和已发过芽的种子。而后用 20～30℃的洁净清水将种子淘洗 2～3 遍，然后浸种，浸种时间为 24h。浸种后将种子再淘洗 2～3 遍，捞出种子，沥去多余水分即可播种。

（3）播种　播种前先将苗盘洗刷干净，并用石灰水或漂白粉水消毒，再用清水冲净，然后在盘底里铺一层纸，即可播种。播种量（按干种子计算）为 500g，播种时要求撒种均匀，保证芽苗生长整齐。

图 7-36　萝卜苗

（4）叠盘催芽　播种后将苗盘叠摞在一起，放在平整的地面进行叠盘催芽。注意苗盘叠摞和摆放时的高度不得超过 100cm，每摞之间要间隔 2～3cm，以免过分郁闭、通气不良而造成出苗不齐。每摞苗盘上面要覆盖湿麻袋片、黑色薄膜或双层遮阳网。催芽室内温度应保持在 20～25℃之间，催芽期间每天应用小喷壶喷水一次，水量不要过大，以免发生烂芽，在喷水的同时应进行一次"倒盘"，调换苗盘上下前后的位置。在正常条件下，4d 左右即可"出盘"，此时豌豆苗高约 1cm。

（5）"出盘"后的管理　刚"出盘"的幼苗要在弱光区过渡 1d，在芽苗上市前 2～3d，苗盘应放置在光照较强的区域，以使芽苗更好地绿化。室内的温度，夜晚不应低于 16℃，白天不高于 25℃。每天至少通风换气 1～2 次。频繁喷水，冬天每天喷淋 3 次，夏季每天喷淋 4 次，喷水要均匀，先浇上层，然后依次浇下层，浇水量以喷淋后苗盘内基质湿润，苗盘底部不大量滴水为度。

（6）采收　一般播种后经 8～9d 即可收获，收获时苗高约 15cm，顶部小叶已展开，食用时切割梢部 7～9cm，每盘可产 350～500g。用封口塑料袋、泡沫塑料托盘、透明塑料盒包装，也可整盘活体销售。

3. 香椿芽苗菜无土栽培技术

（1）品种选择　紫油香椿是生产香椿芽的最佳品种，所以选择紫油香椿种子为本次实训的品种。

（2）种子精选　揉搓去翼，筛除果醒、果壳等杂物。

（3）浸种　用洁净清水淘洗 2～3 次，洗净后浸种。浸种水量应超过种子体积的 2～3

倍。浸种过程应换水1~2次，并轻轻搓洗，漂去种皮上的黏液，以提高发芽速度和发芽率，但不要损坏种皮，浸种需要24h，水温为20~30℃。

（4）播种　播种前清洗育苗盘，铺上基质。育苗盘要求大小适当，底面平整，形状规范且坚固耐用，通透性好。栽培基质可选用干净、无毒的包装纸或白棉布等。播种必须均匀，结合播种再进行一次种子清理，香椿种子大约为200g。

（5）催芽　把育苗盘堆成垛，每垛高度为10个盘左右，上下各有一个保湿盘或塑料膜等以保温、保湿，育苗盘码放一定要平整。为了通风，每垛之间留3~5cm的孔隙。

（6）采收　芽菜必须及时收获，尽量缩短和简化产品运输流通时间和环节。活体销售，注意运输过程中的保湿和遮阴。离体销售，切割动作要轻。炎热的夏季要先进行预冷，再包装上市。

六、考核标准

1. 能正确选择适宜品种并对种子进行清选；
2. 能正确进行苗盘清洗、浸种操作；
3. 能正确进行叠盘催芽的喷水、温湿度管理、倒盘操作；
4. 能正确进行"出盘"操作和"出盘"后的管理；
5. 能正确确定采收标准，进行正确的采收操作。

七、作业

完成实验报告，详细记录芽苗菜的生长过程。

八、思考题

1. 简述萝卜芽苗菜生产过程中的管理技术要点。
2. 影响萝卜芽苗菜生产的主要因素有哪些？
3. 如何判断、提高萝卜芽苗菜的品质？
4. 简述豌豆芽苗菜生产过程中的管理要点。
5. 简述香椿芽苗菜生产过程中的管理要点。
6. 比较豌豆、萝卜、香椿芽苗菜在生产管理中的异同点。如何解决芽菜生产过程中出现的污染问题？

注：本实验可参考书后参考文献 [24]、[25]、[9]、[53]。

第十三节　常见固体基质物理性状测定

一、基本概念

在无土栽培中，固体基质的使用是非常普遍的，从用营养液浇灌的作物基质栽培，到营养液栽培中的育苗阶段和定植时利用少量的基质来固定和支持作物，都需要应用各种不同的固体基质。无土栽培的固体基质具有提供营养的作用、保持水分、透气的作用。

固体基质所具备的各种能够满足无土栽培要求的性能，是由其本身的物理性质与化学性质所决定的。

在无土栽培中，对栽培作物生长有较大影响的基质物理性质主要有容重、总孔隙度、持水量、大小孔隙比（气水比）、粒径等。容重指单位体积内干燥基质的重量，用g/L或

g/cm^{3}表示。

基质容重可分别从干容重和湿容重两个角度去衡量。假设珍珠岩和蛭石的干容重都是0.1g/cm^3，前者吸水后为自身重的 2 倍，后者吸水后为自身重的 3 倍，则湿容重分别为0.2g/cm^3 和 0.3g/cm^3。在实际使用中，有时湿容重可能较干容重更为现实些。例如，人工土的干容重为 0.01g/cm^3，极容易令人直感地认为太轻，不能将植物根系固定住，但从其湿容重能达到 0.2～0.3g/cm^3 来看，与珍珠岩、蛭石相近，就不易产生错觉了。比重（密度）是指单位体积固体基质的质量，不包括基质中的孔隙度，指基质本身的体积。

总孔隙度是指基质中持水孔隙和通气孔隙的总和，以相当于基质体积的百分数（%）来表示。总孔隙度大的基质，其空气和水的容纳空间就大，反之就小。总孔隙度可以按下列公式计算：

$$总孔隙度（\%）=（1-容重/密度）\times 100\%$$

总孔隙度大的基质较轻，基质疏松，容纳空气与水的量就大，有利于作物根系生长，但对于作物根系的支撑固定作用的效果较差，易倒伏。一般来说，基质的孔隙度在 54%～96% 范围内即可。

基质气水比（大小孔隙比）是指在一定时间内，基质中容纳气、水的相对比值，通常以基质的大孔隙和小孔隙之比来表示，并且以大孔隙值作为 1。大孔隙是指基质中空气能够占据的空间，即通气孔隙；小孔隙是指基质中水分所能够占据的空间，即持水孔隙。通气孔隙与持水孔隙的比值称为大小孔隙比。用下式表示：

$$大小孔隙比=通气孔隙（\%）/持水孔隙（\%）$$

大小孔隙比能够反映出基质中气、水之间的状况，是衡量基质优劣的重要指标，与总孔隙度合在一起可全面地表明基质中气和水的状态。如果大小孔隙比大，则说明空气容量大而持水容量较小，即贮水力弱而通透性强；反之，如果大小孔隙比小，则空气容量小而持水量大。一般而言，大小孔隙比在 1：2～4 范围内为宜，这时基质持水量大，通气性又良好，作物都能良好地生长，并且管理方便。粒径（颗粒大小）是指基质颗粒的直径大小，用 mm 表示。基质的颗粒大小直接影响着容重、总孔隙度和大小孔隙比。同一种基质颗粒越细，容重越大，总孔隙度越小，大小孔隙比越小；反之，颗粒越粗，容重越小，总孔隙度越大，大小孔隙比越大。

二、目的意义

固体基质的使用在无土栽培生产中是一个非常重要的环节，固体基质加营养液栽培具有性能稳定、设备简单、投资较少、管理较易等优点。基质的种类较多，根据作物的生育要求选配基质，首先必须了解各种基质的不同理化性质。

通过实验，理解基质物理性质对基质栽培的作用，并掌握基质物理性质的测定方法。

三、任务

本实验要求运用所学的理论知识，通过具体操作，掌握常见固体基质的物理性状（容重，比重，大、小孔隙度等）的测定方法。在测定时，要做到操作程序正确，计算与称量准确，操作规范、熟练。

四、工具

比重瓶（容积 50mL），天平（感量 0.001g），温度计（±0.1℃），滤纸，纱布，烧杯（50mL），量筒（50mL），真空干燥器，真空泵，珍珠岩，炉渣，蛭石，沙子等风干基质若干。

五、主要环节

1. 容重的测定

称量 50mL 烧杯的质量，记为 m_1，装满待测的干基质后，再称重，记为 m_2，V 为烧杯的容积。根据下列公式计算出基质的容重（单位为 g/L 或 g/cm³）。

$$基质的容重 = (m_2 - m_1)/V$$

2. 比重的测定

（1）称取风干基质样品 10g，倒入比重瓶内，另称 10g 样品 105℃烘干、称重，记为 G。

（2）向装有样品的比重瓶中加入蒸馏水，至瓶内容积的一半处，然后徐徐摇动，使样品充分湿润，与水均匀混合之后放入真空干燥器中。

（3）用真空泵抽气法排除基质中的空气，抽气时间不得少于 30min，停止抽气后仍需在干燥器中静置 15min 以上，然后加满蒸馏水，塞好瓶塞使多余的水自瓶塞毛管中溢出，用滤纸擦干后称重，记为 m_2，同时用温度计测定瓶内的水温。同时测定不加样品的比重瓶加水的重量，记为 m_1。

（4）结果计算：根据下列公式计算出基质的密度。

$$基质的密度 = G \times c/(G + m_2 - m_1)$$

式中，c 为 t℃时蒸馏水密度（g/cm³）。

3. 总孔隙度与大小孔隙度的测定

取一个已知体积（V）和质量（m_1）的烧杯，装满待测基质，称其总质量（m_2），然后将其浸入水中 24h，再称吸足水分后的基质及烧杯的质量（m_3）。注意加水浸泡时要让水位高于容器顶部；如果基质较轻，可在容器顶部用一块纱布包扎好，称重时把包扎的纱布去掉。根据下列公式计算出基质的总孔隙度。

$$总孔隙度 = \frac{(m_3 - m_1) - (m_2 - m_1)}{V} \times 100\%$$

将烧杯口用一块湿润纱布（m_4）包住后倒置，让基质中的水分向外渗出，静置放置 2h 后，直到容器中没有水分渗出为止，称重（m_5）。根据下列公式计算出通气孔隙（大孔隙）和持水孔隙（小孔隙）。

$$通气孔隙 = \frac{(m_3 + m_4 - m_5)}{V} \times 100\%$$

$$持水孔隙 = \frac{(m_5 - m_2 - m_4)}{V} \times 100\%$$

六、考核标准

测定时，做到操作合理；计算时，注意计算的准确性。

七、作业

完成实验报告，详细记录基质物理性状的测定过程。每种物理性状测定三个样本，计算结果。

八、思考题

基质物理性状对栽培效果有何影响？根据所学知识和对各种基质的认识提出一种复合基

质的配比。

注：本实验可参考书后参考文献 [24]、[25]。

第十四节　常见固体基质化学性状测定

一、基本概念

固体基质的化学组成及由此而引起的化学稳定性、酸碱性、盐基交换量（阳离子代换量）、缓冲能力和电导度。

基质的化学组成通常指其本身所含有的化学物质种类及其含量，既包括了作物可以吸收利用的矿质营养和有机营养，又包括了对作物生长有害的有毒物质等。基质的化学稳定性是指基质发生化学变化的难易程度，与化学组成密切相关，对营养液和栽培作物生长具有影响。在无土栽培中要求基质有很强的化学稳定性，基质不含有毒的物质，这样可以减少营养液受干扰的机会，保持营养液的化学平衡，便于管理和保证作物正常生长。

基质的酸碱性（pH）值表示基质的酸碱度。pH＝7 为中性，pH＜7 为酸性，pH＞7 为碱性。pH 变化一个单位，酸碱度就增加或减少 10 倍。例如 pH5 较 pH6 酸度增加 10 倍，较 pH7 酸度增加 100 倍。基质的酸碱性各不相同，既有酸性的，也有碱性的和中性的。无土栽培基质的酸、碱性应保持相对稳定，且最好呈中性或微酸性状态。过酸、过碱都会影响营养液的平衡和稳定。一些资料认为，石灰质（石灰岩）的砾和沙含有非常多的碳酸钙（$CaCO_3$），用这种砾或沙作基质时，它就会将碳酸钙释放到营养液中，而提高营养液的pH，即产生碱性。这种增加的碱度能使铁沉淀，造成植物缺铁。对于这种砾和沙，虽然可以用水洗、酸洗或在磷酸盐溶液中浸泡等方法减缓其碳酸根离子的释放，但这只能在短期内有效，终归是要发生营养问题的。这一问题使得碳酸岩地区难以进行砾培和沙培。在生产中必须事先对基质检验清楚，以便采取相应措施予以调节。生产上比较简便的测定方法是：取1 份基质，按体积比加 5 份蒸馏水混合，充分搅拌后进行测定。在初期使用时，基质的 pH 值会发生变动，但变动幅度不宜过大，否则将影响营养液成分的有效性和作物的生长发育。

盐基交换量是指基质的阳离子代换量，即在一定酸碱条件下，基质含有可代换性阳离子的数量。盐基交换量可表示基质对肥料养分的吸附保存能力，并能反映保持肥料离子免遭水分淋洗并能缓缓释放出来供植物吸收利用的能力，对营养液的酸碱反应也有缓冲作用。基质的盐基交换量（CEC）以 100g 基质代换吸收阳离子的毫克当量数（me/100g 基质）来表示。有的基质几乎没有盐基交换量（如大部分的无机基质），有些却很高，它会对基质中的营养液组成产生很大影响。基质的盐基交换量有不利的一面，即影响营养液的平衡，使人们难以按需控制营养液的组分；但也有有利的一面，即保存养分、减少损失和对营养液的酸碱反应有缓冲作用。

基质的电导率也叫电导度，是指基质未加入营养液之前，本身具有的电导率，用以表示各种离子的总量（含盐量），一般用毫西门子/厘米（mS/cm）表示。电导率是基质分析的一项指标，它表明基质内部已电离盐类的溶液浓度。它反映基质中原来带有的可溶盐分的多少，将直接影响到营养液的平衡。基质中可溶性盐含量不宜超过 1000mg/kg，最好≤500mg/kg。例如受海水影响的沙，常含有较多的海盐成分；煤渣含代换钙高达 9247.5mg/kg；某些植物性基质含有较高的盐分，如树皮、炭化稻壳等。使用基质前应对其电导率了解清楚，以便用淡水淋洗或作其它适当处理。

基质的缓冲能力是指基质在加入肥料后，基质本身所具有的缓和酸碱性（pH 值）变化的能力。缓冲能力的大小，主要由盐基交换量以及存在于基质中的弱酸及盐类的多少而决定。一般盐基交换量高的，其缓冲能力就强。含有较多的碳酸钙、镁盐的基质对酸的缓冲能力大，但其缓冲作用是偏性的（只缓冲酸性）；含有较多的腐殖质的基质对酸碱两性都有缓冲能力。依基质缓冲能力的大小排序，则为：有机基质＞无机基质＞惰性基质＞营养液。

碳氮比高是指基质中碳和氮的相对比值。一般规定，碳氮比 200：1～500：1 属中等，小于 200：1 属低，大于 500：1 属高。通常，碳氮比宜中宜低而不宜高。C/N＝30 左右较适合于作物生长。

二、目的意义

基质的化学性质对种植在其中的植物有较大影响的主要有基质的化学组成和由此产生的基质的化学稳定性、酸碱度、物理化学吸附能力（阳离子交换量）、缓冲能力和电导率等。

通过实训，理解基质化学性质对基质栽培的作用，并掌握基质化学性质的测定方法。

三、任务

本实验要求运用所学的理论知识，通过具体操作，掌握常见基质的化学性状（pH、电导率等）的测定方法。在测定时，要做到操作程序正确，计算与称量准确，操作规范、熟练。

四、工具

pH 计，精密 pH 试纸，电导仪，50mL 烧杯，无土栽培常用的 1～2 种固体基质，1mol/L HNO_3 溶液，1mol/L NaOH 溶液，饱和 $CaCl_2$ 溶液，蒸馏水。

五、主要环节

1. 基质 pH 值与缓冲能力的测定

（1）基质酸碱度的测定　称取一定体积的干基质置于容器内，然后加入其体积 5 倍的蒸馏水，充分搅拌后过滤，再用 pH 计或 pH 试纸测定基质浸提液的酸碱度。或称取干基质10g 于 50mL 烧杯中，加 25mL 蒸馏水后振荡 5min，再静置 30min，过滤后用 pH 计或精密pH 试纸测定基质浸提液的酸碱度。

（2）基质缓冲能力的测定　向上述不同基质的浸提液中分别加入 1mol/L HNO_3 溶液或1mol/L NaOH 溶液 1mL，0.5h 后用 pH 计或精密 pH 试纸测定不同浸提液的 pH 值，从而比较不同基质缓冲能力的大小。

2. 电导率的测定

取风干基质 10g 于 50mL 烧杯中，加入饱和 $CaCl_2$ 溶液 25mL，振荡浸提液 10min，过滤，取其滤液用电导率仪测电导率。

六、考核标准

在测定时，操作规范熟练。

七、作业

完成实验报告，详细记录基质化学性状的测定过程。每种化学性状测定三个样，记录结果。

八、思考题

1. 简述基质 pH 对基质有效性的影响。
2. 通常作物生长良好的 pH 范围是多少？为什么？

注：本实验可参考书后参考文献 [24]、[25]、[54]。

第十五节 基质及其配比对作物生长的 影响（设计性实验）

一、目的与意义

1. 掌握对比实验设计与实验方法。
2. 对比不同基质配比对作物生长影响的差异。

二、任务与要求

根据校内实验实训条件，结合生产管理设计试验方案，具有可行性，并预先经教师及实验员同意，进而明确试验材料与用具，并准备好。

三、试验方案设计与实施

1. 试验方案设计应考虑的因素

（1）材料来源；
（2）试验条件及试验可行性分析；
（3）试验方法与调查分析的指标；
（4）试验进展及试验结果的预测。

2. 试验方案的实施

（1）制定试验方案；
（2）做好试验现象的观测及试验数据的记录，分析统计工作。

四、考核标准

1. 试验方案科学、可行。
2. 试验现象记录、观察仔细、准确。
3. 试验结果统计分析正确。

五、作业

写出较为详细的试验方案及试验总结报告。

第十六节 无土栽培成本与效益调查分析

一、基本概念

无土栽培的生产成本由基础建设投资、直接生产成本、销售成本和不可预见费用。其中，基础建设投资包括征税设施建设费用、生产设备购置费等，按年折旧费计算每年的投资成本中；直接生产成本包括种子费、肥料费、农药费、水电费、人员工资和其它支出费用；销售成本是指产品市场销售时的各项支出。以下以槽培为例，分析其成本及经济效益。

二、目的与意义

无土栽培是一项高投入、高产出的现代化高新农业技术，其经济效益究竟有多大，要经过科学缜密的经济核算来体现，通过调查分析，了解无土栽培成本以及经济效益。

三、任务

调查分析几种常见无土栽培的成本及经济效益。

四、技术环节

通过走访调查当地无土栽培管理者，从无土栽培系统的基础建设投资、直接生产成本、销售成本以及不可预见费出发，了解及分析几种常见的无土栽培设施的成本与经济效益。

五、考核标准

调查分析过程要严谨、缜密，结果误差小。

六、作业

完成一份调查分析报告。

七、思考题

根据所分析的内容，并结合实际，思考如何做好某一地区无土栽培基地的规划设计。
注：本实验可参考书后参考文献 [25]。

第八章 农业园区调研与分析

第一节 农业园区产业结构的构成与分析

一、基本概念

1. 农业园区概述

（1）农业园区的概念 农业园区就是在农业科技力量较为雄厚、具有一定产业优势、经济相对较为发达的城郊和农村，划出一定区域，建设以农业生产，农产品加工为基本功能，兼顾展示示范、休闲观光、辐射带动、教育培训、技术创新等功能的综合实体。

（2）农业园区的特点

① 新设施 温室、日光温室、钢架大棚、喷灌、滴灌等设施。

② 新品种 各种名特优稀品种。

③ 新技术 无土栽培、组培快繁、工厂化育苗、节水灌溉等。

④ 新功能 展示示范、技术创新、休闲观光等。

⑤ 新机制 双层经营式、农业公司式、政企经营式。

（3）现代农业园区的基本功能 展示示范功能、生产加工功能、辐射带动功能、培训教育功能、休闲观光功能、技术创新功能。

（4）农业园区的作用 利于农业新技术的示范推广；利于农业产业化经营；利于增加农民收入；利于新农村建设。

2. 农业园区的分类

根据农业园区的功能定位、投资主体及主管部门的差异，农业园区可分为四大类：农业科技园区；现代农业产业园区；农业公园；农业综合开发示范区。

（1）农业科技园区 是指由科技部门批准设立、以农业科技创新和技术示范推广为主要目的的农业园区。农业科技园区又可以进一步细分为不同的类型：

按批准的部门级别可分为国家级园区（国家科技部批准）、省级园区（省、市、自治区的科学技术委员会或科学技术厅批准）、地级市园区和区县级园区（市、区、县的科技局批准或政府批准）。

按投资主体可分为政府兴办型（以财政资金投入为主）、院地联营型（以科技单位和地方政府联合投资兴办）、民间兴办型（企业投资）等。

按园区功能可以分为农业高新技术产业园区、农业科技示范园区、农业企业孵化园区等。

（2）现代农业产业园区 现代农业产业园区按批准的部门级别可分为：国家级园区（国家农业部批准）、省级园区（省、市、自治区的农业委员会或农业厅批准）、地级市园区和区县级园区（市、区、县的农业主管部门或政府批准）。

按产业性质可分为：综合型现代农业示范园区、主导产业示范园区、特色产业示范园区等。

按园区规模可分为：整县推进型、全乡（镇）推进型、部分村镇连片推进型（一般万亩以上）等。

按经营方式划分：政府兴办型园区；院地联营型园区；民间兴办型园区；民办官助型园区。

按示范内容划分：设施园艺型园区；节水农业型园区；生态农业型园区；农业综合开发型；"三高农业"型园区；"外向创汇"型园区。

（3）农业公园　农业园区是利用农业生产、农产品加工、乡村文化等核心资源要素，以改善和保护生态环境、提高农业产值为目的，为人民创造的新型休闲养生的环境区域，是一种高层次的农业产业方式。农业是多功能的农业、集生产、生活、生态于一体，服务于人民，为人民提供休闲场所和安全食品。

农业公园就是一类特殊的公园，因此景观设计的处理手法同样适用于农业，即科学的手法和艺术的手法。科学性体现在各类要素有机合理的安排、园区的生态设计、满足人们休憩娱乐的空间安排、道路设计等；艺术性主要体现在园区的布局形式，建筑、小品的造型方面等等能引起人们视觉、触觉等感官愉悦的美学特征方面。

（4）农业综合开发示范区　农业综合开发示范区面积一般在一万亩以上，宗旨是利用高新技术改造传统农业，突出农业高新科技成果的示范，促进科技成果的转化为主要目标。其中良种扩繁技术、节水灌溉高效栽培、集约化种养技术、平衡施肥和信息技术等农业高新技术作为项目的优先内容。

产业结构是指各产业的构成及各产业之间的联系和比例关系。在经济发展过程中，由于分工越来越细，因而产生了越来越多的生产部门。这些不同的生产部门，受到各种因素的影响和制约，会在增长速度、就业人数、在经济总量中的比重、对经济增长的推动作用等方面表现出很大的差异。

二、目的意义

通过对相关农业园区产业结构的调查分析，比较不同产业园区的组成对园区效益及经营管理的影响。

三、任务

1. 确定调查对象，调查不同园区产业构成类型及所占比重、不同产业生产方式及对园区的经营的影响、调研农业园区的生产和管理中所依托的技术支撑及园区经营所需的技术依托。

2. 编制填写调查表，绘制产业结构图。

3. 编写调研报告，整理分析调查数据，比对出不同园区的优缺点。

四、主要环节

1. 产业结构类型的调研

农业园区产业结构是指构成农业园区不同产业的构成及各产业之间的联系和比例关系。农业产业包括核心产业、支持产业、配套产业和延伸产业相关关联的一系列产业，它构筑了融合三产的全景产业链条。依据不同性质可分为以下三种类型：

（1）种植类　包括花卉、苗木、种子、大棚蔬菜。这类产业用地基本上是租用农村集体土地，在种植区内一般没有固定的建构筑物，没有破坏耕地的耕作层，土地用途没有改变，仍属农用地。利用高科技对传统种植业进行改造和调整。除种植基地外，建有与之配套的农产品集散地、花卉展示交易厅、蔬菜批发市场、农产品深加工工厂、科研所等建设项目。

（2）养殖类　包括养猪（牛、羊）、养鸡（鸭）、养鱼（虾、蟹）塘等。这类产业各种养殖场按照标准化建设的要求，大多远离村庄，养殖场之间有1km左右的间隔距离，场内的畜禽棚房之间也有一定距离的隔离带。一般都建有标准化的畜禽饲养棚房、饲料储备房和管理人员看护房，生产和配套设施多，园区占地面积大，场地硬化比例较高，建筑密度较大。

（3）旅游观光类　依托发展高科技农业种植、现代化养殖来吸引旅客观光休闲。包括农业观光、休闲农园、采摘农园、生态农园、民俗观光、保健农园、教育农园等。

2. 生产方式的调研

农业生产方式指农业生产方法和形式。生产方法属于生产力的范畴，主要通过生产工具、动力、水利设施等体现出来，例如铁犁牛耕、无土栽培、有机培育、智能机械生产等。生产形式属于生产关系的范畴，例如生产如何组织起来，经营模式如何，是集约化生产还是简单协作，还是一家一户、独立耕作。

3. 技术依托调研

农业园区的生产和管理中所依托的技术支撑：科研院所、综合试验站、首席专家、岗位专家等。

4. 技术与管理人员教育背景构成调研

技术与管理人员教育背景构成，对园区的影响。

5. 效益分析调研

不同产业结构、生产方式、技术依托体系下不同园区的效益分析。

五、作业

选择三种不同类型的农业园区分项调查，完成下列表格（表8-1），分析其效益变化。

表8-1　农业园区产业结构构成调查表

园区名称							调查时间			
	产业	分类	品种（项目）	面积	所占比重/%	效益贡献/%	生产方式	技术依托	教育背景	
产业类型	种植									
		…								
	养殖									
		…								
	休闲旅游									
		…								

六、思考题

1. 分析调研资料，论述影响园区效益的主要因素。
2. 技术与管理人员教育背景对园区有哪些影响？

第二节　农业园区基础设施调研与分析

一、基本概念

农业园区基础设施主要包括道路交通、给排水工程、供电供暖系统、通信设施、垃圾处理系统等。

1. 道路交通

园区的道路交通系统主要由两部分组成：园区外部引导道路交通系统和园区内部道路交通系统。

（1）园区外部引导道路交通　园区外部应当设置标志物或者标志建筑以提示游客园区所在地，外部引导道路流线的长度应当控制在游客进入园区的3～7km范围处，在园区外部的主要交通干线上每距离1～2km处设置标识物引导游人进入。

（2）园区内部道路交通

① 入园交通流线　入园交通流线应当与城市交通路网相连接，形成有机的整体，以保证其能够在城市路网的连接上通向园区的服务中心处的便捷可达性，这样可提高道路的利用率，同时节约土地浪费。

② 园区一级主干道设计　园区一级主干道主要是园区的"骨络"部分，主要集中了园区内部的车流、人流以及物流运输等，并且是连接园区内部景点的重要功能分区和景点的道路系统构架。在进行设计时应当控制主干道的面宽，一般应该设置在3～7m，在一些人流量较多的园区可提升到6～8m，在道路倾斜度上应该控制在0～6%之间，以供游客观光车以及机动车的双向通行和人流的安全通行。

③ 园区二级次干道设计　园区二级次干道是可深入到各个景观分区的路网系统，在总体布局上应当具有一定的导向作用，这种导向作用可利用现状地形的特征和铺装形式及质地的不同，使道路具有强力的指向感和秩序感。在处理地形起伏时，可扩大道路的面积将宽度设置在2.5～3.5m左右，并设置踏步及休息平台，提供临时的游憩休息空间。

④ 园区三级游憩道路设计　三级游憩道路主要是园区内部景观环境较为丰富变化的分区中供游人进行游憩、观赏的散步道路，在宽度上可控制在0.8～1.2m，在设计上其平面布局形式应当参照"步移景异"的设计方法，将其根据地形的变换设计成蜿蜒步道、坡道、步阶以及汀步等形式，以满足空间丰富的错落与变换。其布置形式较为自由，但是总体要求是要满足游人可以通达到各个景点范围内，同时也可以以当地农耕肌理为基础，勾勒出农田的自然框架结构。

2. 给排水工程

给排水工程是：用水文学和水文地质学的原理解决取水和排水的有关问题；用水力学的原理解决水的输送；用物理、化学和微生物学的原理进行水质的处理和检验。

（1）给水工程　由给水水源、取水构筑物、输水道、给水处理厂和给水管网组成，具有取集和输送原水、改善水质的作用。

① 给水水源　有地表水、地下水和再用水。地表水主要指江河、湖泊、水库和海洋的水，水量充沛，是城市和工厂用水的主要水源，但水质易受环境污染；地下水水质洁净，水温稳定，是良好的饮用水水源；再用水是工业用水的重复使用或循环使用，先进国家的工业用水中约60%～80%是再用水。

② 取水构筑物　有地表水取水构筑物和地下水取水构筑物之分。前者是从江河、湖泊、

水库、海洋等地表水取水的设备，一般包括取水头部、进水管、集水井和水泵房；后者是从地下含水层取集表层渗透水、潜水、承压水和泉水等地下水的构筑物，有管井、大口井、辐射井、渗渠、泉室等类型，其提水设备为深井泵或深井潜水泵。

③ 输水道　从远距离水源输水到用水地点的整个输水系统，包括管道、明渠、暗渠和桥梁、隧道等。

④ 给水处理厂　将原水进行处理以达到用水水质要求的工厂，也称自来水厂或水厂，由泵房、化学剂投加设备、水处理构筑物、储存成品水的清水池及化验室等建筑物组成。

⑤ 给水管网　向用户输水和配水的管道系统，由管道、配件和附属设施组成。管道常用铸铁管、钢管和预应力混凝土管。配件有闸阀、排气阀和排水阀等。附属设备有调节构筑物（水塔、水池）和给水泵站。

（2）排水工程　排除人类生活污水和生产中的各种废水、多余的地面水的工程。由排水管系（或沟道）、废水处理厂和最终处理设施组成。通常还包括抽升设施（如排水泵站）。

① 排水管系　收集和输送废水（污水）的管网，主要有管道（方涵）和窨井、出水口等部分组成，分为合流管系和分流管系。合流管系只有一个排水系统，雨水和污水用同一管道排输。分流管系有两个排水系统：雨水系统收集雨水和冷却水等污染程度很低、不经过处理直接排入水体的工业废水，其管道称雨水管道；污水系统收集生活污水及需要处理后才能排入水体的工业废水，其管道称污水管道。

② 废水处理厂　包括沉淀池、沉沙池、曝气池、生物滤池、澄清池等设施及泵站、化验室、污泥脱水机房、修理工厂等建筑，废水处理的一般目标是去除悬浮物和改善耗氧性，有时还进行消毒和进一步处理。

二、目的意义

了解农业园区基础设施的构成，通过调研分析掌握园区基础设施的空间布局方式及规划要点。

三、任务

1. 确定调查对象，调查不同农业园区基础设施的构成，着重调研道路交通、给排水工程、供电供暖系统及通讯设施。

2. 编制填写调查表，绘制道路交通图及给排水管线图。

3. 编写调研报告，整理分析调查数据，比对出不同园区的基础设施的优缺点对园区经营的影响。

四、主要环节

1. 交通系统调研

交通常常是限制项目开发的一个主要因素。交通不便，产品难以向外运送，和外界交流不便，引进技术、人才、外资也较为困难，难以形成有效的物流及客流。

（1）对外交通　包括铁路、线路的技术等级及运输能力、控制要求、现有运输量、铁路布局与园区的关系、存在的问题及其规划设想；公路的技术等级、控制要求、客货运量及其特点；公路走向、长途汽车站的布局及其与园区的关系；园区周围河流的通航条件、运输能力、码头设置等的现状及其与园区的关系、存在的问题和有关部门的未来规划或设想。

（2）内部交通　园区内部道路交通流线要层次分明，方便可达性要较强，针对园区自身的地形以及各个功能分区的需求设置了不同层级的道路，既可满足园区内部的生产运输等需求，也可满足外来游客的游憩需求。

园区内部的道路交通流线主要调查以下三个层级：一级主干道；二级次干道；三级游憩道路。

调查内容包括：道路流线布置，道路宽度，路面材料及色彩以及与其它景点之间的关系。

一级主干道：园区一级主干道主要是连接园区内部与外部交通流线，园区内部各个功能分区以及各个景点之间的重要交通流线，在平面图上是构成园区交通系统的主要构架，也是承载园区内部各个分区之间转载运输的重要媒介体。

园区道路交通流线，主要结合园区自身地形的条件以及原有道路现状进行布置。在设计时，由于园区整体是以生产为主要目的，因此以交通便捷可达性为主要功能，在遵从节约土地利用的基础上以直线为主连接各个功能分区，在直线式主干道与主要功能分区处设置了三条环线道路，以连通放射性主干道从而达到交通流线的可达性，避免了游客走回头路。

主干道的路宽为 7～10m，一方面可承担园区内部的生产运输等功能；另一方面还要承担游览车、物流工程车辆、园林工程车以及突发事件消防、救护车辆等通达到各个分区。

其中在入口区域处的景观轴线上园区道路较宽，主要是园区对外展示的重要空间部分，一方面是为了提升园区整体的宏观气势；另一方面也是为了保证在园区进行大型农业科技展览时，为科技展览提供一定的公共空间场所。

二级次干道：在园区内部二级次干道的设计，一方面是为了减轻主干道的交通负重；另一方面可连接园区内的各个景观节点，以保证能够延伸进入园区内的景观节点内部。在总体布局上由交通流线分析图可知，园区内部的次干道在平面上主要围绕在主干道的两侧，同时也作为连接主干道的重要道路形式具有一定的指引和导游作用。在景观形式上次干道的设置应当与主干道有一定的区别，道路面宽为 2～4m，在地形上较之主干道可采用一定的起伏。在坡度较大的地区在交通流线交接点设置了平台、踏步等。

三级游憩道路：全区内部三级道路主要是景区内部的游玩、休憩小路，其主要功能是为了满足游客们对园区内部游憩空间的私密心理需求。因此，在平面图上可以看出游憩道路的设计主要为曲径幽深的蜿蜒路径，主要与园区内部的景观节点相结合。在形态上主要是依地势的高低起伏以及田间自然的肌理为骨架勾勒出农业景观的脉络，从而在园区内部展现现代农业文化的魅力风采，路宽断面在 1.0～2.0m，个别小径路宽在 0.6～1.2m。

（3）交通运输　包括当地交通运输的方式和种类，当地主要道路的日交通量，高峰时期的交通量、交通堵塞等情况。

（4）道路、桥梁　了解主要街道的长度、密度、典型断面、路面等级、通行能力及利用情况；桥梁位置、密度、结构类型、载重等级；近期发展计划。

2. 水电气情况调研

（1）给水　了解水源地、水厂、水塔位置、容量、管网走向、长度、水质、水压、供水量等的情况；了解现有水厂和管网的潜力、扩建的可能性及其区域输水管网及其控制要求等状况。

（2）排水　包括排水体制、管网走向、长度、出口位置；污水处理情况；雨水排除情况。

（3）供电　了解电厂、变电所的容量和位置；区域调节、输配电网络情况、当地用电负荷的特点；高压线走向、供电发展计划。

（4）电信　了解邮局、邮政所分布与现状，电信局、基站情况，电话、互联网、广播、有线电视、移动通信等基本情况和发展计划。

（5）热力 包括供热方式现状，热力站布局、规模、服务区域、热力管网等基本情况，以及热力发展计划。

（6）燃气 了解供气方式现状、储配气站、液化气站等的数量、位置、规模和服务区域，规划园区内的区域供气管网、设施情况的控制要求，燃气发展计划。

五、作业

选择三种不同类型的农业园区分项调查（表8-2），分析基础设施的完善情况对园区经营管理的影响。

表8-2 农业园区基础设施调查表

园区名称						调查时间	
基础设施	分类	空间布局	面积(管线长度)	所占比重/%	景观效用	投资成本	
交通系统							
	...						
给排水系统							
	...						
供电热力燃气系统							
	...						

六、思考题

1. 分析对比调研资料，论述不同园区道路布局对园区发展的影响。
2. 分析对比调研资料，论述不同园区水电气等基础设施布置优缺点。

第三节 农业园区景观设计调研与分析

一、基本概念

现代农业园区的景观是一个由多种元素构成的复合体，它是由园区内的农作物、自然植物、动物、水系、道路、产业设施、建筑等多种元素综合构成，其景观所反映的不是各个构成元素的独立效果，而是相关元素组合的复合效果。

它是一个多种元素构成的复合体，既可成为人们的审美对象，为游客提供游赏环境，又是一个兼具生产、休闲、旅游、科普、教育等多功能一体的有机系统。

现代农业园区发展需要优越的区位地理环境、丰富的自然资源、雄厚的经济基础、发达的农业水平和巨大的旅游市场。充分利用这些条件，在进行具体的农业园区景观设计规划时，基于所在地的文化特色，制定符合所在地经济、社会和旅游发展的定位，突出农业生产性、观赏性、体验性、教育性和生态可持续性的综合特点，景观功能区在紧密结合生产的基础上突出以人为本，充分利用乡土植物、农作物为植物材料进行景观营造，景观小品风格自然淳朴、田野气息浓厚，使人们在休闲体验中领略到有别于城市文化的农耕文化及乡土民风的神奇魅力。农业园区景观构成主要包括以下三个方面。

1. 园区自然景观要素

农业园区所呈现出的景观形式主要是乡土景观，应当以呈现自然景观为主要景观形式。

园区景观的自然素材主要是由地形、地貌、气候、土壤、水体、动物、植物等多种要素组合而成，这也是农业园区景观设计中最为重要的景观素（表8-3）。

表8-3　现代农业园区景观的自然素材

景观要素	景观要素描述
地形、地貌	大的地形单元(山地、平原等)和小的地貌(坡向、坡道等)
气候	四季节令、太阳辐射、温度、湿度、降水、风向、风速等
土壤	土壤类型、分布、性状等
水体	湖泊、河流、池塘、沼泽、水库等
动物	动物群落及分布的状况和特征
植物	景观类型的直接反映,如森林、草地、花卉、农作物等

2. 园区景观的人工要素

农业园区景观的人工要素是属于人工造物，因此它包括构筑物、农用设施、道路广场、景观小品等（表8-4）。

表8-4　农业园区景观的人工素材

景观要素	景观要素描述
构筑物	公共建筑类：景观建筑类，如亭、廊、水榭等；休闲体验类建筑，如古农具、果汁房等；纪念性类：古建筑类
设施设备	灌溉类，如水渠；设施类蔬菜大棚、温室；土地形态类，如梯田；养殖类，如家禽圈舍
水利设施	水车、水库、堤坝、灌溉网等
交通道路与工具	国内道路类：沥青路、石板路、健身步道等；古遗迹道路类：古道、古桥等；交通工具类：如汽车、自行车、观光车、船、木筏等
旅游设施	接待设施，如旅馆、餐馆；观光设施，如观光小品、景石等

3. 园区人文景观要素

充分发掘农村风情、民俗、传统农事等农耕文明，利用各地历史文化名城的优势，在园区的景观设计中深入挖掘其内在的文化资源，并加以利用，提升园区的文化品位，以实现自然资源的可持续发展。

园区内部应当开发一定的人文景观作为园区的特色景观，例如所在区域范围内的风俗民情、基地自身特殊的地形地貌以及当地具有特色的农业资源及植物资源等；将这些因素提炼成景观设计要素运用到园区中去，是较具有特色的主体设计要素。

二、目的意义

了解农业园区景观设计的基本构成，通过调研分析掌握园区不同功能分区的景观设计要点。

三、任务

1. 确定调查对象，调查不同园区景观功能分区的异同，绘制功能分区图。

2. 调查不同园区的自然景观资源、人工要素资源和人文景观要素。

3. 调查不同园区的植物景观资源，编制植物景观名录表，分析不同植物景观对园区景观性质的影响。

4. 编制调查表整理分析调查数据，对比不同园区相同功能分区景观设计的优缺点。

四、主要环节

1. 农业园区景观功能分区调研

农业园区一般功能分区的设置和划分应包括以下四大类分区：

(1) 生产栽培区以提供农产品生产以及农产品交易空间范围；

(2) 生态环保功能分区；

(3) 农业示范交流及科普、农事体验等场所；

(4) 休闲娱乐场所及秀丽的田园风光。

2. 地形的设计的调研

地形是构成整个景观的基本骨架，是植物、水体、建筑等景观要素的基底和依托，因此对于地形要素的设计尤为重要。

在对农业园区进行景观设计时，要充分考虑到地形的设计。首先要重视对原地形的利用，要因地制宜，尽量顺应原地形进行造景，减少土方工程量，特别要注意防止表土流失、避免土壤侵蚀、控制好排水的速度和方向、排水和地形对坡面稳定性的影响等。

对于本身地形条件良好的农业园区，景观设计可以围绕地形展开。针对地形的特点，只要稍加人工点缀和润色，就可做到曲径通幽、山水相连。设计时利用地形来合理地组织旅游活动，创造特色的园区景观。而对于那些本身地形条件不是很好的农业园区，按"俗则屏之"的原则进行"障景"；以土代墙，利用地形的"围而不障"，以起伏连绵的土山代替景墙来"隔景"。对于地形过于平坦的地区，就要进行合理地改造，应尽可能就地平衡土方，将堆山与挖池结合，造堤与开湖配合，使土方就近平衡，相得益彰。农业园区的地形改造采用半填半挖式的方法进行，可起到事半功倍的效果。根据地形和风向还可安排农业园区中特色的旅游服务设施用地。

在进行地形设计时，还要考虑排水坡度。合理地安排汇水和分水线，是保证低性能具有良好的自然排水条件。农业园中每块绿地应有一定的排水方向，使积水可直接流入水体或是由铺装路面排入水体，排水坡度可允许有起伏，但总的排水方向应该明确。农业园区的地形起伏不能太过，应该适中。坡度小于 1％的地形容易积水，地表面不稳定；坡度介于 1％～5％的地形排水比较理想，适合于大多数活动内容的安排，但当同一坡面过长时，就会显得比较单调，容易形成地表径流；坡面介于 5％～10％之间的地形排水良好，而且具有起伏感；坡度大于 10％的地形只能局部小范围地进行。

3. 水体设计调研

农业园水体的设计，应讲究脉络相连，不能孤置。水必须有源头，而非一潭死水。在大型农业园景观设计当中，水体可以作为划分区域的重要要素之一，也可作为联系和统一园区内不同区域的一种方式。

4. 建筑设计调研

(1) 生产性建筑　农业园区中的生产性建筑主要有温室，设施建筑有塑料大棚、棚架、灌溉系统等。这是农业园区建筑设施中景观独特性的一个重要内容。和一般生产性的建筑设施相比，应更注意布局安排和外部形象。温室是现代农业园中的生产性建筑。温室作为标志性建筑，对农业园区的整体环境有着至关重要的作用。

（2）服务性建筑　农业园区内的服务性建筑包括别墅、餐厅、体育休闲中心、接待室、茶室等，在造型上有较高的要求。应该以点景、分散的方式进行建筑布局，可借鉴亭、廊、花架式样的建筑形式，遵守景观点的处理法则。

（3）建筑小品　建筑小品在园区中所占的比例不高，但也常常成为局部景区的主景，具有景观和功能的双重作用。这些建筑小品要与环境融为一体，景观要具有浓厚的"乡土"气息，突出"野趣"，强调经济、实用，给游客以接近和感受大自然的机会，从而达到"相看两不厌"的境界。建筑小品是供展示、休息、照明、装饰和为方便游客使用的小型建筑设施。

园中有游憩类的小品，如亭、廊、水榭、花架等。布局讲究顺其自然，外观、体量要和农业园的环境协调，材料宜质朴，内部设计要考虑到游客的心理需求，做到以人为本；有装饰性小品，如花钵、景墙等；有浓厚乡土气息，体现农业文化和民俗文化的小品，如水车、古井、石磨、古代农机具等；有服务性小品，如指路牌、废物箱、公用电话亭、饮水泉、时钟塔等；还有照明的小品，如园灯等。

5. 植物景观设计调研

植物是现代农业园区中所占面积最大的造景元素。植物景观设计是农业园区景观设计的一大重点。农业园区中的植物种类繁多，有入口区栽植的植物、广场区栽植的植物、道路旁栽植的植物、农田景观区栽植的植物、林地景观区栽植的植物、建筑附近区域栽植的植物、休闲娱乐区栽植的植物等。

农业园区入口区有引导、集散和特殊的景观功能。整体空间要求开朗、大气，能表达农业园的性质和内容。植物选择上以树形整齐的乔木为主，可选择树形、花、果观赏效果俱佳的乔木种类或结合其它观赏价值高的园林树种。树型、体量、色彩要求能够衬托入口主景，采用孤植、行列植的种植方式。

道路绿化是农业园区环境绿化中不可缺少的组成部分。常以道路绿化作为整个绿化布置的主干线，进一步地扩展、延伸到周围绿地等成片的绿化之中，从而形成整个园区的环境绿化系统。道路的绿化在整个农业园区的景观当中，扮演着一个联系者的重要身份，它把整个园区各个分区的景观串联起来，形成一个景观绿化整体，在道路绿化设计中，一定要根据道路性质选择不同的树种和不同的种植方式。通常是在道路两侧的人行道上种植高大等距的乔本，形成行列式的林荫道，还要考虑到绿化的美化效果，注意植物形态上高低错落的韵律搭配，使其与邻近建筑物形成整体的空间艺术效果。

树种选择上可选用果树，用果树形成园区的特色道路，标志性强，打造园区的景观走廊，强化园区的景观特征。设计时要根据道路的宽度来选择适宜的树种。主路行道树宜选大乔木；主路如设置有分车带，则分车绿带可用观赏期长、树形紧凑的灌木，或者种植经过特殊栽培措施处理的果树，如矮化种植果树；次路选择乔木或小乔木作为行道树，总之，宜结合地形灵活地采用不同的种植方式。

农田景观区多见于茶园、菜园、温室等。可为全开放或半开放式，在园内农业生产基地的基础上，加入园林景观要素，规划出蜿蜒的园路，点缀景观小品，增设休息设施，除用于生产成行列种植的花木外，植物多采用散植、丛植的种植方式，不宜规则对称式布置，一定要与农业园的自然风格相统一。

现代农业园中的林地景观区多为果林或绿化山体的树林。处于游览视域范围内的植物群落，要求植物的色彩、形态或质感有特殊的视觉效果，主要功能以满足观赏或采摘为目的。

对于服务性建筑、管理建筑，这些场地主要是为生活在农业园区中的员工服务。在进行景观设计时，应从光照、遮阳和防风的角度考虑。譬如为了在冬季获得充足的阳光，通常在建筑物的南面种植落叶性乔木；东西方向植树冠高大浓荫的乔木，以遮挡强烈的日晒；北面则混植常绿落叶乔木与灌木，以阻挡寒风和尘土。在服务性建筑前可植树种花，营造优美的环境。一般是采用模纹花坛，其上种植乔木，创造丰富的立面效果。大楼与大楼之间，铺设草坪效果比较好。草坪中孤植或丛植姿态优美的乔木、花灌木、松竹之类，可获得良好的视觉效果，还可以在绿地中布置廊架、座椅，供员工歇息。

休闲娱乐区的植物景观设计应力求精致，供游客在此处休息、放松、活动。一些休憩类小品安置在草地上，与周围青翠葱茏的花草树木融为一体，假山、水池、花坛点缀其中，丰富了空间的层次。设计得体的绿化设计可以使有限的面积焕发无限的生命力。总的来说，植物种植以自然式为主，要做到搭配合理，疏密有致，形成多种空间和植物景观效果。

6. 景观小品设计调研

景观小品设计既是园区文化品质的具体体现，又是开展园区游憩活动的物质条件和保障，直接维系着园区的形象。园区内的环境设施必须精心设计，不仅要实用，还要美观、有文化气息，这样才能创造出具有审美意味的文化氛围。环境设施的栏杆、指路牌、游乐设施等设计得当，均可充分体现出"以人为本"的人文关怀；而多种景观要素如座椅、垃圾箱、标志等的重复出现可使农业园区景观整体协调，主题更加突出。

（1）路面和广场铺装 为增加园区的绿化率，以保护生态环境，园区的路面和广场宜多些绿化，不宜做太多铺装。其中，游憩小路可设计为沙土路面、石改良土路面、灰岩土路面等简易路面。园区路面的铺装不宜过多，这样更能显示出乡村朴素的天然美。同时由于渗透性好，还可以保护生态环境，吸引游客前来踏足。广场和停车场可采用透水性草皮路面。

（2）台阶、挡土墙 农业园区中地形起伏较大时，可设计台阶、坡道和挡土墙。台阶的样式多种多样，可采用卵石、天然石、圆木桩等材料。挡土墙的形态设计上可采取坡面式和直墙式两种形式。挡土墙可充分利用地形，设计成浮雕形式。材料上宜采用嵌草皮预制砌块、毛石、卵石等材料。

（3）围栏、竹篱 围杆、竹篱的主要功能是进行空间的分隔、组合及安全围护之用，可以阻挡人们进入某一特定区域。围墙、栏杆的材料主要有混凝土、砖石及钢材等。砖石砌体及混凝土围墙给人以庄重、封闭、安全的感觉；金属、混凝土为主的围墙给人以明快、开敞、轻巧之感；木质、竹质的材料给人以亲近自然的感觉。设计时还可就地取材，这样也易融入周围环境，在农业园中应广泛采用。

（4）垃圾站和垃圾箱 对于农业园中的垃圾站、垃圾箱、垃圾桶的设计应结合现代农业园区这一特定的情境，设计出符合同区特色的颜色和形状，使其与园区中的环境相协调。垃圾站的位置应选择既方便清洁车顺利回收垃圾又不醒目的路线和位置，还要避免空气污染与破坏景观的地点。对于垃圾桶、垃圾箱的位置选择应设计在路边，方便游客使用。

（5）停车场 园区设计中，要注意停车场的设计。一般在园区出、入口处，应设计停车场，安置机动车和非机动车的停放。在园区内部，对于园区内的观光游览车也应为其专门设计停车位，可方便游客乘坐并欣赏农业园中的风景。停车场内部的绿化可选种地被植物。踏压严重的地方可选择绿地砌块等植物保护材料。园区停车场内绿化植树，既可美化环境，又可形成庇荫，绿化带的宽度视所选栽植而定。

（6）环境小品 为了方便游客观光游览，对于园区内部的景观小品设计也不容忽视。如花架、壁画、雕塑小品、灯具、座椅等。雕塑小品能够把外围空间所需要表达的主题用具体的形象体现出来。雕塑可以激发人们的情绪，而创意可以深入内心。雕塑潜移默化的作用不可忽视，它可作为某一局部环境空间的主调或高潮，美化环境的作用不可忽视。

壁画作为一种意识形态与物质形态而存在，除了具有实用价值外，还能通过自身向人们宣示一种精神意识，帮助人们提高修养、陶冶情操。壁画是可以通过上面的内容表现社会生活的。

花架也是园区景观设计的重要组成部分，可设置在园区的绿地或小游园中，种植各种攀援植物，产生立体绿化的效果，它们会随着花架的形式营造出绿意盎然的休闲空间。

园区中灯具的设计也十分重要，选择合适的灯具形式，合适的灯具间距摆放灯具。对于绿地的路口、道路的转弯处以及建筑物前的场地都要相应地加强照明。

农业园座椅的制作材料可以采用石材、各类仿石材料、木材、金属，或木材与混凝土、木材与铸铁等组合地材料。座椅的造型、色彩及配置应结合环境总体规划来设计，并体现朴素、自然、趣味的特征。

(7) 路牌标志 农业园中的标志包括名称标志，如树木名称牌、标志牌；环境标志，如农业园布局示意图、导游板、设施分布示意图；指示标志，如出入导向牌、出入口标志、步道标志；警告标志，如禁止踏入标志、禁止入内标志等。标志的设计应根据园区内的景观设计风格来决定其样式、色彩、风格、配置，制作出美观且功能兼备的标志，形成优美的环境。

(8) 儿童游乐设施 园区中儿童游乐设施的设计必不可少，因为园区中很大一部分客源来源于青少年儿童。因此，儿童游乐设施也是可为农业园添色，是吸引游客的重要环境设施。出于对农业园区生态环境保护的考虑，农业园的游乐设施规模不能过大，注意控制其空间比例。对于游乐设施的选择，应考虑到设计有各个年龄段的孩子都可以玩的游乐设施。所选游戏器械应具备安全性，又兼顾舒服性与美观性。农业园游戏区内的地面应采用橡胶地板块、沙地、软土地，避免幼儿从器械上跌落摔伤。在游乐设施附近可设置廊架、花架、座椅等，这样既可划分空间，又可以为家长的接送提供停留处，还能给家长遮阳蔽日。

五、作业

选择三种不同类型的农业园区分项调查，依据以上内容自行编制景观调查分析表，调查分析农业园区的景观特性。

六、思考题

1. 分析对比农业园区与公园景观的不同。
2. 怎样体现农业园区景观特点？简述人文背景民俗文化的景观作用。

第四节　设施农业组织经营管理与调研分析

一、概述

1. 设施农业的概念和特点

(1) 概念 设施农业是运用一定结构和性能的人工建造设施和工程技术，改变局部自然环境，为农业生产提供便于控制的温度、光照、水分等环境和条件，达到充分利用土壤、气候和生物资源，为动植物生长提供良好的环境条件，进行更有效率的生产活动的农业。我国农业生产主要应用的是设施大棚和日光温室，主要种植作物有蔬菜、果树和花卉。设施农业是现代农业的代表，是未来农业的发展方向。

(2) 特点 设施农业的特点主要表现在：一是工厂化生产方式，改变了传统农业生产方式，是高效化的工业生产方式；二是集约化农业，具有高投入、高效益和高科技含量等特点；三是高科技农业，具有育苗、生产、水肥、收获、管理等技术集成性和实践性；四是反季节农业，是利用人工设施改变动植物生长环境条件，在大田不能生产的季节生产出满足市场需求的农产品；五是设施农产品具有较高的市场价格，这不仅是因为它是反季节产品，更是因为它是高投入、劳动力密集型农业。

2. 设施农业组织经营与管理

（1）设施农业经营组织　农业产业化必须要以农业组织为载体，农业组织是为了实现特定目标而受共同意志约束的个体集合。同时，农业组织又是个体或个体集合之间的一种稳定交易模式，农业组织的功能是在一定条件下可提供更低的交易费用。农业经营组织的改善和创新即在于提高生产率、增加产品产出、保证交易的秩序和双方（或多方）利益的协调，其改善和创新的路径也正在于不断修补组织缺陷、降低交易风险和交易费用。设施农业经营组织在我国主要表现为设施农业公司、农民专业合作社、家庭农场和生产经营农户等。

（2）设施农业组织经营与管理　是对设施农业组织整个生产经营活动进行决策，计划、组织、控制、协调，并对组织成员进行激励，以实现其任务和目标一系列工作的总称。设施农业组织经营管理属于微观经济管理。它是以单个经济单位的经济活动为考察对象，研究农业微观组织经营活动的规律，其目的是合理地组织内外部生产要素，促使供、产、销各个环节相互衔接，以尽量少的活劳动消耗和物质消耗，生产出更多的符合社会需要的农产品，实现设施农业组织受益最大化目标。设施农业组织经营管理的内容主要包括：合理确定设施农业组织的经营形式和管理体制，设置管理机构，配备管理人员；搞好市场调查，掌握经济信息，进行经营预测和经营决策，确定经营方针、经营目标和生产结构；编制经营计划，签订经济合同；建立、健全经济责任制和各种管理制度；搞好劳动力资源的利用和管理，做好思想政治工作；加强土地与其它自然资源的开发、利用和管理；搞好机器设备管理、物资管理、生产管理、技术管理和质量管理；合理组织产品销售，搞好销售管理；加强财务管理和成本管理，处理好收益和利润的分配；全面分析评价设施农业组织生产经营的经济效益，开展组织经营诊断等。

设施农业组织经营与管理调研与分析，就是对设施农业组织的生产、经营与管理的人、财、物、信息、市场、技术、存在问题等做详细的调查分析，为设施农业组织经营与管理提供决策支持。

二、目的意义

1. 让学生了解认识设施农业组织的生产经营管理过程；
2. 让学生明确如何进行设施农业投入产出品市场调研；
3. 让学生了解认识设施农业组织的经营与管理中存在的问题；
4. 让学生在分析设施农业组织中存在问题的同时提出解决的方法。

三、调研内容

1. 设施农业组织的经营形式、治理结构、组织机构和管理模式调研；
2. 设施农业组织人力资源和人力资本调研；
3. 设施农业组织生产技术、新技术、新产品和新工艺调研；
4. 设施农业组织自然资源和社会资源调研，包括物种、土地、原材料、动力燃料、设备、运输、通讯、文化、政策等；
5. 设施农业组织产品市场调查，包括产品供需、价格、目标市场、品牌等；
6. 设施农业组织生产经营效益调研，包括资金、产值、成本、利润等；

7. 设施农业组织的经营与管理中存在的问题调研；

8. 设施农业组织市场竞争能力分析评价。

四、重点环节

1. 设施农业组织产品市场调查，包括产品供需、价格、目标市场、品牌等；

2. 设施农业组织自然资源和社会资源调研，包括物种、土地、原材料、动力燃料、设备、运输、通讯、文化、政策等；

3. 设施农业组织生产经营效益调研，包括资金、产值、成本、利润等。

五、作业

1. 就杨凌市场进行一次设施蔬菜产品市场调研。

2. 对杨凌示范区设施农业发展现状进行调研。着重就不同类型设施农业的数量、面积和效益展开调研，并作对比分析。

六、思考题

1. 简述设施农业的概念和特点。

2. 我国设施农业组织载体有哪些？

3. 什么是组织？组织有何功能？

4. 简述设施农业组织经营与管理的内容。

5. 简述设施农业组织经营与管理调研内容。

注：本实验可参考书后参考文献 [30]。

第五节 设施农业生产效益调研与分析

一、概述

1. 设施农业生产效益调研与分析的内涵

设施农业生产效益是指设施农业项目在生产运营过程中为项目投资者和所有人所带来的财务效益。

设施农业项目生产效益调研与分析是指通过各种调查方式，比如现场访问、电话调查、拦截访问等形式系统客观地收集设施农业项目建设期以及生产运营期内的各年现金流入和现金流出量等信息，并根据生产效益统计指标进行计算分析，以了解设施农业项目的生产效益状况，为设施农业项目生产经营决策做准备的一系列过程。

2. 国内设施农业生产效益现状分析

设施农业相比传统农业效率更高，能有力带动农民增收。据相关统计，2008 年全国设施蔬菜面积达 33466km², 其中日光温室 5693.3km²。设施蔬菜总产量 1.68 亿吨，占总产量的 25%，设施农业年产值达到 3000 多亿元。2010 年设施蔬菜总产量超过 1.7 亿吨，占蔬菜总产量的 25%。规模化养殖场猪肉、牛奶产量分别达到 32709kt、16626kt。设施水产品产量达到 7800kt，约占水产品总产量的 15%。截至 2012 年年初，我国设施园艺产业净产值达 5800 多亿元，其中设施蔬菜瓜类产量 2.67kt，约占蔬菜瓜类总产量的 34%。截至 2013 年年初，整个蔬菜产业的产值已经超过 1.2 万亿元，相当于粮食总产值，而设施蔬菜几乎达到蔬菜总产值的一半。由调查数据可见，设施农业可以带来可观的经济效益。山东设施农业栽培效益达到露地栽培的 5 倍以上。一座普通日光温室的毛收入可达 1.7 万元，净收入近 1 万元。一个占地 $667m^2$ 的大棚总收入为 0.6 万元，净收入达 0.3 万元左右。可见，通过发展设施农业，改变了农业生产要素的投入，提高农民收入，是农业迈向"工厂化"的重要一步。

3. 财务数据估算和财务评价指标体系

为了明确项目的成本与效益，必须进行财务数据估算。财务数据估算是指项目分析人员根据自身的调查研究，搜集整理相关数据和文字资料，并据此估算项目总投资、投产后项目的生产成本、营业收入、利润等各项财务基础数据，编制有关财务报表的一系列工作。

为了全面、准确地对项目的财务状况作出评价，有必要针对财务评价的内容设置相应的评价指标体系。项目财务评价的内容主要有项目盈利能力分析、项目清偿能力分析和项目生存能力分析。其中，项目财务盈利能力分析的主要评价指标有：全部投资回收期、财务内部收益率、财务净现值、总投资收益率、资本金净利润率等；项目财务清偿能力分析的主要评价指标有：资产负债率、流动比率、速动比率、借款偿还期、偿债备付率、利息备付率等；项目财务生存能力分析的主要评价指标为累计盈余资金。

二、目的意义

通过设施农业生产效益调研与分析，可以及时、准确地认识设施农业项目的生产效益情况，并找出其中制约设施农业项目生产效率提高的环节和因素，据此改善或者重新制定相应的生产经营决策，以提高设施农业生产效益，促进设施农业健康快速发展，进而提高农民收入、发展农村经济。

三、调研内容

设施农业生产效益调研与分析的调研内容主要有：设施农业项目概况、设施农业项目建设期物资投入状况、设施农业项目生产运营期生产运营状况等。

设施农业项目概况：设施农业项目品种、设施农业项目规模、设施农业项目的设施类型（钢管装配式塑料大棚、日光温室、现代大型连栋温室等）等。

设施农业项目建设期物质投入状况：建设期年数、建设期各年投资金额、贷款金额、利息费用、燃料及动力费用、物品消耗费用、工资及福利费用、修理费用、折旧费用、摊销费用等。

设施农业项目生产运营期生产运营状况：生产运营年数、生产运营期内的各年物品消耗费用、工资及福利费用、利息费用等各种费用、设施农业品种及其产量、销售量、销售单价以及各年的营业外收支（处置资产利得和损失）等。

四、重点环节

设施农业生产效益调研的重点环节有：设施农业项目生产效益调研课题的确定、设施农业项目生产效益调研方案的设计、设施农业项目生产效益调查方法和类型的确定、设施农业项目生产效益调研阶段的任务（信息收集、信息整理、数据估算和指标计算）以及撰写设施农业项目生产效益调研报告。

1. 设施农业项目生产效益调研课题的确定

设施农业项目生产效益调研课题的确定一般源于以下几个渠道：参加设施农业生产效益的实践活动、大量积累设施农业生产效益的学科知识以及培养问题意识、查阅设施农业生产效益调查研究的文献资料等。

2. 设施农业项目生产效益调研方案的设计

设施农业项目生产效益调研方案的设计一般包括制定设施农业项目生产效益调研计划，分解设施农业项目生产效益调研课题，具体化、操作化所要调研的概念，说明研究中的各个细节及所采取的各种策略等内容。

3. 设施农业项目生产效益调查类型和方法的确定

该部分内容参考上节《设施农业项目经营管理调查类型和方法的确定》。

4. 设施农业项目生产效益调研阶段的任务

设施农业项目生产效益调研阶段的任务主要有信息收集、信息整理、财务数据估算和指标计算。

（1）设施农业项目生产效益信息的收集　通过各种调查方式，如问卷调查、访谈调查等收集设施农业项目的基本状况、设施农业项目建设期物质投入状况、设施农业项目生产运营期生产运营状况等信息。

（2）设施农业项目生产效益信息的整理汇总　统计数据预处理（数据审核、数据订正、数据排序）、统计数据分组与汇总、编制统计表或绘制统计图。

（3）设施农业项目财务数据估算和指标计算

① 设施农业项目财务数据的估算

项目总投资反映的是项目建设期末的投资总额。根据项目投资与项目任务单元的内在联系，可将项目总投资划分为项目建设投资、建设期利息和流动资金，即项目总投资的计算公式为：

项目总投资＝项目建设投资＋建设期利息＋流动资金

总成本费用是指项目在一定时期内（通常为一年）为生产销售产品或提供服务而花费的全部费用。总成本费用是进行项目财务评价最主要的基础数据之一，它主要用于计算项目的利润损益，确定营运资金需要量。

按照要素成本法，总成本费用通常可表示为：

总成本费用＝外购原材料、燃料及动力费＋工资及福利费＋修理费＋折旧费＋摊销费＋财务费用（利息支出）＋其它费用

营业收入是项目建成投产后，企业在某一期间通过销售各种产品或提供劳务所获得的货币收入，它是销售量的货币表现，是项目企业主要的收入来源。营业收入是一个重要的财务数据，它是衡量项目投产后，企业能有多少实际收入，以及扣除各项成本费用之后，能够获得多少利润的基本依据。其计算公式为：

营业收入＝产品（或劳务）年销售量×销售单价

利润总额是项目企业在一定时期内实现盈亏的总额，集中反映项目企业生产经营活动各方面的效益，是项目企业最终的财务成果，是衡量其生产经营管理水平的重要综合指标，是项目财务评价中必须估算的数据，也是财务数据估算的重要内容。其计算公式为：

利润总额＝营业利润＋投资净收益＋营业外收入－营业外支出

利润总额若为正数，则表示该企业为盈利企业；若为负数，则表示该企业为亏损企业。

② 设施农业项目财务指标的计算

A. 项目财务盈利能力分析指标的计算

财务净现值（NPV）是指项目按行业基准收益率或设定的目标收益率将项目计算期内的各年净现金流量折算到开发活动起始点的现值之和，它是投资项目财务评价中的重要经济指标。主要反映技术方案在计算期内的盈利能力的动态评价指标，其数学表达式为：

$$\text{NPV} = \sum_{t=1}^{n} (CI - CO)_t (1+i)^{-t}$$

式中 CI——现金流入量；

        CO——现金流出量；

$(CI-CO)_t$——第 t 年的净现金流量；

        i——项目的贴现率。

内部收益率（IRR）是一个使资金流入的现值总额与资金流出的现值总额相等、净现值等于零时的折现率。其数学表达式为：

$$NPV=\sum_{i=1}^{n}(CI-CO)_t(1+IRR)^{-t}=0$$

一般 IRR 越大越好。当 IRR 大于等于基准收益率时项目就是可行的。

总投资收益率（ROI）表示总投资的盈利水平，系指项目在生产运营期内的年平均息税前利润（EBIT）与项目总投资（TI）的比率。计算公式为：

$$ROI=\frac{EBIT}{TI}\times100\%$$

静态投资回收期（Pt）是指以投资项目经营净现金流量抵偿原始总投资所需要的全部时间。它有"包括建设期的投资回收期"和"不包括建设期的投资回收期"两种形式，其单位常用"年"表示。投资回收期一般从建设开始年算起，也可以从投资年开始算起，由于设施农业温室项目投资建设期较短，因此从建设开始年计算。其表达式为：

$$\sum_{i=1}^{Pt}(CI-CO)_t=0$$

动态投资回收期（P't）是把投资项目各年的净现金流量按基准收益率折成现值之后，再来推算投资回收期，这就是它与静态投资回收期的根本区别。动态投资回收期就是净现金流量累计现值等于零时的年份。其表达式为：

$$\sum_{t=1}^{Pt'}(CI-CO)_t(1+i)^{-t}=0$$

资本金净利润率（ROE）是指项目生产运营期内的年平均净利润总额与资本金的比率。该指标从项目投资者所投入资本金的角度反映了项目盈利能力的大小。其计算公式为：

$$ROE=\frac{NP}{EC}\times100\%$$

式中 NP——项目生产运营期内年平均净利润；

     EC——项目资本金。

其中，净利润是指所得税后净利润。

B. 项目财务清偿能力分析指标的计算

资产负债率（LOAR）是项目各年负债合计与资产合计的比率，它反映了项目各年所面临的财务风险程度及偿债能力，也是反映项目偿债能力的最主要的指标。其计算公式为：

$$资产负债率=\frac{负债合计}{资产合计}\times100\%$$

流动比率（FR）是项目各年流动资产总额与流动负债总额的比率，它是反映项目各年偿付流动负债能力的指标。其计算公式为：

$$流动比率=\frac{流动资产总额}{流动负债总额}\times100\%$$

速动比率（FFR）是项目各年速动资产与流动负债的比率，它是反映项目快速偿付流动负债能力的指标。其计算公式为：

$$速动比率 = \frac{速动资产}{流动负债} \times 100\%$$

固定资产投资国内借款偿还期（P_d）是指在国家财税制度及项目具体财务条件下，以项目投产后可用于还款的资金偿还固定资产投资国内借款本金和建设期利息（不包括已用资本金支付的建设期利息）所需要的时间。其表达式为：

$$I_d = \sum_{t=1}^{P_d} R_t$$

式中　I_d——固定资产投资国内借款本金和建设期利息之和；

　　　P_d——固定资产投资国内借款偿还期（一般从借款开始年计算，若从投产年算起则应予注明）；

　　　R_t——第 t 年可用于还款的资金，包括利润、折旧、摊销及其它还款资金。

利息备付率（ICR）系指在借款偿还期内的息税前利润（EBIT）与应付利息（PI）的比值，它从付息资金来源的充裕性角度反映项目偿付债务利息的保障程度和支付能力。其计算公式为：

$$ICR = \frac{EBIT}{PI}$$

偿债备付率（DSCR）系指在借款偿还期内，用于计算还本付息的资金（EBITDA-T_{AX}）与应还本付息金额（PD）的比值，它从还本付息资金来源的充裕性角度反映项目偿付债务本息的保障程度和支付能力。其计算公式为：

$$DSCR = \frac{EBITDA-T_{AX}}{PD}$$

C. 项目财务生存能力分析指标的计算

项目各年累计盈余资金不出现负值是财务生存的必要条件。

（4）撰写设施农业项目经营管理状况调研报告

按照规范的格式，根据前期设施农业生产效益统计指标计算分析结果撰写设施农业项目生产效益调研报告。

五、作业

1. 简述设施农业项目生产效益调研与分析的概念。
2. 为什么要进行设施农业生产效益调研与分析？
3. 主要的生产效益统计指标有哪些？

六、思考题

设施农业还会产生哪些社会效益？

注：本实验可参考书后参考文献 [31]～ [34]。

附录　花坛用花栽培管理及应用

花坛一般多设于广场及建筑物的出入口处和道路的中央、两侧及周围等处。花坛要求经常保持鲜艳的颜色和整齐的轮廓，因此多选用植株低矮、生长整齐、花期相对集中、株丛紧密而花色艳丽（或观叶）的花卉种类来布置。一、二年生花卉为花坛的主要材料，其种类繁多，色彩丰富，成本较低。

一、花坛的分类

1. 按表现形式可分为花丛花坛、模纹花坛、造型花坛、造景花坛和混合花坛

（1）花丛花坛或盛花花坛：就是集合几种花期一致、色彩调和的不同种类的花卉，配置成的花丛花坛。它的外形可根据地形呈自然式或规则式的几何形等多种形式。而内部的花卉配置可根据观赏的位置不同而各异。

（2）模纹花坛或绣花式花坛：此种花坛是以色彩鲜艳的各种矮生性、多花性的草花或观叶草本为主，在一个平面上栽种出各种图案来，看上去犹如地毯。花坛外形均是规则的几何图形。花坛内图案除用大量矮生性草花外，也可配置一定的草皮或建筑材料，如色砂、磁砖等，使图案色彩更加突出。模纹花坛又可分为平面模纹花坛和立体模纹花坛。平面模纹花坛，包括毛毡花坛、浮雕花坛，是应用各种不同色彩的观叶植物和花叶兼美的植物组成精美的图案纹样，最宜居高临下观赏。立体模纹花坛，花坛较高，成立体结构，其中央或成一般的"花台"形式，或对其中央位置进行突出处理，即在中央设置一定的艺术形式。有以下形式：肖像花坛、文字花坛、动物造型花坛。

（3）混合花坛：是花丛花坛与模纹花坛的混合，兼有华丽的色彩和精美的图案。

2. 按花坛的运用方式可分为单体花坛、群组花坛

（1）单体花坛：是相对孤立而缺少陪衬的花坛。单体花坛为单独存在的局部构图之主体，往往设置在广场中心、交通道路口，建筑物的前庭，其外形呈对称状，轮廓与周围环境一致但也可有些变化。

（2）群组花坛：是由多组单体花坛所组成的大型花坛。群组花坛形状富有层次感，主体造型明显。一般纵横轴成对称状也可不对称。花坛可高可低，可大可小，既可形成主景也可成为配景。

3. 根据花材种类分单种花坛和复种花坛

（1）单种花坛：只使用一种花卉材料布置的花坛，用单体配置往往能产生较为一致的效果。在大空间的园林中，有时为了能产生强烈的效果，常常采用单种配置。在平面花坛的布置中应用较多。

（2）复种花坛：由几种在某一观赏性状上一致的花卉配植在一起，在花期、花色及植株的枯萎期上取得互补，能较好地延长花坛的观赏期和绿色期，在立体花坛及群组花坛的布置中应用较多。

二、花坛的设计理念

首先必须从周围的整体环境来考虑所要表现的园景主题、位置、形式、色彩组合等因

素。花坛设计总的原则应遵循：因地制宜、处理好与周围环境的关系、要有主题、比例适中、考虑视错觉、便于施工、养护及管理等。

1. 花坛的位置和形式

一般设置在主要交叉道口、公园出入口、主要建筑物前以及风景视线集中的地方。在花园出入口应设置规则整齐、精致华丽的花坛，以模纹花坛为主；在主要交叉路口或广场上则以鲜艳的花丛花坛为主；并配以绿色草坪效果为好；纪念馆、医院的花坛则以严肃、安宁、沉静为宜。花坛的外形应与四周环境相协调。如长方形的广场设置长方形花坛就比较协调，圆形的中心广场又以圆形花坛为好，三条道路交叉口的花坛，设置马鞍形、三角形或圆形均可。

2. 花坛的高低和大小

花坛的高度应在人们的视线以下，使人们能够看清花坛的内部和全貌。不论是花丛花坛，还是模样花坛，其高度都应利于观赏。花坛四周（或单面观赏花坛的最前边）高于路面，花坛中心（或单面观赏花坛的后面）高于花坛四周（或前面地面）。花坛不宜过大，花坛过于庞大既不易布置，也不易与周围环境协调，又不利于管理，如场地过大时，可将其分割为几个小型花坛，使其相互配合形成一组花坛群，如在花坛之间开一条小径或安放上座椅构成一个小花园。

3. 花坛的色彩

花卉植物的色调不同给人产生的感觉自然不一样，配合适当的花坛色调，即使简单植物在一起，也会使人有明快舒适的感觉，反之，则显得杂乱沉闷。因此在选择花卉种类颜色时应注意下列几点：

选择花卉栽种花坛时，应有一个主调色彩，而其它颜色的花卉，则起着勾画图案线条轮廓的作用，所以一般除选用1～3种主要花卉外，其它花卉则为陪衬，在色彩上主次要分明。

同一色调或近似色调的花卉种在一起，易给人以柔和愉快的感觉。

成对比的色，即在色环上成一百八十度的色，如蓝与橙、黄与紫在一起，给人以活泼华丽的感觉，在构成花坛轮廓线上能起良好的作用。

白色的花卉，除可以衬托其它颜色花卉外，还能起着两种不同色调的调合作用。另外在花坛内还可勾画出鲜明的轮廓线。

同一色调花卉浓淡比例效果也有影响。如大面积的浅蓝色花卉，镶以深蓝色为边，则效果很好，但如果深淡两色面积均等，则会感到呆板。

根据环境选用花坛色调。如在公园、剧院和草地上则应选择暖色的花卉作主体，使人感觉鲜明活跃，而办公楼、纪念馆、图书馆，则应选用冷色的花卉作为花坛材料使人感到安静幽雅。

三、不同类型花坛的设计方法

主要从植物选择、色彩设计、图案设计三方面来研究花丛花坛、模纹花坛、造型花坛和造景花坛的设计方法。

1. 花丛花坛

花丛花坛形式多样、变化无穷、装饰效果很好，在设计方面相对简单。

（1）植物选择　花丛花坛以观花草本植物为主体，可以是一二年生的花卉，也可以是多年生的球根或宿根花卉。可适当选用少量的常绿及观花小灌木作辅助材料。

花坛用草花宜选择株形整齐、具有多花性、开花齐整且花期长、花色鲜明、能耐干燥、抗病虫害和矮生性的品种。

常用植物：一、二年生花卉，如金盏菊、雏菊、万寿菊、翠菊、三色堇、一串红、鸡冠花、半枝莲、羽衣甘蓝、矮牵牛、彩叶草等；宿根花卉，如四季秋海棠、荷兰菊、小菊类、鸢尾类、石竹、玉簪等；球根花卉，如郁金香、风信子、美人蕉、水仙等。

适合花坛中心的植物有：苏铁、蒲葵、叶子花、一品红、杜鹃、桂花、海桐、大叶黄杨、龙舌兰等。

适合花坛镶边的植物有：彩叶草、扫帚草、天门冬、垂盆草、沿阶草、半枝莲、美女樱等。

（2）色彩设计

① 对比色应用：配色活泼明快，给视觉一种强烈的对比感觉。如红色＋绿色（星红鸡冠＋扫帚草），橙色＋蓝紫色（金盏菊＋雏菊，金盏菊＋三色堇）等。

② 暖色调应用：色彩不鲜明时可加白色来调剂，以提高花坛明亮度。配色鲜艳、热烈而庄重，大型花坛常用。如红＋黄＋白（黄早菊＋白早菊＋一串红或一串白）等。

③ 单一色块的花坛：近年来应用频多的一种方法，不仅可用于大空间也可以用于小空间的单色花坛或由多个单色花坛组成的花坛群。还有单色与白色或单色与绿色（主要以绿篱和草地）搭配的花坛。

花丛花坛的流行趋势是追求大的色块对视觉的冲击力。花坛配色不宜太多，一般花坛2～3种颜色，大型花坛4～5种足够，配色多而复杂难以表现群体的花色效果，显得杂乱无章。同时要注意色彩视觉和错觉的应用。

（3）图案设计

花丛花坛以平面应用居多，图案设计应尽量简洁，避免繁琐，以大的色块取胜。外部轮廓主要是几何图形的组合。正方形、矩形可以更合理地利用空间，能突出地表现整齐、大方、稳重、庄重的效果；三角形以锐为特征，可以反映进取、斗争、奋发向上的精神；圆形是理想、圆满的造型，给人以平稳、安静、柔和、完美、松弛的感觉，具有包容性，可以反映团圆、团结、幸福美好、柔和、舒畅、轻盈的感觉；由各种曲线组成的不规则、自然式花坛给人以优美、柔和、舒畅、轻盈的感觉，有的给人热情、奔放的感觉，在各类园林绿地、水畔、道路两侧等应用较多。

花坛大小要适度，平面过大在视觉上会引起变形，一般观赏轴在10～20m之间，最大直径不超过20m。平面布局上可以采取对称、拟对称或自然式，花坛的轴线应与所在地建筑物或广场的轴线方向一致，两者的轴线应采用平行的方向。

2. 模纹花坛

模纹花坛要求图案纹样清晰、精美细致，有长期的稳定性。

（1）植物选择 主要以低矮细密、生长缓慢、枝叶细小、株丛紧密、萌蘖性强、耐修剪的观叶植物做材料。不同色彩的五色苋是理想的材料。

典型的模纹花坛材料有五色草类及矮黄杨等。但由于五色草的颜色较暗可以适当配种少量低矮、株形紧密、观赏期一致、花叶细小的观花植物，如香雪球、四季秋海棠、半枝莲、雏菊、孔雀草、酢浆草、银叶菊、千日红等。

（2）色彩设计 模纹花坛的色彩设计应该以图案纹样为依据，用植物的色彩突出纹样，使之清晰而精美。

（3）图案设计 模纹花坛以突出内部纹样精美华丽为主，其外部轮廓应该尽量简单，面积不宜过大，否则在视觉上容易造成图案变形。纹样条纹不可过细，以五色草为例不可窄于5cm。装饰纹样风格应与周围环境协调一致。

模纹花坛中斜面形式的花坛设计时要考虑花坛的高度和角度及设置的位置。高度一般不超过 8cm。斜面花坛的角度为 33°～37°；斜面支架花坛角度为 45°～60°。梯间高差小，形成的花坛图案细密。

3. 造型花坛

（1）植物选择　其植物选择上基本与模纹花坛对植物的要求一致。常见的是用五色草附着在预先设计好的模型或骨架上，也可选用易于盘扎、弯曲、修剪、整形的植物材料，如菊、三角花、常春藤等。

（2）色彩设计　应与环境的格调、气氛相吻合，且色彩受植物材料的限制，造型物本身色彩不是很丰富，可以通过将造型物放在一些色彩艳丽、图案简洁的平面花坛中加以协调。

（3）造型设计　造型物的形象依环境及花坛主题来设计。设计立体花坛时要注意高度和环境的协调，一般应在人的视觉观赏范围内。高度要与花坛面积成比例。以四面观圆形花坛为例，造型一般高为花坛直径的 1/6～1/4 较好。确定了造型的尺寸后，骨架应该做的瘦一些，留出栽种植物的空间。造型各细部之间的比例关系应适宜，且需考虑视觉、错觉等的影响，造型尺寸不能完全写实，要具体情况具体分析，结合多方因素，最后做到协调美观。

4. 造景花坛

是以花卉、树木结合山石、水体、建筑小品、台阶等多种园林要素，综合表现一定的主题内容，其形式比较完美，比较复杂。最早应用于天安门广场的国庆花坛布置，现在广泛应用于节日及重大会议期间的植物造景。

（1）植物的选择　植物选择很广泛，几乎包括了所有的观赏植物，但是需要结合花坛主题、气候、季节等因素合理应用。

（2）色彩设计　遵循前面几种花坛的设计原则，在平面图案和立体空间变化方面更为丰富。造景花坛在展现某一景观时，应追求神似，而不是简单地照搬自然界或社会生活中的某一景点。

（3）设计要求　大型造景花坛应考虑风向对花坛稳定性的影响，以 S 形走势最为稳定。其它比例关系参照造型花坛。造型花坛中，造型不能处于花坛的中心位置，以符合黄金分割比例为佳。

四、四季花坛植物的选择

1. 春季：芍药、含笑、石斛、风信子、郁金香、鸢尾、金盏菊、百枝莲、吊钟海棠、天竺葵、虞美人、金鱼草、美女樱等。

2. 夏季：月季、荷花、金莲花、百合、蜀葵、玉簪、桔梗、半支莲、紫茉莉、牵牛花、凤仙花、萱草、八仙花、五色椒、美人蕉、飞燕草、天竺葵、四季海棠、千日红、霞草。

3. 秋季：菊花、万年青、百日草、雏菊、大波斯菊、绣球花、满天星、茶花、百合、西洋杜鹃、芙蓉花、一串红、西洋鹃、茶梅、圣诞花、大花蕙兰、蝴蝶兰、文心兰、红掌、万寿菊。

4. 冬季：南天竹、梅花、一品红、君子兰、仙客来、瓜叶菊、四季海棠、山茶花、蟹爪莲、春鹃、小苍兰、春兰、佛手掌、蜡梅、水仙、一品红、火鹤、天堂鸟、寒兰、木芙蓉。

参 考 文 献

[1] 马承伟, 苗香雯. 农业生物环境工程. 北京: 中国农业出版社, 2005.

[2] 周长吉. 温室工程设计手册. 北京: 中国农业出版社, 2007.

[3] 周长吉. 现代温室工程 (第二版). 北京: 化学工业出版社, 2009.

[4] 秦琳琳, 孙德敏, 王永等. 无土栽培营养液循环控制系统, 农业工程学报, 19 (4): 264-266.

[5] 别之龙, 黄丹枫. 工厂化育苗原理与技术, 北京: 中国农业出版社. 2008. 蔡丽静等, 养分平衡法在温室番茄测土配方施肥中的应用, 现代农业科技, 2014, 8: 210.

[6] 陈伦寿. 蔬菜营养与施肥技术. 北京: 中国农业出版社, 2002.

[7] 中国农业科学院蔬菜花卉研究所主编. 中国蔬菜栽培学 (第二版), 中国农业出版社, 2010.

[8] 陶龙兴, 王熹, 黄效林, 等. 植物生长调节剂在农业中的应用及发展趋势 [J], 浙江农业学报. 2001, 13 (5): 322-326.

[9] 李天来. 设施蔬菜栽培学. 北京: 中国农业出版社, 2004.

[10] 山东农业大学主编. 蔬菜栽培学总论 (3). 北京: 中国农业出版社, 2000.

[11] 刘宜生等. 不同营养体积对番茄幼苗发育的影响. 中国蔬菜. 1995 (3): 20.

[12] 山东农业大学主编. 蔬菜栽培学各论 (3). 北京: 中国农业出版社, 2000.

[13] 蒋辉, 彭炜. 美洲斑潜蝇和南美斑潜蝇预测预报技术研究及应用, 西南农业大学学报, 2000, 22 (5): 438-440.

[14] 农业部农药检定所生测室主编. 农药田间药效试验准则 (二). 北京: 中国标准出版社, 2000.

[15] 全国农业技术推广服务中心. 农作物有害生物测报技术手册. 北京: 中国农业出版社, 2006.

[16] 仟均祥. 农业昆虫学实验与实习指导 (北方本). 北京: 中国农业出版社, 2011.

[17] 徐汉虹. 植物化学保护学实验指导 (第二版), 北京: 中国农业出版社, 2012.

[18] 许志刚. 普通植物病理学实验实习指导. 北京: 高等教育出版社, 2008.

[19] 赵健等. 蔬菜病虫害识别与防治. 福州: 福建科技出版社, 2010.

[20] 宗兆锋, 康振生. 植物病理学原理 (第2版). 北京: 中国农业出版社, 2010.

[21] 郗荣庭. 果树栽培学总论 (第三版). 北京: 中国农业出版社, 1997.

[22] 李光晨, 范双喜主编. 园艺植物栽培学 (第二版). 北京: 中国农业大学出版社, 2007.

[23] 李式军主编. 设施园艺学 (第2版). 北京: 中国农业出版社, 2012.

[24] 郭世荣. 无土栽培学. 北京: 中国农业出版社. 2011.

[25] 王振龙. 无土栽培教程. 北京: 中国农业大学出版社. 2008.

[26] 白纲义. 有机生态型无土栽培营养特点及其生态意义 [J]. 中国蔬菜. 2000.

[27] 曹爱芳. 有机生态型无土栽培的设施系统构造. 陕西教育 (高教版). 2007. 10: 115.

[28] 薛义霞. 设施园艺作物的立体栽培模式. 内蒙古农业科技, 2005 (6): 24-26.

[29] 王久兴, 王子华, 尚玉锋. 插管式栽培柱立体无土栽培系统的研制与应用, 山东农业大学学报 (自然科学版), 2003, 34 (4): 459-493.

[30] 蔡根女. 农业企业经营管理学. 北京: 高等教育出版社, 2009.

[31] 徐强. 投资项目评估. 南京: 东南大学出版社, 2010.

[32] 吕亚荣. 农村社会经济调查方法. 北京: 中国人民大学出版社, 2010.

[33] 李中华, 王国占, 齐飞. 我国设施农业发展现状及发展思路 [J]. 中国农机化, 2012, (1): 7-10.

[34] 张震, 刘学瑜. 我国设施农业发展现状与对策 [J]. 农业经济问题, 2015, 5.

[35] 鲁涤非. 花卉学 [M]. 北京: 中国农业出版社, 2002.

[36] 北京林业大学园林系花卉教研组. 花卉学. 北京: 中国林业出版社, 2000.

[37] 陈树国、李瑞华、杨秋生. 观赏园艺学 [M]. 北京: 中国农业出版社, 1993.

[38] 吴志华. 花卉生产技术 [M]. 北京: 中国林业出版社, 2003.

[39] 谢维荪等. 仙人掌与多浆植物鉴赏 [M]. 上海: 上海科学技术出版社, 1999.

[40] 高俊平, 姜伟贤. 中国花卉科技二十年 [M]. 北京: 科学出版社, 2000.

[41] 夏宝池等. 中国园林植物保护 [M]. 南京: 江苏科学技术出版社, 1992.

[42] 陈有民. 园林树木学 [M]. 北京: 中国林业出版社, 2000.

[43] 李作轩. 园艺学实践 (北方本) [M]. 中国农业出版社, 2010.

[44] 包满珠. 花卉学 (第三版) [M]. 中国农业出版社, 2011.

[45] 虞佩珍. 花期调控原理与技术 [M]. 辽宁: 辽宁科学技术出版社, 2003.

[46] 黄定华. 花卉花期调控新技术 [M]. 北京：中国农业出版社，2003.

[47] 赵寅，焦春梅，郑代平. 花卉栽培实用技术 [M]. 北京：中国农业科学技术出版社，2011.

[48] 蔡丽静. 养分平衡法在温室番茄测土配方施肥中的应用 [J]. 现代农业科技，2014（8）：210.

[49] 李绍华，罗正荣等. 果树栽培概论 [M]. 北京：高等教育出版社，1999.

[50] 范双喜. 现代蔬菜生产技术全书 [M]. 北京：中国农业大学出版社，2004.

[51] 李玉福. 营养钵育苗技术 [J] 吉林蔬菜，2014（3）：1-3.

[52] 邢文鑫，赵永志，曲明山等. 草莓立体栽培概况 [J]. 河北农业科学，2011，15（7）：4-7.

[53] 熊德桃. 芽苗菜高产栽培技术 [J]. 南昌：江西科学技术出版社，1999.

[54] 连兆煌. 无土栽培原理与技术 [M]. 北京：中国农业大学出版社，1996.